都市の未来

21世紀型都市の条件

都市新基盤整備研究会　森地茂　篠原修　編著

日本経済新聞社

はじめに　Preface

都市再生が日本の最重要課題となった社会的背景は以下のように整理できる。第一に、都市と産業の関係の変化である。産業構造の変化により、特に生産施設の海外移設により、さらに長引くデフレ不況により国内の産業、雇用の確保が緊急の課題となった。また、日本の産業が、生産施設の合理化や規模の経済で競争力を有した時代から、技術力や、ビジネスモデルの新規性、デザイン力により競争力を確保すべき時代に変わり、人的資源がより重要となった。すなわち多様な、かつ優秀な人材を集めうる魅力的都市の存在が産業政策上も重要となったのである。

基幹産業の立地したところに人口が集まり、そこにサービス産業が集積する時代から、魅力的都市が新たな産業を生み出す時代になったことが、都市再生の背景の一つである。海外企業誘致のパンフレットに、交通条件や土地、水、エネルギー、労働力などの状況ばかりが説明され、生活環境のすばらしさを訴えることが少なかった時代からの転換である。

第二は、公共投資の地域間、分野間の配分問題である。社会資本整備に関する地方部と都市の間の配分が効率性の観点から批判され、都市部の交通、住宅流通等の効率性向上が、日本の活力回復にとって最重要との認識が高まったことである。

第三は、安全や安心の面も含めた環境問題である。豊かさの感じられる生活環境、都市の個性の回復、高齢社会に向けてのユニバーサルデザイン等に対する人々の欲求が高まった。また、かつての河川氾濫《はんらん》域や地盤条件の悪い地区あるいは急斜面地への市街地の拡大、再開発の進まない密集市街地の存在に対し、大規模地震発生の危険性が警告され、防災や危機管理体制確立がますます重要になっている。すなわち、地球環境、自然環境、生活環境、防災安全性等々環境改善としての都市再生が、社会的に要請されているのである。

第四は、土地利用の改変を要する空間の存在である。臨海工業地域や都心商店街の空洞化が全国的に進んでおり、その一方で地価の下落による人口の都心回帰傾向も現れている。土地利用変更に対する供給側、需要側の行動、それが求められる空間の存在、投資家の関心、民間投資を促す都市整備の新しい仕組み、規制緩和や行政上の支援制度等々、都市再生を実現できる条件が整いつつある。しかも、一九八〇年代には現在の日本以上の不況に悩まされた米国、英国が、民間資本を活用した都市改造に積極的に取り組み、経済成長率復活の契機とした成功事例が存在するのである。

要するに、都市再生の必要性が広く認識され、そのために国際的に見た日本の都市の魅力が欠如している点は何かが問われ出したのである。経済面、文化面、さらには生活のすべてが国際化するなかで、都市の競争力の再点検と、その増進が政策課題として取り上げられつつある。都市の重要性、その政策の不足がもたらす日本人の生活、ひいては日本社会のひずみについては、六〇年代から繰り返し主張されてきた。その主張が初めて、国家の最重要課題として位置づけられたといえよう。

では、都市再生時代に最も必要な社会資本は何かという問いに対して、いかに答えるべきであろうか。それは、右記の状況に対し、各都市がいかなる戦略をとるかにかかっている。その際、東アジアが世界の最高の成長拠点となり、近接して同じような豊かな国が存在する欧州的な経済構造になると き、日本の各都市にとって最も重要なことは、生活環境水準も含めて、国内のみならず国際的にいかなる位置を目指すのか明確にすることである。各都市が、国際、特にアジアの人々や資本から、いかに投資や消費の対象と見られるか、その選択肢のなかでいかなる個性や魅力を発揮できるのかが問われることになる。東京圏が、国際空港、環状道路、都市拠点開発、臨海工業地帯の再開発等を都市再生の重点として取り上げるのは当然である。北部九州都市圏では、国際空港、アジアの主要都市をつなぐ大容量情報ネットワーク整備、交通問題を解決する地下鉄整備、九州大学のキャンパス移転や国際研究教育拠点整備、観光戦略としての都心商業拠点整備、アジアをも視野に入れた資源循環の拠点形成等々を戦略プロジェクトとして位置づけ、推進している。

これは都市政策であると同時に、人口六〇〇万人から一〇〇〇万人の地域の自立を目指し、公共事業依存型経済構造から脱却する、まさに日本が求められている課題への果敢な挑戦と見るべきであろう。全国各地域で、各種規制緩和、次世代の新技術産業の育成政策、起業の支援政策、外国人留学生や居住者への支援政策、高齢者や女性労働環境の改善策等々、様々な取り組みがなされつつある。財政制約下で、公共投資を抑制せざるを得ないとは言え、民間のみで、あるいは規制緩和のみで都市再生ができるというのは空論である。公的機関の役割は規制緩和や制度的枠組みの改変に加え、社会資本整備を適正に進めることにある。

その際最も重要なことは、第一に、公共投資に際して、民間投資の誘発効果、地域としての生産性向上効果の評価を重視することである。第二に、民間投資の回収が短期化するとき、公共投資がいかに迅速性、時間管理概念の導入を図れるかである。第三に、資金的にも空間的にも官民の協調を図ることである。第四に、多くの課題のなかで施策の選択がいかに集中的で、かつ一貫性を有しているかであろう。

都市再生の道は、それぞれの歴史、地域性に依存するものであり、唯一の解があるわけではない。従来の都市計画分野のみならず、より広い専門分野から提起された考え方が、読者の直面しているそれぞれの都市づくりに役立てられるべきであろう。

このような問題意識から、都市新基盤研究会が二〇〇一年六月二十九日に設立され、全体会議、章ごとのグループ討議、グループ代表者討議を重ねてきた。メンバー構成と執筆分担は、巻末の一覧のとおりである。各執筆者の意見には異なる事項もあり、全原稿のとりまとめと調整は、森地茂が担当した。また、日本の都市の歴史的背景については、多様な観点があるため、篠原修が一括して序章にとりまとめた。

誠に無念ながら、中心メンバーに決定していた東京工業大学渡邉貴介教授は、研究会準備中、不治の病に倒れられた。日本の都市再生は、故人の学生時代以来のライフワークであっただけに、この仕事に対する強い意欲を筆者に話しておられた。挙げられたテーマは日本の人口減少期に栄えた都市に関する歴史分析であった。執筆されようとした原稿を見られないのは無念であるが、これに関係する講演録を抜粋して巻末に載せさせていただいた。

本書は、『社会資本の未来』を一九九九年九月に発刊していただいた日本経済新聞社とイメージエ学研究所清水紀幸氏のお勧めにより、新たにメンバーを募り、執筆したものである。事務局は、日本経済新聞社、日本経済研究所、日本政策投資銀行の方々に務めていただき、資料収集や各種調整のみならず、巻末の年表作成や議論にも参加いただいた。研究会メンバー、およびこれら組織の関係者に深く謝意を表したい。

二〇〇三年三月

都市新基盤整備研究会代表　森　地　茂

都市の未来／CONTENTS

2章 日本の都市の魅力と風格

3章 交流の場としての都市

4章 まちづくりの仕組みと制度

6章—都市の未来への課題と展望

森地　茂

ブックデザイン　藤枝リュウジデザイン室

序章——日本の都市がたどった途

篠原　修

はじめに

明治維新（一八六八年）以来日本は一貫して、途中で敗戦という挫折を味わったものの、欧米先進国をお手本として近代化、工業化を推し進めてきた。この一三〇年余りの歴史は欧米化、近代化の歴史であり、それは成功の歴史でもあった。

その結果、幕末には三〇〇〇万余りといわれた人口は一億二〇〇〇万余となり、経済力では世界二位というアジア随一の近代化優等生を自負する国となった。

しかし、経済や工業のように一筋縄ではいかないのが古来から連綿と大地に歴史を刻んできた都市という存在である。平成も一〇年余となった今、日本の都市は危機に瀕《ひん》している。それは、些《いささ》か冷たく言えば、自らが望んだ欧米化、近代化の一三〇年余の結果に外ならない。

日本の都市は今、経済力という一元化された価値軸に沿って序列化され、歴史性、地域性、民族性に基づく個性を失ってしまったかのように見える。高度成長以前の都市には、水都や商都、古都や学問の都という言葉が、また門前町や水郷、港町や漁師町という言葉が実体を伴って生きていたように思う。

また、この一三〇年余の歴史は都市がその成立基盤である自然から断ち切られていく歴史でもあった。江戸時代には一般的だった城下町という都市は、お濠や掘割運河を通じて河川、池沼、海の自然に繋がり、また都市内に丘陵や斜面の緑、あるいは寺社境内の杜《もり》を抱え込むことにより、近郊に広がる樹林や田畑などの自然に繋がっていたのである。水と緑により自然と繋がっているのが日本の都市の最大の特色だったのである。この自然との幸福な関係は工業化による都市の膨張により、また工業化自身の海浜埋め立てや里山の工場や宅地造成により徐々に、しかし確実に壊されてきたのである。

このような欧米化、近代化による都市の変容に伴い、城下町以来の伝統だった下町、山手の区別も薄らぎ、食い倒れ（大坂）や着倒れ（京）という言葉に代表される都市住民の気風も過去のものとなりつつある。

もちろん、この一三〇年余の都市の変容は悪いことばかりではない。都市は何よりも便利に、また衛生的になった。その物質的な生活の豊かさは江戸時代はもちろんのこと、戦前の比ではない。今、人々はおおむね豊かで快適な暮らしを営んでいる。しかし、この先も人生を営んでいかなければならない場としての都市の将来に、漠然とした不安を抱いているのも確かなことであろう。

この章では1章以下に述べられる様々な観点からの都市論の導入部として、日本の都市がたどってきた途を概説することとしたい。記述は以下の時代区分に従う。Ⅰ幕末から明治二十年代まで、Ⅱ東京市区改正事業（明治二十二年）が終了する大正初期まで、Ⅲ都市計画法が成立し（大正八年）、帝都復興事業が概成する昭和初期まで、Ⅳ大東京が成立し戦時体制となる敗戦まで、Ⅴ戦災復興事業が終了する昭和三十年代まで、Ⅵ高度成長と全総、新全総と続くバブル時代まで、Ⅶバブル崩壊から現在まで。

また、都市がたどった途の概観には、次の視点を漏らさぬように注意したい。⑴都市を脅かすもの（外敵や地震・火事・洪水等の災害、人口の膨張）、⑵都市に変容を強いるもの（鉄道、舟運、幹線道路、航空等の交通、鉄鋼やコンビナート等の鉱工業、デパート、スーパーストア、コンビニエンスストア等の商業、情報産業）、⑶人々がどこにどのように住まうのかを現す都市住宅の型、⑷都市をど

愛岩山から見た江戸、統一のとれたすばらしい都市だったことがわかる

のように考え、どう変えようとしたかを示す都市計画——である。なお、これらに自然との関係や土地政策を視点に加えてみたい。

I. 幕末から明治二十年代——江戸の都市

江戸時代の日本は農業国だった。三都と称された江戸、大坂、京都を除けば、農業生産を基盤として都市は成立していた。したがって藩や城下町の規模は石高に比例していた。廻《かい》船《せん》の湊町《みなとまち》や街道の宿場町、あるいは著名な寺院の門前町という存在はあったものの、都市と呼べるものの大半は城下町であった。

神戸や横浜、函館等の維新以降の開港都市や鉱工業都市として興った八幡《やわた》、釜石《かまいし》、大牟田《おおむた》等を除くと、現代の都市はその原型を城下町としている。したがって、近代日本の都市の出発点とも言える城下町の特徴を押さえておくことは、現代の日本の都市の本質を理解するうえで欠かせない作業である。

城下町は大小とりまぜて二六〇余存在した。その立地は海辺、平野、盆地、山間と様々であったが、都市としての共通

（『写真で見る江戸東京』新潮社）

性を有していた。まず小丘あるいは台地端に城郭を構え、内濠や中濠を掘削して外敵に備えた。この城郭に近接した平地に商人地を拓き、そのメインストリートを城下を通る街道とした。この商人地を取り巻くように武家地、職人地を設け、その外周には戦時の砦《とりで》ともなる寺町を設けた。防御のための内・中濠や外濠は河川や海に繋げられて舟運路となり、また都市の雨水の排水路ともなっていた。掘割運河は防御、舟運、排水に加え、土地造成の土を生み出すという多様な機能を果たしていたのである。

都市により差はあるものの、上水、下水（雨水、生活排水）が整備され、城下町が建設された一七世紀前半という時代で考えると、世界的に見ても計画的に整備され、また衛生の面から見ても優れた都市であったと評価してよい。物流は専ら舟運により、車両交通のなかった街路は狭いとはいうものの、今日の言葉で言えば快適な歩行者天国に他ならなかった。地区は前述のように身分によりゾーニングされ、この身分制ゾーニングに対応した都市住宅の型が存在した。

駿河町の街並み、富士山に山アテした日本固有の街並み
（広重「名所江戸百景」）

武士は塀で囲まれ庭を持つ戸建ての邸宅や住宅に住み、商人は道に沿って短冊状に割られた、いわゆるウナギの寝床といわれる住商一体となった町家に住んでいた。職人も仕事場を兼ねた住宅に住み、下層階級の職人、商人達は表通りには面さない長屋に住んでいたのである。このようなゾーニングと都市住宅の型式の対応により、中心商業地は町家が連なる統一的な街並み、武家地は緑豊かな戸建て住宅地、職人地は活気あふれる町という具合に、各々個性的な地区が成立していたのである。

それ以上に特徴的なことは、欧州や中国の都市のように外敵に備えて都市壁を造るという習慣がなかったために、城下町はそれを取り囲む田園、自然とごく自然に繋がり、都市の近郊には庶民が四季折々に楽しむことのできる名所が成立していたことである。城下町は周辺の田園、自然と連続していたのである。

銀座煉瓦街（三代広重）

ただし城下町には大きな弱点があった。家屋が密集し、それが木造であったために頻繁に大火が起こったことである。「火事と喧嘩《けんか》は江戸の華」と言われた江戸では明暦の大火をはじめとして約二六〇年間に一〇〇回以上もの大火に見舞われている。防火は江戸時代を通じての課題であり、この課題は明治以降にも引き継がれていくのである。

さて幕末には一〇〇万とも一五〇万ともいわれた江戸の人口は幕府の瓦解《がかい》により半減してしまう。その後には参勤交代の制により作られていた膨大な面積の大名屋敷跡が残された。この空間的なストックと縦横に張り巡らされていた掘割運河が、近代東京の発展の基盤となるのである（特に霞が関、丸ノ内、大手町、日比谷、銀座等）。このような大名屋敷や藩の重臣達の邸宅の有無が近代都市としての性格を存外に規定していることに注意しなければならない。武士がほとんどいなかった大坂には公園緑地が少なく、城郭の大きかった都市には鎮台（例えば熊本）が置かれるといった具合であった。

維新成れりとは言うものの、ほとんどの城下町はその様相を明治末から大正初期まで変えることはなかった。例外は開港場となった横浜や神戸等にその後の発展の礎が築かれたことと、欧化街区を狙った東京の銀座煉瓦《れんが》街くらいであろう。

近代港湾都市に指定された横浜、神戸、長崎、函館等の都市には、港に接して洋館地区が設けられ（実は幕末から）、そのやや近郊の高台には欧米人の住宅地が開発された。前者は文明開化を表現するエキゾチックな街として、また後者は後の高級住宅地としてのイメージを獲得していく。さらに、欧米人が連れてきた中国人はその地に住み着き、後に中華街を形成する。これらの港町は今に至るまで欧米中の異文化が入り交じる日本には珍しいパッチワーク都市（特色を持つ地区がパッチワークのように存在する都市）となったのである。

一方の銀座大火（明治五年）に伴って建設された銀座煉瓦街は、欧米風に石造り、レンガ造りの街並みを実現したいという願望と、街区を防災化したいという江戸以来の課題に応えようとする街づくりだった。ここに初めて歩車道を分離し並木を備えた街路が実現した。しかし沿道に建てられたレンガ造りは高温多湿の日本の気候には合わず不評だった。しかし文明開化を体現したこの街は流行の最先端をいく町として記憶され、次第に東京で随一の繁華街として成長を遂げる。全国の都市にそれにあやかろうとする○○銀座が出現したのは周知のところであろう。

Ⅱ．東京市区改正終了の大正初期まで

西南戦争が終わって（明治十年）国内の政情が安定した明治十年代になると、日本の首都東京を近代都市としてどう改造するかの議論が始まる。渋沢栄一、益田孝という民間人の入った審査会の議論

では東京を国際的な商都としようとする渋沢派と、東京を中央集権の首都、帝都としようとする内務省派が拮抗《きっこう》していたが、途中井上馨《かおる》率いる官庁集中計画が挫折したものの、後の委員会では内務省派の勝利に終わり、明治二十一年に東京市区改正条例が公布される。今も兜町《かぶと》として残る証券街はここを中心としようと意図した、商都派の夢の跡である。築港、商工会議所、国立オペラ座などを盛り込んだ華麗な商都派の構想に比べ、米国で鉄道エンジニアの修業を積んだ原口要を中心とする内務省派の計画は地道で堅実なものだった。

明治二十二年に告示された東京市区改正設計（今日の都市計画事業）が意図したのは拡幅を中心とする街路網の整備と上下水道の布設だった。改正事業は大正初期まで行われ、結果的には上水道の布設と街路整備に終始する。財政不足に悩んだこの事業を助けたのは路面電車の敷設に課した負担金だった。路面電車を通すことが街路拡幅を促進したのである。

市区改正設計では街路網、上下水道の他に重要な決定がなされていた。それは既に開業していた官鉄新橋駅と日本鉄道（私鉄）の上野を結び、皇居前に中央駅を開設するという決定である。そして、この中央駅（東京駅）の設置は、至近の距離にある丸の内、霞が関が江戸時代の日本橋に代わって、将来の都心となることを約束していた。明治末には一丁ロンドンと称された丸の内の三菱オフィス街が姿を現し、また霞が関の中央官庁街が成立するのである。この決定は明治末からのF・バルツァーの設計指導の下に大正三年の東京駅開業となって実現し、震災後東京・上野間が結ばれて、明治十年代に開通していた山手線（品川、渋谷、新宿）と一体となり、今の環状山手線となるのである。そしてそれ以上に大きかったのは中央駅、東京駅が日本全国鉄道網の中心となったことであった。

パリやロンドンの鉄道駅配置を見ればわかるように、欧米の都市には一極集中を象徴する中央駅は存在しない。これ以降、東京駅を始点とする鉄道の延伸が、地方への文明開化の先兵、中央集権化の浸透となっていくのである。既に明治二十二年に東海道線を全通させていた鉄道行政が、近代国家日本の推進力となったのである。一方これを受ける地方都市は何の国家的な支援を受けることなく、戦前の六大都市の一つと言われた京都や大阪すらもが大正八年成立の都市計画法と市街地建築物法を待って初めて都市改造が本格化するのである。

つまり明治政府の重点は殖産興業と富国強兵にあったのであり、政府を支える地主保護のため、大正八年都市計画法に先行して既に、明治二十九年河川法、同三十一年森林法、同三十九年鉄道国有化法が成立していたことにそれはよく表れている。東京市区改正設計は江戸の都市構造を下敷きにした街路拡幅、上水整備に終始した。それは手堅い事業であったが、近代日本の首都東京を理念としてどこへ導こうかというヴィジョンは不在だったのである。それは実利的な計画であった。

Ⅲ．都市計画法の成立(大正八年)と帝都復興事業概成(昭和五年)の昭和初期まで

前項に記した明治二十年代は近代国家日本がようやくその体裁を整えた時期でもあった。明治二十一年には市町村制が公布され、翌二十二年にはそれが施行されるとともに国会が開設され、衆議院議員選挙法も公布される。つまり地方都市の近代化が準備され、財産を持った者に限定されてはいたものの市民が政治に参画する体制が整ったのである。しかし都市計画の分野では相変わらず中央から任命される官選知事が実権を握り、最終的な決定権は内務大臣（国）にあった。この権限構造は大正八

竣工当時の表参道

年の都市計画法においても変わらず、一定の地方分権が成立するのは戦後を待たねばならない。この時代までに、地方都市において精力的に推められたのは近代水道の整備だった。横浜や長崎（本河内ダム）といった重要都市はもちろんのこと、秋田（藤倉ダム）などの地方都市にも近代水道が整備された。

時代が大正に移ると、ようやく本格的な工業化が都市に影響を及ぼし始める。これが契機となってゾーニングを手段とする都市計画法が制定されるのであるが、その前に都市を美しく整えるという点で特筆すべき明治神宮造営とその関連事業に触れておきたい。

明治天皇が没して、その陵は慣例に従い桃山の地が選定されるが、東京に天皇を顕彰する事業をという声が挙がる。代々木が選ばれて、これが明治神宮となる（代々木の練兵場ももともとは江戸時代の大名屋敷跡である。ここにも江戸のストックが生かされている)。全国からの献木によって明治神宮の森は成立するわけだが、森林生態学が知られていなかった時代に、都市に森を作り上げようとしたその意図は、今日の地球環境、都市のヒートアイランド問題を先取りする先駆的な事業であったと評価すべきであろう。ただし日本の場合、残念ながらこのような思い切った事業が展開されるのは皇室に関係するものに限られる。

明治神宮に参拝するために設けられた表参道には立派なケヤキ並木が植えられ、東京に初めて本格的なアヴェニューが実現する。明治神宮外苑にも絵画館前にヴィスタ・アイストップ型の街路が整備され、外苑そのものも近代的なスポーツ施設(陸上競技場と野球場)を備えた近代的な大公園とされた。市区改正では実現しなかった近代街路、近代公園が出現するのである(明治三十六年開設の日比谷公園は和洋折衷のものまねにとどまっていた)。

大正八年になると都市計画法と市街地建築物法が成立、公布される。道路法も同年の成立である。同じインフラにかかわる河川法(明治二十九年)、鉄道国有化法(明治三十九年)に遅れること二三年、一三年であった。しかしこれでようやく首都東京以外の都市が近代化の正式の対象となったのである(その数年前から大阪等へは市区改正条例が準用されてはいた)。

東京市区改正事業が道路、上下水道を整備しようとする事業型の法律にあったのに対し、都市計画法ではようやく、市街地建築物法とセットになって、民間の開発や活動をコントロールする意図を持つ用途地域制が定められる。その背景には工業の本格化による工場立地があり、大都市の発展に伴う大都市への人口の流入、増大があった。しかし決められた用途は商業、住宅、工業の三種のみであり、その規制が甘いうえに未指定が大半を占めるというものだった。さらに問題だったのは、都市計画の

隅田公園と言問橋（『震災復興大東京絵はがき』岩波書店）

適用は望むが用途指定は受けたくないという都市が続出したことである。つまりインフラ整備に国の財政的な支援は受けたいが、（かなり甘いにもかかわらず）規制されるのはご免だというわけである。何やら都市計画に対するこの姿勢は現在そっくりではないか。

法律の成立に伴って内務省大臣官房に都市計画課が設けられ、事務官、建築、土木出身の技官が配置される。ここに採用された技官が地方の都市計画を立案する都市計画地方委員会に派遣され、その立案を担うのである。ここに現代にまで続く都市計画の中央集権の礎が築かれるのである。

都市計画法には農地を整備するための耕地整理にならった区画整理も盛り込まれ、周辺へ膨張し続ける都市のマスタープランを考えていた矢先に関東大震災が発生する（大正十二年）。外周部の発展を秩序ある計画で導こうとした都市計画法は一転して、市区改正以来の東京の都心、下町の大改造が対象となった。帝都復興事業の眼目は耐震、防災都市東京への大改造であった。仕方がないとは言え、前面に出たのは再び実利である。

区画整理が全面的に実施され、細街路、袋小路、スプロール住宅地は一掃された。広幅員の昭和通り（四四メートル）、大正通り（三六メートル、現靖国通り）が防火線として十文字に配置され、市内の掘割運河とともに焼け止まりの効果を担うことになった。防火線を設けて延焼を防ぐという発想は江戸の広小路以来変わることのない日本の都市づくりの基本である。

家屋（細胞）から直して防災都市を実現するという発想の転換はなされなかったのである。この都市づくりの発想は戦災復興にも受けつがれ広幅員街路の配置こそが都市計画であるという思想が地方都市にもあまねく浸透する。都市画一化の一大要因となったのである。

荷風《かふう》をして帝都復興により江戸の情緒は失われた、とは言うものの維新以来五〇年余の欧米の計画、設計技術の導入の歴史は、この時点でそれなりの日本的な成熟を見せ、後のストックとなる成果が現れた。

その一は近代公園としての臨水公園の整備である。がれきの埋め立てによる隅田公園と山下公園（横浜）、区画整理による浜町公園がそれである。隅田公園は墨堤の花見の伝統を受けて、山下公園は欧風の洒落た公園となって今に続いている。残念なことはその後これらをしのぐ臨川、臨海公園が何ら造られていないことである。その二は隅田川の九大橋（普通は十大橋、ただしその一つは震災前からの新大橋である）をはじめとする近代橋梁《きょうりょう》が現実のものとなったことである。鉄道を中心として直輸入的に架けられていた英米の武骨なトラス橋に替わり、優美な姿を現したこれらの橋は帝都復興の華と呼ばれた。

その三は近代都市型住宅の出現である。同潤会により設計、建設されたこれらの鉄筋コンクリート集合住宅は新しいライフスタイルを予感させる新鮮さを持っていた。その四は橋詰に広場が取られ、そこへの植栽が掘割運河、河川の水と相まって江戸以来の水都東京を再認識させたことであろう。そしてもう一つ加えるなら、鉄筋コンクリート造りによって不燃化した小学校が小公園と一体となって配置され防災拠点となったことである。

橋詰広場は江戸以来の伝統の近代的復活であるが、小公園と小学校のセットは帝都復興のオリジナルではないかと思う。この帝都復興を成功裏に導いたのは、東京市長時代に大風呂敷と称された後藤新平（復興院総裁）の構想力と、土木部門を担当した太田圓三、田中豊（橋梁）や建築部門を担当した佐野利器などのエンジニアであり、また造園の折下吉延であった。

帝都復興事業により東京と横浜はその面目を一新した。さらに明治以来の懸案であった東京築港もこれを契機に実現する。災害時に港がいかに都市の生命線となるかが広く認識されたのである。

帝都復興により郊外化（主に西の武蔵野台地へ）する東京に対し、東京市は周辺町村を合併して旧一五区に二〇区を加えた三五区の大東京市が誕生する。それに合わせて、現在の環七、環八を含む大東京の街路網計画も決定される。中心と下町の大改造を終えた東京は、すぐに膨張への対応を余儀なくされたのである。この膨張には安全で環境のよい住宅地へという市民の欲求に加え、大正末から昭和にかけて次々と開通した郊外電車の存在が大きかった。やがて通勤電車となる郊外鉄道により東京はスプロールしていくのである。そして、その庶民が住んだ都市住宅は町家ではなく、かといって緑豊かな屋敷でもなく、かつての武家屋敷をミニチュア化した緑の少ない戸建て住宅であり、長屋の近代版木質アパートであった。郊外の緑（田畑、樹林）は失われ、都市と緑の関係は断ち切られていくのである。

また、この昭和初期の頃から都市への人口流入により、従来からの路面電車の限界が明らかになり始める。膨張し肥大化する都市を支えるには高速鉄道（地下鉄）が必要となった。こうして東京では上野・浅草間に本邦初の地下鉄が開業する（昭和二年）。そして大阪では大正以来の都市改造が名市長関一により実を結び始め、地下鉄の建設と一体となった御堂筋が出来上がる。都市内の交通の主役が将来、地下鉄を含む高速鉄道のものとなることを示したのがこの時代である。

さらにこの時代を特徴づけるのは民間による住宅地開発である。田園都市㈱による多摩川台（現、田園調布）、箱根土地（現、西武）による国立、東武鉄道による常盤台などの優良住宅地が出現する。新しい都市のライフスタイルを予感させた同潤会（官）のアパートに加え、民間による新しい中間サラリーマン層の近郊居住のライフスタイルが確立し始める。オフィス街丸の内が成立し、従来からの繁華街銀座・上野・浅草の繁栄に加わり新興繁華街新宿も台頭する。昭和一ケタはまだ緑も多く、良き東京の一つのピークであったといわれるのがこの時代の都市像である。江戸の伝統（水と緑）の上に花開いたモダン都市東京である。さらにはモダン、大阪、京都である。

Ⅳ．大東京計画から戦時体制

昭和六年満州事変、昭和十年日支事変、この時代から敗戦まで、都市計画は防空一色となる。ここでも広幅員の防火線を設け、それによって都市をブロックに分けて延焼を防ぐという手法がとられる。

このために実施されたのが拡幅のための家屋の強制撤去である。首都東京でも青山通りなどで、数多く実施されたが、最も著名な例は京都の御池通りである。この街路の広幅員化は戦後各地の戦災復興事業にも引きつがれるが、鉄道沿いのそれはうまく生かされなかった。渋谷、原宿間に残る宮下公園等がその例である。

沿道家屋撤去と同時に東京では市街地を取り囲む大緑地が計画された。それは防空とスプロール防止を兼ねた東京の緑地計画だった。六大緑地が指定、買収され、その一部は戦後の近郊大公園の遺産として残った。水元公園、小金井公園、砧《きぬた》緑地などである。これらの六大緑地が農地開放の対象とならずに残り、G・ロンドン計画に倣うグリーンベルトとされていたなら東京は現在よりはるかに緑に恵れた都市となっていたはずである。これらの戦後に放棄されたグリーンベルトは、高度成長以降ニュータウンとして開発される。多摩、港北ニュータウンが官によって計画、建設され、多摩田園都市が東急（民）の新線建設により開発されるのである。

V．戦災復興から高度成長へ

米軍の空襲により、京都や奈良、金沢などの古都を除いて全国の都市は焼土と化した。被災都市一一五を対象とした戦災復興特別都市計画が立案される。この事業を担ったのは内務省の都市計画官僚と満州等から引き上げてきた都市計画技術者だった。帝都復興事業の思想が再び適用される。広幅員街路による都市の分割と駅前広場の整備である。これによって地方都市は明治以来初めて大々的に近代化されたといっても過言ではない。

そしてこの大改造は次に続くモータリゼーションに耐える都市を作り出したのである。しかしその半面、地方都市は金太郎あめのように同じ表情を持つものになった。名古屋、広島、仙台などは戦災復興の優等生といわれるが、定禅寺通り、青葉通りなどの成功によって杜《もり》の都の再生と評された仙台を除いて今日では個性のない面白みのない町と批判されることが多い。経済的に豊かになった今、車の渋滞の少ないことや機能性だけでは都市は評価されないのである。そして当時は戦災復興を実施できずに旧態依然の遅れた町と言われた金沢や松江が歴史を持つ都市として人を集めているのである。北陸を例にとると、働く場所は戦災復興都市富山でも、遊びに行くのは金沢なのである。

また、戦災復興都市のシンボル空間とされる名古屋や広島の一〇〇メートル道路も、札幌の大通り公園のような都市のシンボル空間にはならなかった。単に都市にスペースをとっただけでは都市の魅力づくりにはならないことをこの事実が教えてくれる。区画整理と道路整備という土木的な都市計画の限界である。市役所や県庁、あるいは伝統的な繁華街との関係を考えることが必要だったのだと思う。商業や繁華街との関係を考えること—その誘導や規制は日本の都市計画の最も苦手とするところであり（新宿に歌舞伎町を計画した石川栄耀はその例外だった）、そのつけが土地利用規制の甘さとともに顕在化するのは高度成長以降のことである。

仙台や名古屋のように東京にも実は大掛かりな戦災復興計画が立てられていた。その中心人物は都市計画課長の席にあった土木出身の石川栄耀だった。一〇〇メートル道路などのインフラの計画に加え、石川は第二次大戦時中に減った人口を好機として緑と水に重きを置いた理想的なプランを策定していた。しかし、東京の戦災復興計画は財政建て直しを最大の目的としていたドッジプランによって中止のやむなきに至る。この結果、戦後の東京は市区改正設計、帝都復興で造られたインフラを前提に成長することを余儀なくされることになるのである。歴史に「もし」はないといわれるが、一〇〇メートル道路に代表されるインフラがこのときに整備されていれば、首都高速道路は建設されなかったもしれず、建設されたにせよ、より収まりの良いものになったであろう。

Ⅵ. 高度成長からバブルへ

朝鮮戦争の兵站《へいたん》を担うことによって息を吹き返した日本の経済は、その後に続く神武景気、岩戸景気などという言葉にはやされながら高度成長の道をまっしぐらに進む。政治的な論争も昭和三十五年の安保改定により終息する。戦前の軽工業、繊維などに代わり、鉄鋼、造船等の重厚長大産業が隆盛を極め、その工業化の波は電機、自動車に、さらには電子産業に受け継がれていく。高度経済成長を通じて日本は世界有数の工業国家となったのである。この時期に工業振興を意図した全国総合開発計画が策定されて、新産業都市、工業整備特別地区が指定され、京浜工業地帯から東海道、瀬戸内をはじめ港湾整備と一体となった一大臨海工業地帯が形成される。

大正から戦前にかけて成立した鉱工業都市が、一回り規模が大きくなって出現したのである（八戸、鹿島、水島、大分等がその代表である）。しかし、これらの工業都市（地帯）は埋め立てにより自然の海浜をつぶすにとどまらず、昭和四十年代後年には公害を出して問題視されるに至る（四日市喘息、水俣《みなまた》病等）。

一方国策としてのインフラ整備は昭和二十九年成立の道路特別会計、同三十年日本住宅公団、同三

首都高、弁慶橋付近。江戸の遺産、お濠を利用した首都高の建設

十一年の日本道路公団に端的に現れているように幹線道路整備、大都市圏への人口流入の受け皿となる集合住宅、ニュータウン建設へ向かう。戦前の鉄道と河川、大都市の改造や水道に代わって都市間幹線道路が工業立国政策として前面に出てくるのである。戦災復興で地方都市は一応の骨格形成を成し遂げていたから、この全国工業化を受け入れる態勢は整っていた。

全総に続く新全総は日本という国を、あたかもそれが人体であるかのように地域別に機能分担させようとするものだった。東京をはじめとする大都市圏は頭脳、太平洋ベルト工業地帯は働く手足、東北、北海道は胃袋を満たす食料生産基地という具合に。そしてそれらの機能を動脈としての高速道路で、やがて新幹線で結ぼうとするのである。ここには各々の都市が持っていた自立的な歴史性や地域特性、都市民の感情は考慮の外にあったと言わざるを得ない。経済力を高め国全体が効率的

東名高速、浜名湖付近。S字カーブを使った風景に収まる線形

に機能することが最優先されたのである。この動きに乗れなかった都市、乗ろうとしなかった都市――例えば金沢や鳥取、盛岡といった都市は負け組とされた。

膨張を続ける大都市圏では都市を脅すものは人口の増大だった。しかし周辺の農地は農地開放によって細分化され、さらに農業振興整備地区によりガードを固められていたから、新住民の住宅やニュータウンは規制の緩い里山を造成して作られた。三大都市圏では江戸以来人間生活と共生してきた自然（里地里山）が失われたのである。

また、英国のニュータウン政策に倣って造られたニュータウンは当初こそ新しい生活様式ともてはやされたものの、しょせんは長屋の延長にある鉄筋コンクリートの2DK長屋群でしかなく、緑地こそ確保されたものの戦前の民間による郊外住宅地や同潤会アパートの水準にも達しないものだった。入居した人々はそれをついのすみかではなくいずれ出てゆく仮の宿と認識する他なかった。

戦災復興で挫折した東京では、都心部の改造が昭和三十四年に都市計画決定された首都高速道路と昭和三十九年に開催されることになった東京オリンピックを機に始まった。都心部の渋滞を解消させるために計画された首都高速道路は、用地買収が不用な幹線街路や掘割運河の上空を利用することによって実現することができた。ここでも江戸のストック（掘割）や戦前のストック（昭和通りや隅田公園）が東京の発展を支えたのである。当初こそ未来都市の象徴ともてはやされた首都高速道路も、後になって冷静に考えてみれば、江戸以来の名所（日本橋や花見の墨堤）を台なしにし、都市景観を悪化させる行為だった。

しかし、首都高速道路なしに今の東京が機能しないことも確かである。また、オリンピック関連事業により青山通りが整備され、戦前の大東京計画で都市計画決定されていた環七が整備される。本格的なモータリゼーションの時代が始まったのである。

問題は建設された首都高速道路と、それ以前に建設が始まっていた東名、中央道などの都市間高速道路をどう結ぶかにあった。計画論的に言えば、東京の周辺に環状道路を整備し、東京に用のない車を迂回《うかい》させる。つまり環状道路をバッファーとして都心の通過交通を排除、軽減することであろう。

都市間高速と首都高速道路をダイレクトには結ばないプランが正解である。しかし環状道路の必要性は社会一般の理解を得ることができず、東名や中央道からの流入・通過交通はダイレクトに首都高に乗り入れる形とならざるを得なかった。環状道路がない状態で三車線高速の都市間高速が、二車線でより低速の首都高につなげられれば渋滞が起こるのは当然である。

一方、通勤・通学の主役だった鉄道の方でも、首都圏三〇〇〇万人の活動を支える努力がなされた。郊外の私鉄は地下鉄と結ばれて相互直通方式の運行が始まり、乗り換えの混雑が解消され、利便性は大幅に向上した。都市の地下鉄を郊外の鉄道と相互直通させる当方式は、日本独自の方式である。この方式はその後パリにおいても、R・A・T・P（メトロ）と国鉄を相互直通させるR・E・Rを生み出す。日本のオリジナルが先進欧米諸国に模倣される珍しい例となった。

このような例は、空港（羽田）へのアクセスに軌道系の交通を入れる、東京モノレールの建設にも見られる。世界の空港アクセス方式を一変させた事業だった。東京モノレール以降、空港アクセスに軌道系マストラを入れる方式が世界の常識となるのである。しかし本家だった東京ではそれ以来事態は一向に改善されず、むしろ世界に後れを取ることになる（近年ようやく京急が羽田に入ったが）。

国鉄（当時）は輸送力増強（混雑緩和）のために五方面作戦をたてて遠距離通勤の便を改善する。明治以来の鉄道重視政策が、現在の首都圏の機能を支えているといっても過言ではない。民営された後の鉄道（国鉄）も東海道や他の貨物線を巧みに活用して首都圏の交通ネットワークを拡充する努力を続けて今日に至るのである。

思えばオリンピック前後は今日の東京を導く様々な事業が始まった時代だった。上述の首都高や東京モノレールに加え、超高層ビル（霞ヶ関ビル）も登場していたのである。武藤清の柔構造理論により耐震性を獲得した超高層ビルには、建築規制が絶対高さから容積規制（昭和四十五年）に代わるのと軌を一にして、最初は徐々に、しかし新宿新都心以降急速に増加していった。今日では新宿新都心に加え、MM21（横浜）、東品川、汐留に六本木までもが加わって東京や横浜のスカイラインを一変させるに至っている。これを東京の発展と見るか、近未来に迫るエネルギー危機、地球温暖化の時代に逆行する都市開発と見るか、議論の分かれるところであろう。

また、オリンピックを機に東京の水を支える水源が多摩川から利根川に切り替えられたのも忘れてはならない事実である。水の確保なくして都市はあり得ないからである。

この時期から徐々に、今では明白に、産業構造の変化とともに重厚長大産業（造船、鉄鋼など）の重要性が相対的に低下し始め、それに伴って臨海工業地帯の工場や物流港湾が遊休地化し始める。資本投下力のある首都圏ではこれが横浜のＭＭ21や東京の臨海副都心となって新たな都心が整備されるのだが、地方都市ではそうはうまく事が運ばなかった。膨大な敷地をもつ臨海地区や工業地域をどう都市づくりに生かすのかという課題が残ったのである。

国土の均衡ある発展を常にスローガンに掲げていた全総計画、新全総から流域圏構想をとった三全総になっても人口の大都市集中傾向は変わらなかった。産業が発展し、新幹線をはじめとする交通網が整備されればされるほど、ストロー効果により人は大都市圏に吸い寄せられ、大都市圏の過密化と地方の過疎化が進んだ。造船や繊維、炭鉱産業の衰退、農業が業として成り立たないことがこれに拍車をかけた。昭和五十年前後のオイルショックは従来からの経済一辺倒の価値観に反省を迫った。戦後初めてのことだった。何のために物質的な豊かさを求めるのか、経済的には豊かになったが、生活に少しも充実感がないではないか。ここが一つの分岐点であった、と今思う。驚異的な回復力を示した日本の産業はこの疑問を再び背後に押し込めてしまう。しかし、この前後の時期から人々のライフスタイルは徐々に変わり始める。高度成長がもたらした電化製品（冷蔵庫や洗濯機）もライフスタイルを変えたが、より直接的に都市に影響を及ぼしたのは車の過度の普及と、それと前後する郊外立地の大型スーパーである。これは大都市よりむしろ地方の中小都市において顕著だった。公共交通の貧しいこれらの地域では車は一家に一台ではなく、二台三台となり、都市は一層拡散した。最も深刻だったのは中小都市の商業中心が崩壊し始めたことである。この現象はバブル以降より明確になる。もともと商業を扱うことを苦手としていた都市計画はこれにうまく対処できず、郊外幹線道路沿道のスーパー等の立地は土地利用規制が甘いためにコントロールできなかった。最もより根本的には便利で安ければよいとする人々の価値観が問題だったのだと思われる。

Ⅶ．バブル崩壊から現在まで

戦後日本の資本主義は、土地本位制だとも言われる。土地さえ持っていれば資産価値は上がり、銀行はそれを担保に融資をしてくれる。それが極端なところまで行ったのがバブル時代である。東京をはじめとする大都市では地上げが横行し、里地里山はゴルフ場やリゾート用地として買い占められた。ここに至って人々の土地信仰が都市に対する最大の脅威となったのである。

そのバブルがはじけてすでに一〇年余、あれほどまでに追い求めた都市の経済的活気は、東京を唯一の例外としてどこにも存在していないように見える。この不況の下での少子高齢化の波は人々に明日の生活の不安を抱かせる。しかし不況、失業にあってても飢死する人間はいないし、治安こそ悪くなったものの、日本の都市は相変わらず便利で清潔である。

海外への観光旅行も減少しているわけではない。考えてみれば、物質的な意味で切実に欲しい物はもうないのである。不足しているものは都市生活の豊かさである。しかしそれは個人の力のみではいかんともし難いのである。快適に散歩できる広い歩道、自然を体感できる大きな公園、アフターファイブを豊かにする音楽ホールや劇場、それらはしかし日本の都市を急いで欧米化、近代化するために、明治の東京市区改正が切り捨てたものだった。

この一三〇年余、時に地震や台風の被害を経験したものの日本の都市はおおむね安全性、効率性と経済的な発展という側面では成功を収めてきた。これは自賛ではなく、他の非欧米圏の都市と比較してみればわかる客観的な事実である。しかし、日本がお手本とした欧米の都市づくりの一本の、しかし重要な柱が日本の都市の近代化には欠けていた。

それは都市（生活）のアメニティである。住宅地の静けさと緑、都市の歴史とローカリティ、街並みの美しさ等。オイルショックの時にふと立ち止まって考えようとした、日本の都市の近代化に対する反省、それを今こそ思い出すべきであると思う。都市が経済のためにあるのではなく、経済が都市のためにある。そして、都市はそこに住む人間のためにある。

1　知の集積場としての都市

1　知識情報社会と集積のメカニズム

伊藤　元重

1―1―1　産業構造によって変化する都市の姿

産業構造の変化は、都市の形態や機能に大きな影響を及ぼす。

農業などの一次産業が経済の重要な割合を占める経済では、人口の多くは農業者などの形で土地に縛り付けられる。人口は耕地などに比例して全国に広がり、都市は農水産物の集積地・交易地としての役割を持つのだ。当然、全国に多くの数の小規模市町村が広がることになる。現在の日本の地方自治体が膨大な数の諸規模の市町村を含んでいるのは、こうした時代の産業構造の名残である。

工業社会になっていくに従って、人口の多くが耕地から解放され、工業地域へ集まってくる。工業を中心に都市の発展が見られ、都市は工場で従事する人々の住居を提供し、その人たちの生活を支える役割を演じる。

経済における第三次産業のウエートが高まってくると、都市の役割が大きく変わってくる。サービス産業の多くは都市の中で付加価値を生み出すものである。付加価値を生み出す工場をサポートするという工業社会の都市から、付加価値そのものを生み出す存在としての都市への変化が見られるのだ。

欧米の多くの先進工業国と同じように、日本においても、急速なサービス産業化が起きている。ここでサービス産業化というのは、金融・流通・通信・教育・医療・エンターテインメントなどいわゆるサービス産業の比重が大きくなることだけでない。製造業においても技術開発・ソフトウエア・デザインなどのサービス的要素が拡大する。第一次産業から第三次産業まですべての産業で、サービス産業的な要素が大きくなっているのだ。

サービス的な産業の特徴は、その多くが経済内のネットワークに大きく依存していることである。旧来の製造業であれば、工場という閉鎖的な空間で多くの活動が終結した。しかし、サービス的な産業の多くは、他企業やユーザーなどとのネットワークなしには存在し得ない。そうしたネットワークの基盤となるのが都市なのである。

ネットワークの中には物流や情報通信のネットワークも含まれるが、何といっても人間を介すフェース・トゥー・フェースのネットワークが重要となる。必然的に人が多く集まる都市そのものが、産業活動の重要な場となるのだ。

産業の変化に伴う都市集積の重要性の拡大は、世界的に見られる共通の現象である。金融集積を形成しているニューヨーク・ロンドン・フランクフルト、エンターテインメント産業やファッションの集積であるロサンゼルス・ミラノ・パリ、ハイテク産業の集積したシリコンバレー・シアトル・ボストン近郊など、多数の企業や多様な人材が狭い地域に集積することが都市の魅力になっている。

1―1―2　集積効果

現在の産業を語るうえで、集積効果（agglomeration effect）という現象がますます重要になっている。集積効果とは、様々な経済活動が狭い地域に集積することが、そこで活動する企業に多くの利益をもたらす現象である。空間的な規模の経済性と言ってもよいかもしれない。

そもそも都市の形態は、空間の集積効果と都市の拡散効果とのバランスの上で決まってくるものである。狭い地域に様々な経済活動が展開されれば、多くのプラス効果が働くことは容易に想像できるだろう。分業が進化することで多くの製品・原材料・設備などが利用可能になり、多くの人が集まることで多様な技能を利用でき、密度の濃い情報が手に入る。しかし、他方で狭い地域に人が集まることは、混雑や狭い住空間などマイナス効果も持っている。そこで、より広い空間を求めて郊外に向かって都市は広がっていく。また、全国に様々な都市が形成されることになる。

時代によって、中央への集中と郊外への分散の力の大きさは変わる。それによって、都市の構造も大きな影響を受けるようになっている。現在は、中央への集中効果がより強くなっているが、その要因の一つに産業の集積効果がより強くなっていることが挙げられる。

サービスのウエートが大きい産業社会では、すでに述べたように、多くの企業や人材のネットワークが重要な意味を持つ。分業の程度が高まり、異なった業種の連携が増大し、流動的な人材の利用が拡大し、そしてユーザーとの相互作用がより重要になるなかで、一つの地域により多くの企業が集中することで発揮される集積効果がより強くなっているのだ。

集積効果が高まることで、大都市の中心部への集中が促進されるとともに、一部の大都市への経済活動の集中が高まっているのだ。大阪のような大都市でさえ、その重要な機能の多くを首都圏に吸い取られている。地方においても、福岡や札幌のような地域最大都市へ多くの経済活動の集中が見られるのだ。

現代の産業の集積効果は、古典的な製造業の世界の集積効果とは様々な意味で異なっている。製造業の世界では、部品生産や中間財生産で多様な分業が見られる。同種の企業が多く集中することで、技術の伝播や競争の拡大が見られる。こうしたことが産業全体で集積効果をもたらしているのだ。現在でも、繊維・自動車・金属加工など、全国に多くの製造業の集積が見られるのは、こうした古典的な集積効果の結果である。

これに対して、サービス産業のウエートが高い世界では、金融・証券、マスコミ、印刷、エンターテインメントなど同種の集積に加えて、異質の物が混在する形の集積がより重要な意味を持つ。企業が自らの中にない技術・知識・サービスを外に求めることをアウトソーシングというなら、こうしたアウトソーシングが頻繁に行われるのがサービス型産業の特徴である。新たな価値が生み出されるのは、多くの場合、異質のものが一緒になった場合である。そして以下で述べるように、生産者だけでなく、消費者やユーザーなどもこの集積の中に入ることが重要となる。

このように考えると、現在の産業集積の規模は、かなり大きなものであるといえる。大きな都市に産業活動の集中傾向が見られるのは、こうした集積効果の性格の変化もその背後にある要因なのである。

1−1−3　生活と産業活動の混在性

産業活動と都市機能の間には常に双方向の関係がある。活発な産業活動が見られる地域で都市の拡大が起こるという方向の影響（因果関係）と、都市機能が発達した地域の内部や近くで産業活動の成長が見られるという方向の影響である。

ただ戦後日本の都市の形成を見ると、「産業が都市を育てる」という側面が色濃く出ている。全国の都市の盛衰がその地域が抱える産業の盛衰と軌を一にしているのだ。しかし、最近の傾向は「都市が産業を育てる」という傾向が非常に強くなっているように思える。これは、すでに触れた集積効果の性格の変化によるものであると考えられる。

シリコンバレーという地域を考えてみよう。なぜ、あの地域に半導体やコンピュータなどの先端企業の集中が見られるのだろうか。よく知られているように、スタンフォード大学から出た若者がヒューレット・パッカードという会社を起こしたことがシリコンバレーの成長の大きな要因であるようだ。優れた大学の存在がその地域の成長に大きく貢献している。それだけではないだろう。カリフォルニアという温暖な気候、開放的な地域性などが、米国内だけでなく、世界中から優秀な人材を集めるうえで大きな意味を持っている。

こうしたことが、この地域に次第に先端企業型の人材に魅力的な集積を形成していくことにつながる。しゃれたレストランや刺激的な文化活動の集積も見られるだろう。先端技術やサービス産業にとっては、外から優秀な人材を吸収し続けることが重要な意味を持っている。そのためには、その地域が生活地域としても魅力的でなくてはならないのだ。

高い産業活動を支える都市というのは、同時に生活の場として魅力のある場でなくてはいけない。気候が温暖で、先端の情報を発信する大学や研究機関があり、外部から来た人を積極的に受け入れるような風土を持ち、エンターテインメントや飲食サービスが発達しており、教育や医療・福祉の基盤がしっかりしている。そうした総合的な機能を持っている都市が魅力的であり、そうした所に多くの優秀な人材や企業が集まり、そしてそこで活発な産業活動が営まれるのである。

残念ながら、こうした機能を備えている都市は、現在の日本には、数えるほどしかない。その結果、経済活動の集積がごく一部の大都市に集中する傾向が強くなる。ただ、五〇万人から一〇〇万人あるいはそれ以上の人口を備えた都市であれば、右で述べたような条件を整備していくことによって高い経済活動を展開できる都市に脱皮することができるとも言える。

海外のケースを見ても、巨大都市だけが産業集積として発展しているわけではない。ファッションの中心地域であるミラノ、医薬品産業の中心の一つであるスイスのバーゼル、教育・ハイテクの集積があるボストンなど、ある程度の人口規模でも健全な産業基盤を維持することはできるのだ。

1-1-4 重要度を持つ都市の開放性

現代の都市集積のあり方について考える場合に、グローバル化という大きな経済の流れを無視して議論することはできない。人・モノ・カネ・情報・企業などが国境を越えて動くなかでは、閉鎖的な体系としての都市ではなく、世界に開かれた都市の姿を考えなくてはいけない。

先ほど例に挙げたシリコンバレーをもう一度取り上げてみよう。シリコンバレーには多くの外国人が働いている。中国系やインド系の人なしにはシリコンバレーの繁栄は考えられないというくらい、これらの人たちがシリコンバレーの発展に及ぼす貢献は大きい。中国やインドに限らず、世界中から優秀な人材を集められるところにシリコンバレーの強さの源泉がある。こうした海外からの人材は、定住する外国人だけでない。膨大な数の訪問者も含まれる。シリコンバレーにある企業に商品や技術を売り込む人、商品や技術を買いに来た人、現地でのビジネスなどの会議に参加する人など多様な人たちである。

シリコンバレーは、海外の人に対して開放的であるだけではなく、海外の企業にも開放的である。世界の多くの先進的な企業がシリコンバレーにオフィスや研究開発の拠点を設けている。新たなベンチャーを起こそうという人も、シリコンバレーにその立地を求めるケースが少なくない。シリコンバレーという集積の魅力がそうした企業を引き寄せるのだろう。

グローバル化が進んだ現代社会では、外に向かって開かれているということが都市の魅力の重要な要因となっていることは疑いがない。国内では得難い様々な異質な人材・企業・ノウハウを取り込むことが都市の活性化には必要である。また、世界の多くの都市が有力な人材や企業を取り合うグローバルな競合の時代に入っているといってもよい。米国経済の繁栄は、海外からの有力な人材や企業の参入なしには考えられないのである。

残念ながら日本の都市は海外からの人や企業の受け入れに成功していない。アジアの優秀な若者でさえ、東京を素通りして米国に留学してしまう。国際的な組織の拠点を日本に誘致することは重要であるのに、例えばCNNのような影響力のある報道機関のアジアの拠点は香港にとられている。国際決済銀行（BIS）のアジアの初めての拠点も香港であるという。海外からの人の受け入れ制限とか、国内企業の保護策とか、立地の際に相対的に不利益をもたらす閉鎖的な考え方などで経済運営をしてきた日本のこれまでの悪い姿勢のつけが出ているのだ。

表1-1　外国企業の対内直接投資とGDP比

単位：億ドル

	暦年	1980〜89	1990	〜	1995	1996	1997	1998	1999	2000
英国	対内投資累計額	1,104	1,439		2,259	2,533	2,907	3,653	4,549	5,748
	同GDP比		58.2%		79.6%	85.2%	87.6%	102.6%	124.8%	160.9%
オランダ	対内投資累計額	294	401		776	942	1,053	1,429	1,842	2,408
	同GDP比		13.6%		18.7%	22.9%	28.0%	36.5%	46.3%	65.2%
カナダ	対内投資累計額	377	453		753	849	964	1,192	1,437	2,097
	同GDP比		7.9%		12.8%	13.9%	15.3%	19.6%	21.9%	29.5%
フランス	対内投資累計額	320	452		1,424	1,644	1,875	2,170	2,636	3,068
	同GDP比		3.7%		9.2%	10.6%	13.3%	14.9%	18.3%	23.7%
ドイツ	対内投資累計額	151	177		403	467	595	828	1,386	3,278
	同GDP比	（西ドイツ）	1.2%		1.6%	2.0%	2.8%	3.9%	6.6%	17.5%
米国	対内投資累計額	3,297	3,782		5,765	6,630	7,686	9,468	12,478	15,355
	同GDP比		6.5%		7.8%	8.5%	9.3%	10.8%	13.5%	15.6%
日本	対内投資累計額	18.2	36		101	121	153	186	309	392
	同GDP比		0.1%		0.2%	0.3%	0.4%	0.5%	0.7%	0.8%

（出所）IMF International Financial Statistics Yearbook 2002、
国際貿易投資研究所「国際比較統計」より、日本経済研究所作成。

誤解がないように付け加えるが、単純労働者を大量に受け入れるような移民政策に転換せよと主張しているわけではない。この問題は様々な要因を考慮に入れて慎重に決めていかなくてはいけない。ここで主張しているのは、優秀な技術者や専門家、国際的な企業や組織、そして将来を担う優秀な留学生を積極的に受け入れることができるかということである。

都市の話というよりは日本全体の話であるが、海外からの企業の参入という点についても日本は絶望的な状況である。海外からの企業参入の一つの指標である対内直接投資を見ると、IMF統計によれば、二〇〇〇年時点での対内直接投資の累積額（一九八〇―二〇〇〇年）をその国の名目GDP（二〇〇〇年）で割った比率は、大半の先進工業国では一五%

を超えた数値を示している。それに対して、日本はわずか〇・八％である。さらに、これを直近五年間だけで比較しても、英国八一％、オランダ四七％、カナダ一七％、ドイツ一六％、フランス一五％、米国八％、それぞれ比率がアップしているなかで、日本はわずか〇・六％のアップでしかない。海外企業の参入という点でも、日本がいまだにいかに閉鎖的であるかということがわかる。

対内直接投資というと、海外からの投資が国内に外資系の工場を立ち上げるというイメージがあるかもしれない。もちろん、そうした投資も重要である。ただ、日本経済の現状を考えたら、投資の多くは都市部での活動にかかわるものであると考えられる。金融・情報通信・不動産・エンターテインメントなどをはじめとするもろもろのサービス産業である。

こうした産業による対内直接投資を呼び込むためには日本経済の重要な「窓」である大都市、特に東京の対外開放性が問われるのである。これには、優れた国際空港整備などハードのインフラの改善はいうまでもないが、人材や外資系企業の受け入れを促すような仕組みの構築・整備が必要なのである。

1-1-5　都心改造——大阪の事例

二〇〇〇年の国勢調査によると、東京都二三区内に住んでいる大学生は二六万人である。これに対して、京都市は八万人、大阪市は五万人足らずである。大阪市内に住んでいる大学生の数の少なさが目に付く。戦後の高度経済成長のなかで、大阪は工場や大学などの施設を積極的に郊外に移していった。その結果、大阪市内にはわずかしか大学が残っておらず、都市部の大学生の人口が減ってしまったのだ。

都市の活性化という観点から見たら、大阪のこの状況は問題である。比喩的な言い方をすれば、大阪の都心部には将来の産業発展の中心となるべき若者や、時代の先端的なトレンドを形成する若者が非常に少ないということを意味するからだ。すでに述べたように、産業のサービス化が進展している現代社会では、大学のような施設が企業や居住空間と混在することが社会の活性化の重要な要件である。

誤解がないように付け加えるが、大学のような施設が都心部に集まってくる必要があるからといって、いまの段階で大学キャンパスをもう一度都心に戻すことはなかなか困難であろう。重要なことは、都心部に大学で行われている機能を戻せばよいということである。

名古屋の中心部の栄地区に、ある私立大学が社会人を対象とした経営の大学院を開設している。そこにはこの大学の先生だけでなく、東京や関西などからも有力な経営学者や実務家などが教えにきている。立地の便利さと講義の魅力から、多くの優秀な若者がこの社会人教室に参加している。大手企業で勤めながら起業のチャンスを狙っている若者、すでに新規ビジネスを立ち上げている人などが、こうした授業に参加しているのだ。このクラスは、優れた授業を受ける機会を提供しているという面もあるが、同時に地域の創業予備軍の人たちのネットワーク形成にも役立っていると考えられる。こうした都心型のサテライト・キャンパスの重要性は増しているだろう。

東京でも、丸の内や六本木の再開発のなかで、サテライト・キャンパスが注目されている。丸ビルでは東京大学やハーバード大学をはじめとする主力大学がオフィスを設け、丸ビルという立地を生か

表1-2　都市在住の大学生

（人）

	大学・大学院	短大・高専	合計
東京23区	263,499	89,482	352,981
大阪市	49,703	31,726	81,429
名古屋市	59,150	21,579	80,729
京都市	80,621	15,463	96,084
神戸市	45,522	12,850	58,372

（注）平成12年国勢調査報告第3巻「人口の労働力状態、就業者の産業（大分類）、教育」より日本経済研究所作成。

して様々なセミナーや研究会を開催するという。その活動は一つの大学の活動というよりは、大学のリソースを活用しながら複数の大学にまたがった活動となっている。六本木ヒルズを展開する森ビルでもアカデミーヒルズという組織の下で、東大の先端研や慶応義塾大学・早稲田大学の一部の学部などが参加して、大学横断的な都心型キャンパスを形成しようとしている。そこでは都市の中心部という立地を生かした新たなアカデミック空間が構想されており、今後の関心はこうした場がビジネスの現場である東京の都心部で活動するビジネスコミュニティとどのような関係を形成していくのかという点である。

また、大阪の話に戻りたい。大阪の町を見たとき、もう一つの大きな問題に気がつく。都心部に住宅が少ないのだ。東京の場合には、都心三区に多くの人口が居住している。最近の都心回帰の傾向は、そうした状況をさらに顕著なものにしている。その東京でも、ニューヨークの都心部であるマンハッタンの夜間居住人口に比べたらはるかに少ない。

大阪の場合には郊外に優良な住宅地が広がり、都心部の夜間人口は多くない。

都心部に緑地が少なく居住地としての魅力が少ないことも、人口の郊外化の大きな要因であるかもしれない。この点も、大阪市内の活性化を阻害する要因となっている。すでに述べた職住遊学の混在という二一世紀型都市の条件を大阪は欠いていることになり、それが大阪経済の衰退傾向の重要な要因となっているとも考えられるのだ。

都市の構造を急速に変えることは難しい。しかし大阪の事例を使って取り上げた問題点は、都市を改造していく上で重要な視点となるはずだ。大学だけに限定されるものではないが、大学に象徴されるような地域拠点の施設を都心部にもってくるようにする。そして質の高い住宅が都心部に近いところに入り込んでくるような街づくりが必要なのである。

1-1-6　まとめ

経済や産業の構造変化は都市の姿に反映される。消費・生産・流通などの経済活動は、国土という「空間」を通じて行われるものである。経済空間の最も基本的な要素である都市の姿が経済や産業の変化を反映することは当然のことではある。

日本経済はいま、第二次世界大戦後最大の構造変化の真っただ中にある。不良債権処理のプロセスとその下での資産の流動化、製造業からサービス産業への産業のウエイトのシフト、グローバル化によって変わる日本社会など、いま日本が直面している構造変化は多様な局面を持っている。

本章では、こうした日本経済の構造変化を都市の機能の変化とダブらせて議論してみた。日本の構造変化を総花的に扱うスペースはないので、サービス産業化という産業構造の変化に焦点を絞り、それが都市構造の変化とどのような関係にあるのかを考察した。

バブル崩壊から一〇年以上経ち、日本経済はますます厳しい状況に陥っていくように思われる。しかし、東京の都心での高層ビルの建設ラッシュを見ると、そうした厳しい調整の中でも二一世紀型の新しい経済の姿が少しずつ芽を出してきているようにも思われる。

日本経済の復活は、都市の構造変化によって支えられるのではないかと考える人は少なくない。政府も、都市再生を経済活性化策の大きな柱に据えている。縦割り的な産業論にだけ縛られることなく、都市という空間の上で日本の産業がどのように変化を遂げようとしているのか、さらに詳しい研究が必要であろう。

2 ネットワーク社会と知識集積都市

楠本 洋二

1—2—1 情報化の進展と都市の変化

工業化社会の優等生の道を歩んでいた日本の諸都市が、情報化社会への動きに直面したのは二〇世紀の最後の四半世紀だった。それまでいわゆる重厚長大型産業が主導してきた工業化社会の都市ではブルーカラーやホワイトカラーといった生活スタイルを持った階層が生み出され、欧米から〈ウサギ小屋〉と揶揄《やゆ》されるような家に住み、工場やオフィスで定型的な仕事をこなすのが一般的都市生活だった。大量生産、大量消費の構図が、どこの都市でも似たり寄ったりの住宅地、工場街、中心商店街をつくりあげていった。もちろん、所得や余暇も増え、車も持ち生活水準は上がったものの人々のライフスタイルの基本や身近な生活環境はそれほど変わらなかった。まさに産業が生活のかたち、都市のかたちを規定し、つくっていったといえる。

このような産業と都市の関係は国土にも反映され、産業が集中する大都市を頂点にしたピラミッド型の都市の階層構造が形成されていった。産業社会の構造も都市の構造も、大集積や大組織が力を発揮する言わば〈重力モデル〉によってつくられていたともいえる。ところが、そのころ次第に勃興しつつあったエレクトロニクス、コンピュータなどのハイテク技術を担う新しいタイプの成長産業群はこのような既存産業がつくった都市とは違った生成発展の仕方をすることが次第に明らかになっていく。

その具体的モデルを提供してくれたのがこの時期に米国で勃興してきたハイテク都市群、例えばシリコンバレーやボストンのハイウエー128号線地域、ノースカロライナのリサーチ・トライアングルなどであった。これらの地域は大都市でも既存の工業集積都市でもなかった。これらに共通するのは、知のセンターとしての大学、あるいは公的な中核研究機関の存在である。ここに研究者、技術者、起業家、企業等が集まり自由で快適な仕事環境、生活環境の下に新しい産業を生み出し集積させつつあった。

さらにこの時期、情報通信技術の進歩とその急速な普及、市場の自由化等により、一般企業の情報化、国際化が進んだ。企業のOA、FA化、企業間ネットワーク化の進展や、研究開発の強化、新市場開発志向などによって、企業のビヘイビアが大きく変化していった。成長力のある先端産業であればあるほど企業活動は人、技術といった知識、情報資源が重視され、またこれまで立地していた都市を越え広域的、国際的にヒト、モノ、カネ、情報といった経営資源を集め動かしていくという企業戦略がとられるようになった。

本社、支店、生産拠点、研究開発拠点、流通拠点といった機能の役割、立地が見直され、スクラップ・アンド・ビルド、再配置が始まった。企業の立地を巡る都市間競争も激しくなった。都市は企業のこのようなハイテク化、情報化に向けたイノベーションの動きや立地戦略への対応を迫られることになった。

都市の活力を持続的に高めていくため、既存産業のイノベーション、新産業の創出、導入を通じた、新しい集積構造が模索されるようになったのである。

　例えば日本では、一九八〇年代に地方都市におけるハイテク産業集積を目指す〈テクノポリス構想〉が登場した。周知のようにこの構想はシリコンバレーなどをモデルとしたハイテク集積都市を日本にもつくろうというものであった。この構想では、ハイテク産業を集積させるためには、拠点的な大学、研究機関といった知的基盤が重要であり、また魅力的な都市としての機能（文化、交流、良好な居住環境など）や都市基盤（空港へのアクセスや高速道路など）の充実が必要条件であると主張した。

　また、同じ時期、大都市における情報産業集積を目指した〈テレポート構想〉がニューヨークを発信地として提唱された。大都市の情報産業集積を拡充するため副都心や近郊に高度な情報通信インフラを装備した文字通り〈情報の港〉をつくろうとするものだった。

　これらの新産業集積構想は、当時大きな期待とともに歓迎された。しかし具体化にあたっては様々な課題に直面する。ハイテク産業や情報産業は、技術、情報、アイデアなどの知識を基盤に活動するため、その生成集積はそれを担う人的資源の集積に大きく依存する。また、これらの人たちの活動を高め、刺激する競争や交流といった環境が求められた。

　このような条件を持たない都市では、これまでの企業誘致のようにスペースやインフラを整備するといった外挿的手法だけではなく人材育成も含めた知的基盤、拠点を時間をかけて創ったり、多様な人々が交流し新しいアイデアやビジネスが生まれてくるような、内発的な集積を目指すことが課題となってくる。しかし、この時期、都市の側でこれらの新しいタイプの知的活動を支えるソフトな仕組みや都市機能を十分に用意することができなかった。

結果として八〇年代の都市は工業化社会の枠組みから十分抜けきることができず、知識情報化に対応した集積構造への挑戦はまだまだ続くこととなった。その後に襲った東京を頂点とする地価暴騰、バブル経済も、工業化社会の硬直的な枠組みをひきずった都市がそのまま情報化の波を被ったための特異反応と見ることもできる。

1-2-2　知識集積都市への萌芽

一九九〇年代末から現在にかけて到来している第二の情報化の波は、経済社会全般にわたる〈知識化〉の波を伴ってもたらされている。知識化のインパクトは現象的にはインターネットとパソコンと携帯電話の急速な社会的浸透と融合によってもたらされているもので、市民のライフスタイルや企業のビジネススタイルを大きく変えつつある。前述の八〇年代の情報化が企業や産業を中心にインパクトを与えたのに対し、今回は市民を含む経済社会全体のシステム転換をも迫る大きな変化となって現出している。このことは、人々の生活や仕事の場であり、また企業の活動の場である都市のあり方を大きく変えざるを得ない。

まず社会構造から見た知識化による都市へのインパクトで見ると、いまや人々は安価で小型で高機能のパソコンという自己の〈知の分身〉を手に入れ、インターネットを通じて、自由に様々な情報にアクセスし、加工して仕事をし、買い物し学び交流し、遊ぶことも可能になった。情報は個人の中に知識として選別され集積され、生かされるようになった。これまで企業や社会組織を中心に情報や知識が集積され活用されていたものが、個人を中心に集積され始めるという社会構造転換が進んでいる。

このような広範な知的世界の獲得と拡張は人々の現実の生活世界である都市での活動を活性化させ、自律的なライフスタイル、キャリア形成、コミュニティ形成を生み出すエンジンとして機能し始めている。

次に研究開発や産業面での知識化の動きとして、情報通信、ライフサイエンス、ナノテクノロジーなどの先端的科学技術分野が、国際競争力強化、経済活性化の戦略として、ますます重要性を高めてきたことが挙げられる。このなかでも情報通信分野では産業化が進み、ネットワークを通じて直接ユーザーや生産者を結びつけたり、これまでのカテゴリーになかった全く新しいサービスやビジネスモデルを開発するなど、既存の産業分野の枠組みを超える新しい産業が生まれている。

また、ライフサイエンス分野は二一世紀の人類社会にとって劇的な革新を生み出す科学技術分野であり、情報技術やナノテクノロジーなどと関連しつつ広範囲にわたる新産業創出が期待されている。そして知のフロンティアを担う大学や研究機関では、これらの戦略的研究開発に取り組むための研究開発体制の整備をはじめ産学連携についてはＴＬＯ（技術移転機関）による技術移転やベンチャー育成連携、共同研究開発などが始まっている。

知的欲求を高めている市民と大学と新しいかかわりも試みられ、キャリアアップのための社会人大学院、高齢社会対応の生涯学習、街づくり、地域起こしとの連携など多様化したものとなってきた。

このように知識化が進展するなかで、市民、企業、大学などが相互に刺激し合いつつ、都市に新しい変化をもたらしつつある。その動きをいくつか挙げてみよう。

（1）ネットワーク化する知の拠点

一九六〇年代以降、大都市圏では人口や産業の過度の集中を抑制するため、既成市街地での大学や工場の立地規制がとられてきた。これによって多くの大学が既成市街地から近郊、遠郊へと移転した（例えば東京都八王子市）。ところが近年の産業空洞化等の産業構造変化や教育を取り巻く環境変化に対応して次第に立地規制の緩和が進められ、二〇〇二年には規制が撤廃されることとなった。これに呼応して最近、大学や研究開発拠点が市街地や都心近くに立地するケースが増えている。

特に首都圏では大学は既成市街地における立地規制が緩和されたことを背景に東京中心部での新しい立地展開を進めている。都心のビジネス街に経営大学院などのサテライトキャンパスを新設したり（一橋大学ほか）、学部を新設したり（法政大学）、臨海部の大型再開発と連動してキャンパスを移転させる（芝浦工業大学）などその形態は多様である。これらの動きは大学自身の生き残り戦略であるとともに、これからのビジネスにとって新たな知的価値をどう創っていくかという〈知のマネジメント〉の重要性が高まっており、ビジネスの側が大学を求め始めたとも言えよう。

研究開発拠点［中核的研究所群と産業化支援機能を持ったリサーチパーク］も、臨海部をはじめとする都市の機能更新、活力再生戦略の一環として市街地でも展開され始めている。研究開発拠点の市街地での展開は、近年の研究開発が多分野の周辺研究領域との連携が不可欠であり、そのためには研究交流環境が重視され、また産学連携の視点からも関連都市機能集積が重視されだしたという背景がある。横浜市の理化学研究所横浜研究所を中核とした本格的なバイオ研究拠点もあれば、川崎市の〈新川崎・創造の杜《もり》〉のように街づくりの視点も入れたオフ・キャンパスの研究開発拠点のような例もある。また、大学キャンパスにインキュベータを設置しキャンパスをリサーチパーク化する動きも多く見られるようになってきた。このように都市を舞台に知の拠点が様々な形態をとってネットワーク的に展開しつつある。

(2) 機能複合が生む知の交流・創発―知の総合集積拠点としてのビジネスセンター

研究開発や人材育成をする大学だけが知の拠点ではない。むしろこれからのすべてのビジネスは新たな知的価値をどう社会的に創っていくかが試される。その意味で、ビジネスセンターこそ包括的な意味で知の集積拠点となるといってよかろう。現在、東京都心部では再開発が進み続々と新しいビジネスセンターが出現しようとしている。

例えば日本を代表するビジネスセンターである丸の内地区はこれまでの単機能型オフィス街から機能複合型に塗り変わりつつあり、最近オープンした丸ビルではオフィス以外に商業、文化のほかベンチャー育成のためのサロンや〈シティキャンパス〉と銘打って慶応大学と産学協同の場をつくったり、ハーバード・ビジネススクールや東京大学大学院などがリエゾンオフィスを持っている。つまり、大学は丸の内ビジネスセンターという知の総合拠点の一部に組み込まれている。

六本木ヒルズの再開発では文化、アートが強調され、ビジネスやメディア、居住機能との複合による知の創発が期待されている。このように、新しいビジネスセンターでは、いろいろな機能が融合し多様な人々が集まり住み、知的交流のできる場や仕組みが新しい文化や産業を生み出す創発装置、言わばソフトなビジネスインキュベーターとしてますます重要になってくることだろう。

（3）コミュニティでの〈衆知〉の集積

市民が個人として知識集積を進めるにつれ、自分たちのコミュニティの価値創造にも関与し始めた。各地で市民や商店街や先生たち、企業主、行政などが連携して、福祉、環境、子育て、防犯、商店街活性化など、広い範囲にわたる街づくりに取り組み始めている。市民が学習し積極的に街づくりに参加し始めたのだ。市民はそれぞれ経験や技術を持っており、皆で知恵を出し合う。

必要とあれば組織化してNPOとして活動する。空き店舗や空きビルがあればインキュベータ事業に乗り出す。皆の合意をきめ細かく得つつ街づくりを継続的に進める、社会実験にも挑戦する、などなど。これらのことは、近年多くの街で見られるようになってきた。街づくりはいまやコミュニティにおける一種の共同研究開発事業であり、新たなコミュニティビジネス興しであり、市民の知恵の集積を通じたまちの活力再生への挑戦である。

図1-1　知識集積都市への3つの萌芽

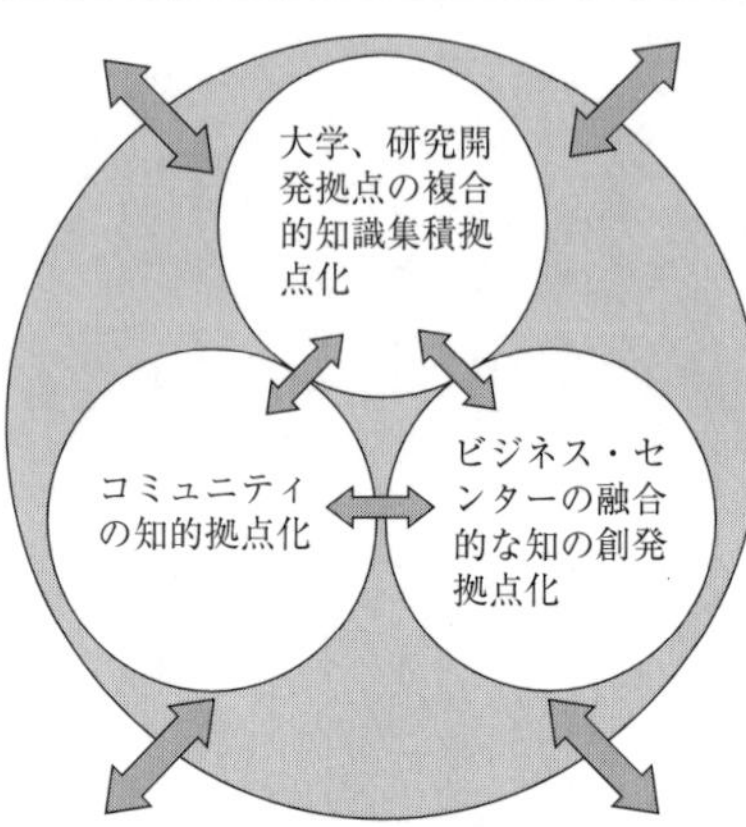

このように現在進行している知識化の流れのなかで、都市はその活力を持続的に発展させるため、三つの異なったタイプの知識集積拠点をつくりつつあるといってよかろう。一つは知のフロンティアとしての大学や研究開発拠点の集積であり、二つ目は幅広いビジネス創発装置としての複合的ビジネ

スセンターの集積、三つ目がコミュニティにおける知の集積である。これらの集積拠点群は相互に循環しながら、あるいは広域的にネットワークしながら知識情報社会での都市活力を充実させていこうとしているのだ（図1―1）。

1―2―3　ネットワーク複合としての知識集積都市

以上のような多様な知識集積拠点群のなかでも、都市の活力を励起するうえで先導的な役割を果たすことが期待されるのが、新たな知の創造、応用、産業化、人材育成、ネットワーク化のセンターとなる、中核的な大学、研究機関を有する研究開発拠点である。知的基盤を強化していくことが、知識情報社会において、国際競争力を有する価値創造型の産業創成を可能にする原動力となっていく。

（1）大都市圏の知識集積

これらの知的基盤集積がどのように行われているかを広域的に見てみると、大都市圏、なかでも首都圏、近畿圏での集積が目立つ。二つの大都市圏における知的拠点機能と都市の分布との関連を見たのが図1―2、図1―3である。首都圏と近畿圏とは圏域の広がり、基礎集積に大きな差があり同列には論じられないが、近畿圏の場合、都市と知的拠点との関係が比較的コンパクトにまとまっており、また大阪、京都、神戸といった拠点都市における多極的な知的拠点集積が見られる。

これに対して首都圏では半径一〇〇キロを超える圏域の広がりと全国の三割を超す膨大な人口集積を背景に、広く厚い知的拠点集積を持っている。特に大学や研究機関は東京および隣接する西部地域

図1-2　首都圏における知的資源集積と都市分布

（注）EX都市研究所作成。

に集中している他、筑波研究学園都市、業務核都市などの拠点都市での集積が見られる。

わが国の国際競争力強化のための戦略的研究開発領域となっているライフサイエンス、情報通信、ナノテクノロジー、環境といった先端分野は関連分野のすそ野が広い。そのため大都市圏の多様な知識集積、都市、産業集積は、このような研究開発プロジェクトをすすめる苗床として大いに期待されるのである。

図1-3 近畿圏における知的資源集積と都市分布

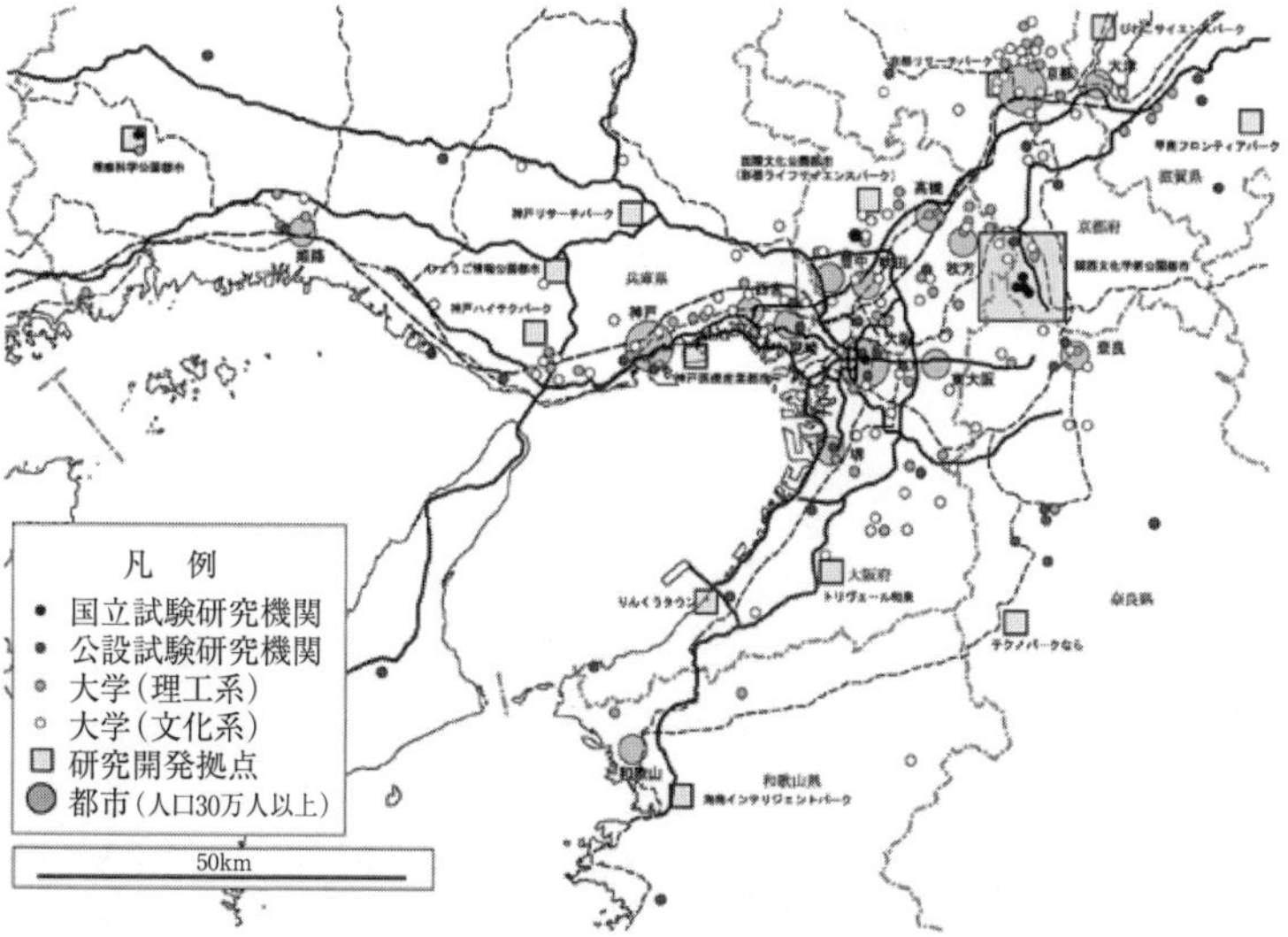

（注）EX都市研究所作成。

（2） 動き出した知的活力による都市再生

ところが、日本の研究開発を取り巻く状況として、政府の総合科学技術会議でも指摘されているように、大学、研究機関などが戦略的分野での研究開発や産業化の促進をするうえで、硬直的な運営や研究環境、規制などが制約となっている。このため、大都市圏に集積している知的拠点群や人材を効果的に生かす環境整備をはじめ、これらの集積拠点群を連携、ネットワーク化し、多様で創造的な知のフロンティアを形成し産業活力、さらには都市活力として実らせていく条件整備が不可欠である。

折しも、国の都市再生本部が総合的に支援推進する都市再生プロジェクトとして関西圏、東京圏におけるライフサイエ

図1-4　～ゲノムベイ東京のパーム&フィンガープラン～
ゲノムベイ東京と拠点連携構想

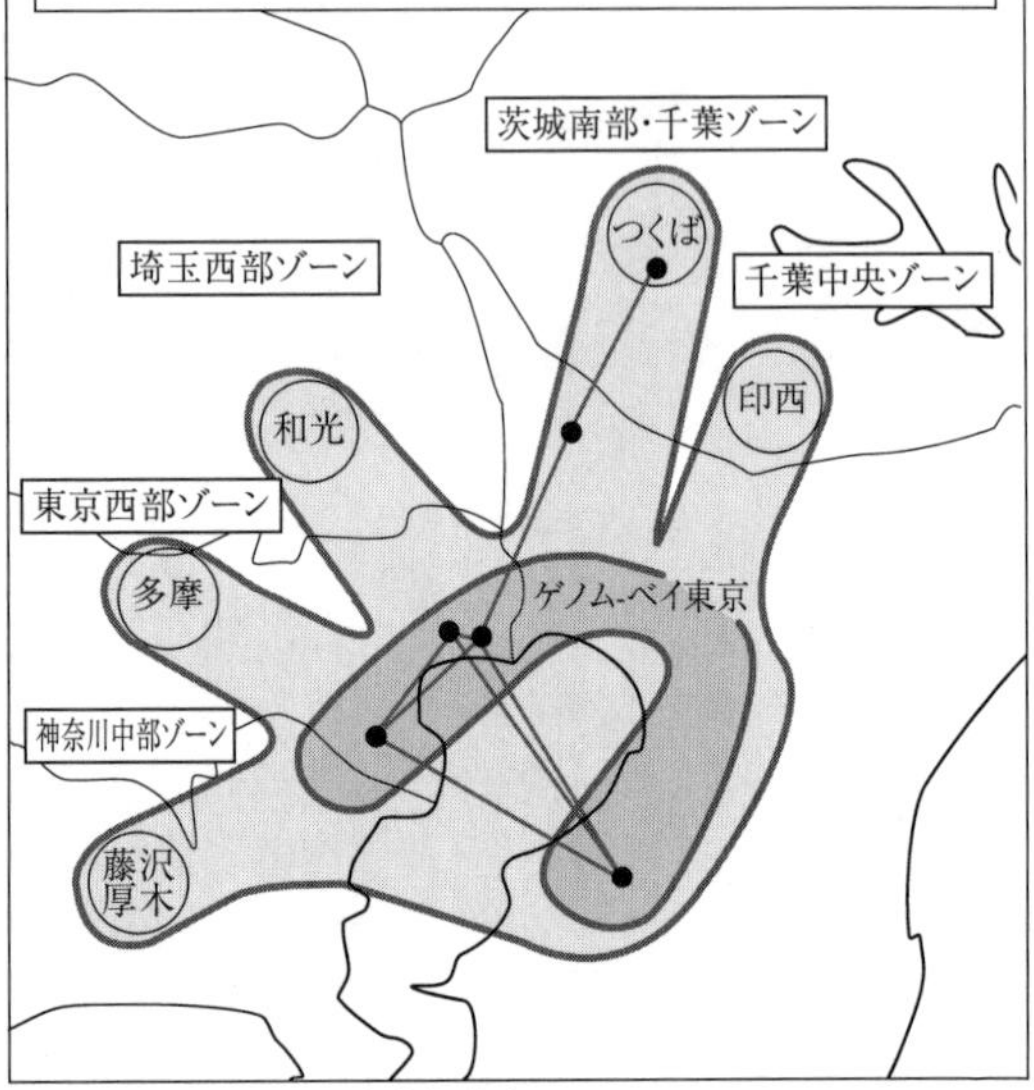

（出所）NPOゲノムベイ東京協議会。

ンスの国際拠点形成プロジェクトが位置付けられた。広大なライフサイエンス領域のなかでも、関西圏は創薬、再生医療分野を柱とするのに対し、東京圏はゲノムサイエンスをベースにメディカル、バイオ、食品分野を視野に入れている。

特に東京圏の場合、東京湾周辺のゲノム関連研究集積を高め、関連するバイオ産業集積、IT産業集積、ナノテクノロジー技術集積と連携しつつネットワーク化し、米国のサンフランシスコ湾周辺のシリコンバレーなどのバイオ研究集積、ベンチャー産業集積を凌駕する国際拠点の形成が目指されている（図1-4）。

そのため、世界の優秀な研究者やベンチャーマインドを持った若者も集まり交流できるような開かれた魅力的な都市づくりや、知的特区、医療特区、ビジネス特区といったフリーゾーンなどのソフトな環境整備も目論まれている。

つまり、この都市再生プロジェクトは研究開発と新産業開発育成、都市開発整備を、ソフト、ハー

図1-5　首都圏における研究開発拠点を核とした広域的連携・交流地域形成イメージ

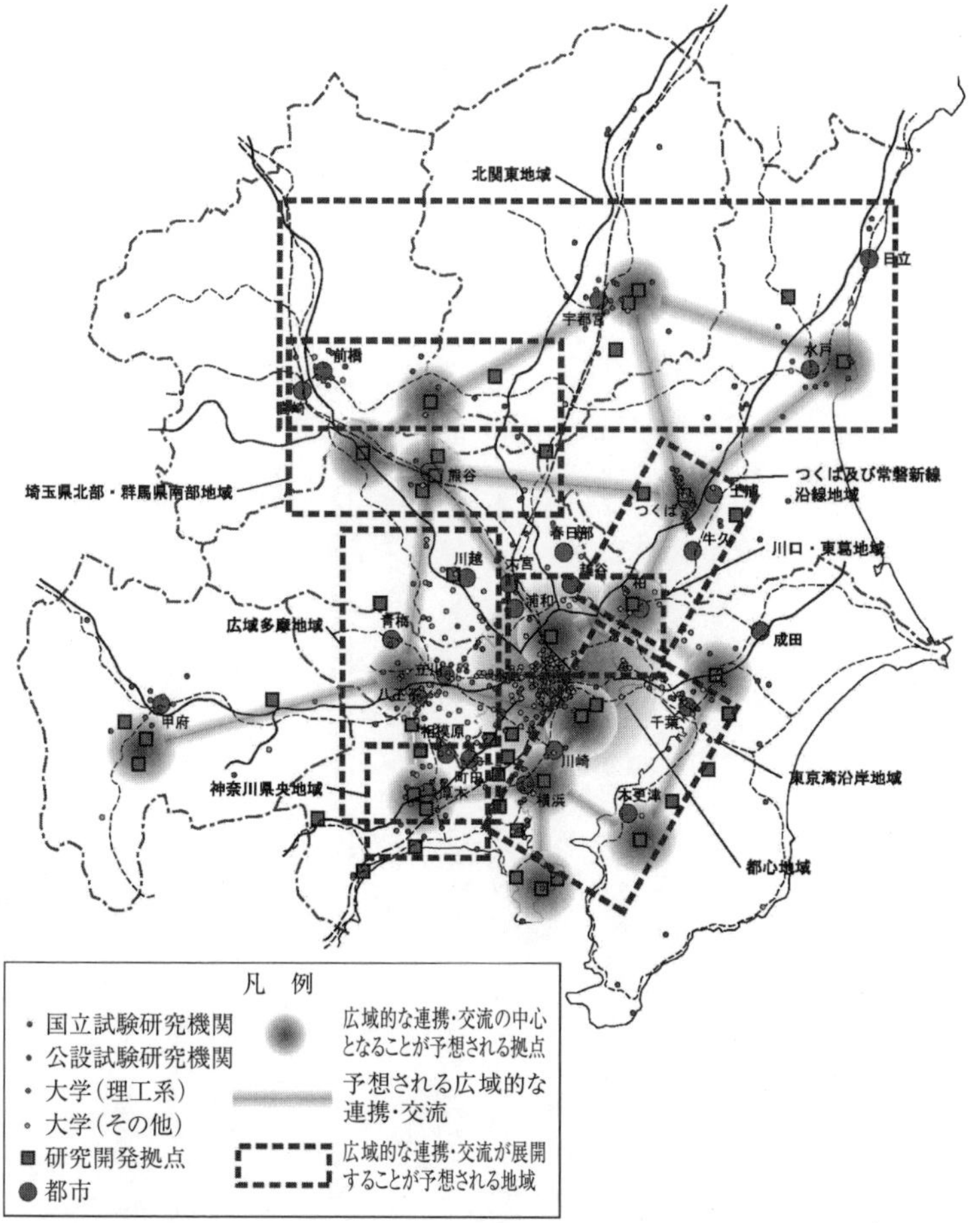

（出所）国土交通省都市・地域整備局「研究開発拠点と地域の連携・交流の推進方策調査）（2002.3）。

ドを含め、戦略的に統合し結びつけて推進することで都市活力の再生を意図している。これまでのパーツ型開発政策を超えた戦略的視点が見られるといってよい。

そしてプロジェクトは産学官および公〔自治体〕連携により推進されることになるが、とりわけ産学連携、産学公連携によるイニシアティブが重視され期待されている。日本の産学連携の構想力、創造力が試されるいい機会となるが、一方で、国家戦略的視点から国の強力な支援が不可欠と考えられる。

このように知的資源の集積とネットワーク連携によって都市活力を高めようとする動きが見られるのは、ライフサイエンス分野だけではない。

首都圏で見ると、広域多摩地域のように八王子周辺の大学集積と多様な産業集積の連携、つくば地域の先端研究開発集積とつくばエキスプレス新線沿線地域の連携をはじめとして様々な動き、可能性が生まれている（図1-5）。

これらの多様なネットワークの複合により都市の知識集積ポテンシャルを高めていくような広域的都市構造を形成していくことがイメージされるのである。このネットワーク複合がほかの大都市圏、地方都市圏とも連携することによって、知のネットワークによる国土の再組成が考えられていいだろう。

（参考文献）
(1) ダニエル・ベル『知識社会の衝撃』山崎正和他訳　TBSブリタニカ　1995年

(2) M・E・ポーター『競争戦略論』竹内弘高訳　ダイヤモンド社　1999年
(3) A・B・ジョーンズ『知識資本主義』野中郁次郎監訳　日本経済新聞社　2001年
(4) P・F・ドラッカー『ネクスト・ソサエティ』上田淳生編訳　ダイヤモンド社　2002年
(5) 新井賢一『東京ゲノム・ベイ計画』講談社　2002年
(6) 楠本洋二・今井晴彦『情報都市開発』日刊工業新聞社　1987年

3　少子高齢社会における人的資源の活用

児玉　桂子
森野　美徳

1—3—1　間近に迫った少子高齢社会

日本の都市が直面している最大の問題は、間近に迫った少子高齢社会の到来である。国立社会保障・人口問題研究所の『日本の将来人口推計』（二〇〇二年一月）によると、日本の総人口は二〇〇六（平成十八）年の約一億二七七四万人をピークに減少へ転じて、二〇五〇年には一億五九万人にまで落ち込むとされている。

人口の変化は従来、経済社会が発展するにつれて多産多死から多産少子を経て少産少子へと変化するものの、その後は人口総数の増減もなく、各年齢別の人口数にも変化がない安定的な状態に移行するのが一般的だとされてきた。これを「人口転換」と呼ぶ。

日本は明治以降、こうした過程をたどり、第二次大戦後の第一次ベビーブームによる多産少子が一九五〇年代後半から少産少子過程に転じた後、しばらく出生率、死亡率ともにおおむね安定した水準で推移した。ところが、七五年以降、出生率（ある年の人口一〇〇〇人に対するその年の出生数の割合）が大幅に低下したまま、低い水準が二〇年以上続いている。

合計特殊出生率（その年の年齢別出生率で一人の女性が子供を産むとした場合の子供の数）は戦後第一次ベビーブーム期の四七年の四・五四から五〇年の三・五六まで高い水準が続いたが、その後の約一〇年間で「二」前後にまで急減した。「ひのえうま」の六六年に合計特殊出生率が一・五に落ち込んだのは例外だとしても、第二次ベビーブーム期の七一年は二・一六。七五年以降は人口再生産に必要な水準である「二」を下回り、二〇〇一年には一・三三（概数）に低下した。

米国では合計特殊出生率が一九五〇年の三・〇二から八〇年代には「二」を割り込んだものの、二〇〇〇年には二・一三に回復、ほぼ同期間にフランスが二・九二から一・八九と比較的高水準を保っているのは、両国が移民を積極的に受け入れていることによるものと見られる。英国は二・一九から一・六五に、イタリアが二・五二から一・二三に、ドイツは二・〇五から一・三六に、スウェーデンが二・三二から一・五五に低下したが、これらと比較しても日本の「多産」から「少産」への転換が際立って急速だったことがわかるだろう。

その背景には終戦後のベビーブーム期に高い出生率が続いたのと同時に乳幼児と子供の死亡率が低下して全体として子供の数が増加した結果、避妊や妊娠中絶を受け入れられる社会的条件が整ったことが挙げられる。その後は女性の高学歴化や就業率の上昇による晩婚化が少子化の主な要因と考えられている。近年では結婚した夫婦が出産を控える傾向も見られ、少産傾向に歯止めがかからない状態が続いている。

一方、日本の平均寿命は明治・大正期まで低い水準だったが、医療の進歩や都市衛生の改善などにより、昭和初期から伸び始めた。女性の平均寿命は終戦直後の「人生五〇年」から一九五〇年に六〇歳代、六〇年には七〇歳代へと極めて短い期間に大幅に伸びて八四年以降は「人生八〇年時代」を迎えている。二〇〇一年の平均寿命は女性が八四・九三歳と男性の七八・〇七歳を七歳近く上回っている。

世界保健機関（WHO）の定義によれば、高齢化率（総人口に占める六五歳以上の割合）が七％を超えると高齢化社会、一四％以上を高齢社会と呼ぶ。日本は一九九〇年代半ばに高齢社会に突入して、二〇〇一年には一八・二％（実績値）。ベビーブーム世代が高齢期に入る二〇一〇年に二二・五％、二〇五〇年には三五・七％（人口研の中位推計）に達すると見込まれている。

藤正巖〔二〇〇二・六〕によると、高齢化率一四％を超えると一人の女性が生涯に子供を産む数はせいぜい一・五人程度になり、多い年でも一・八人を超えることはないという。先進各国の人口減少は必至だとしている。

出生率の低下や生産年齢人口の高齢化、生産年齢人口そのものの減少といった人口構成の変化は、日本経済の行方に大きな影響を及ぼす。一五―一九歳の若年労働力人口は今後、少子化の影響によって減少するとともに、労働力人口全体に占める割合も低下する。二〇―五九歳の労働力人口もこの世代の人口が減少するのに伴って高い年齢階層が増加する半面、若年層は減少していく。また六〇歳以上の人口が増えるのに従って労働力人口全体に占める高齢者の割合も上昇する。

こうした労働力人口の高齢化が日本経済全体の労働生産性を低下させ、このままだと日本経済の活力低下は避けられない。企業内での人員構成の高齢化は日本企業の雇用慣行にも変化をもたらす。一九六〇年代後半までは高度経済成長のなかで企業の労働需要が高い半面、「団塊の世代」が労働市場に参入する時期とも重なったことから男女ともに一五―三四歳人口が労働力人口全体の半数近くを占めており、年功賃金が定着しやすい条件が整っていた。

ところが、現在ではこの年齢層の割合が男女とも三〇％程度に低下した半面、高齢層の占める割合は増大傾向にある。このため、企業も賃金やポスト配分に年功序列的要素を弱める傾向に転じている。さらに「団塊の世代」が大量に定年退職する二〇〇五―一〇年を控え退職金制度の存続も危ぶまれるようになってきた。

高齢者比率の増大は医療、年金等の社会保障分野で現役世代の負担を増加させる要因となる。生産年齢人口の扶養負担を示す老年従属人口指数（六五歳以上の高齢者人口を二〇―六四歳の生産人口で除した値）は現在約三〇％だが、二〇二〇年に約五〇％、二〇五〇年には約七〇％と急速に増加して、ごく少数の現役世代で大多数の高齢者を支える構図が一段と深刻になる。これをすべて社会保障で補うことは事実上不可能で、年金、雇用、医療、社会福祉など制度全般の見直しが迫られている。

また全国的に見れば、地方の過疎地域ほど速いテンポで高齢化が進む半面、大都市圏は若年層の流入が止まったとしても、圏内で生まれ育った若者が主力となり、相対的に高齢化の進行スピードは遅い。その結果、大都市と地方の過疎地域との経済格差、生活格差はさらに拡大すると見られるが、大都市から地方圏への所得移転を社会保障分野だけで達成することは困難であり、財政制度や社会資本整備の在り方に至るまで日本の社会システム全体を変革することが求められている。

1―3―2　変わる家族像と住宅立地

戦後日本が実現した「超長寿社会」は、基本的には職住分離による住宅の郊外化と「専業主婦」の台頭によるものだった。戦後日本の家庭は、父親が郊外住宅地から都心ビジネス街や臨海部などの工業地帯に通勤する一方、専業主婦の母親が子供とともに郊外住宅地にとどまり、家事と子育てに専念するという「核家族」を典型としていた。

「単一の家族モデルは標準的な家族のニーズを推し量るのに役立つ。それは、大量消費につながる需要を想定することができ、その結果、様々な製品やサービスの大量生産を可能にした」(浅見泰司、〔二〇〇二・一二〕)。核家族を基本に税体系をはじめとする様々な社会制度がつくられ、社会における価値観、住居観、仕事観が固定化された。

新婚夫婦の木造アパートを振り出しにマンション、庭付き戸建て住宅で上がりとなる「住宅双六」が住居観の典型として描かれた。核家族に適した機能的な住戸タイプとして夫婦の寝室と子供部屋、家族団らんのリビングがあるというｎＬＤＫという形式の間取りが定型化され、大都市部の共同住宅や郊外部の建て売り住宅として供給された。こうした形で職住分離の都市構造が形成されたというのである。

ところが、こうした核家族モデルは第一次石油危機後の一九七五年前後を境に徐々に拡散してきた。日本の全世帯に占める核家族の比率は同年の五八・七％から二〇〇一年の五八・九％までほとんど変わっていないが、このうち夫婦と未婚の子で構成される世帯が四二・七％から三二・六％に減少した半面、夫婦のみの世帯は一一・八％から二〇・六％に増加した。単身世帯もこの間、一八・二％から二四・一％と着実に増加傾向をたどった。人口面では合計特殊出生率が「二」を割り、「核家族」の存続は家庭内の人員構成の面からも危くなり始めた。核家族モデルの画一的な価値観に基づいて大量生産・大量消費を可能にした高度経済成長は、土地、資源・エネルギーと環境の制約だけでなく、世帯構成の面からも限界に達した。

一九七〇年代後半には大学・短大進学率の男女比が逆転した結果、八〇年代に入ると、女性の社会進出が顕著になった。晩婚化が進んで単身世帯が増えた半面、結婚後も仕事を続ける共働き世帯が増加した。これがまた少子化傾向に拍車をかけた。

日本人の価値観も高度成長期までの画一的な「仕事一辺倒」から個人主義的な「生活重視」へと転換した。NHK放送文化研究所の「日本人の意識調査」によると、仕事志向が七三年の四四％から九八年に二六％にまで低下した半面、余暇志向は同期間内に三二％から三七％に、仕事・余暇両立は二一％から三五％に増加した。老後の生き方についても「子供や孫と一緒になごやかに暮らす」とする回答は三八％から二四％に減り、「自分の趣味を持ち、のんびりと余生を送る」とする回答が二〇％から三二％に増えたのが際立っている。この調査結果は個人主体の多様な価値観に変わってきた姿を映し出すと同時に、従来の「核家族」モデルが消滅して単身世帯やDINKS（子なし・共働き夫婦）が台頭してきたことを裏付けている。

かつての三種の神器の代表だったテレビが「一家に一台」から「一人に一台」に変わり、電話も携帯電話の普及とともに一人一台の時代を迎えた。以前の専業主婦が支えた家事労働も住宅地に立地したコンビニエンスストアや持ち帰り弁当、牛丼などのファストフード店などの外食産業が住宅内の台所に取って代わり、コインランドリーや全自動乾燥洗濯機、ダスキンの掃除サービスなどに見られるように、炊事、掃除、洗濯などの生活系都市型サービス産業にアウトソーシングされる時代に移行してきた。

職住分離を前提とした工業経済型の都市構造は、こうした世帯構成の変化や家事労働のアウトソーシング化に伴い、かえって不便なものと見なされるようになり、子育てを終えた高齢夫婦や共働き世帯、単身女性を中心に都心居住の傾向がますます顕著になってきた。都心の近くで職住近接、住遊近接のライフスタイルを享受する世帯が増えてくるに従って、高度成長期までひたすら郊外へ拡散していたスプロール型の都市構造は、都心への求心力を高めたコンパクトシティ型の都市構造に変化してきた。

とはいえ、現役時代に都心のビジネス街に通勤していたサラリーマンの間では「老後は自分の趣味を持ち、のんびり余生を送る」ことを理想とする意識が高まっていることは前述の通りである。高齢女性の都心回帰志向が高いのに対して、高齢男性の中には自然豊かな郊外で家庭菜園などを楽しみながら住み続けたいとする郊外志向が根強く残っている。しかも、第二次ベビーブーム世代を中心に大都市郊外で生まれ育った若者ほど地元定着意識が強くなっている。郊外の駅前や商店街でゴスペルの合唱や楽器演奏やストリートダンスなどの街頭パーフォーマンスに興じる若者達は「ジモティ」と呼ばれ、新しい郊外文化の担い手になっている。

欧州諸国でも都心回帰に背を向けて、郊外居住を求める「反・都市化」(カウンター・アーバニゼーション)傾向が見られるようになっており、日本の住宅立地も今後、都心居住と郊外居住に二極分化するものと見られる。しかし、人口総数が減少すると同時に、高齢化が急速に進展することを考え合わせると、高度成長期からバブル経済期にかけてスプロール的に拡散した郊外立地に歯止めをかけると同時に、いったん開発した郊外住宅地の中でも公団住宅、公営住宅など公共的に造成した住宅団地は、人口・世帯数の減少に伴って閉鎖、解体するか、躯体をそのまま活用した形で高齢者福祉施設などに転用することによって、もう一度、昔の里山に戻すような政策展開が望まれる。都心居住と郊外居住型のコンパクトシティは共に職住近接を前提とするものであり、両者が共存できるような都市構造への再編成が求められているのである。

1―3―3 都市の新たなネットワーク

少子高齢社会は社会全体で大きなリスクを共有するものにならざるを得ない。社会構造が基本的に少数の元気な世代で多数の高齢者を支える図式となる以上、老若男女を問わず、何よりも自らの生存や心身の健康リスクに対して、自分の身は自分で守るという覚悟が必要である。常に心身を健康に保つ努力が欠かせないことは言うまでもないことである。

少子高齢化に伴って女性や高齢者の社会進出が一段と活発になってくるが、これまで女性や高齢者が家庭内や地域社会で担ってきた「ケア」の機能を社会保障でまかなうことが困難になってきた以上、これを個人や個々の世帯、あるいは地域社会、NPOか都市ビジネスのどこかで担うことが必要になる。ここでは「ケア」を高齢者や障害者の介助という狭義の支えでなく、個々人の肉体的な衰えの防止や精神的な支え、自然災害や交通事故、犯罪など個々人のライフサイクルの中で直面する様々なリスクに対する支えとなる機能を広くとらえて「ケア」と呼ぶことにする。

第一生命保険系シンクタンクのライフデザイン研究所がまとめた「ライフデザイン白書2002―2003」によれば、企業の終身雇用、年功序列賃金、福利厚生制度と公的年金・保険制度に支えられた二〇世紀型ライフデザインは「画一」「低リスク」「安定」「狭い活動空間」を特徴としていたが、雇用の流動化や金融システムや社会保障制度の不安定化に伴って旧来の日本型社会システムが変革を迫られ、画一的かつ低リスクのライフデザインも終焉《えん》しつつあるとしている。

同白書は旧来の町内会・自治会に代表される地縁型コミュニティが希薄化する半面で、公園の掃除やマンション管理、犯罪・青少年非行の防止といった公共活動から、日頃の悩みの相談や手助けといった個人的なサポート、趣味や楽しみごとを共有するといったテーマ性が明確で規模が小さいコミュニティがオープンに広がっていくネットワークの必要性を強調する。ライフステージに応じて、テーマ・コミュニティの性格は変化するものの、今後の社会では何らかのネットワークに支えられたライフデザインを描くことが必要だとしている。

こうしたネットワークは今後、個々人のライフサイクルに伴う様々なリスクに対する備えとして不可欠のものになっているが、その代表例として住宅分野で活発になっているコレクティブ・ハウジングの取り組みを紹介しよう。

少子高齢化の中で高齢期にどこで誰と一緒に住むかという問題は特に平均寿命の長い女性にとっては重要な課題になっている。これまで日本人は高齢期を家族と暮らすことが理想といわれてきたが、都市で暮らす団塊の世代の女性のなかには新たな暮らし方への志向が見られるようになってきた。

女性の高齢期の住まいについて研究している生涯居住環境研究会が東京都内に職場を持つ常用雇用の女性二四〇〇人を対象に行った調査では「血縁関係はないけれど共通の何かがある人が集まった住まい方」(施設を除く)に対して、働く女性の約四割が関心を持ち、未婚単身女性の場合には五割を超えた。

生活の共同性と独立性がどの程度を望んでいるのかを見ると、「住戸は完全に独立し共用スペースがあること」が多数を占めた。定年後に大切にしたい付き合いとして挙げられたのは、第一に趣味の仲間、次に仕事の仲間、家族・親戚はそれに次ぐ。この順序は世帯形態による差異はなく、血縁を第一にしない老後の暮らしを求める姿が示されている。

このような「仲間と住む」住まい方への関心は都市部に住む高齢単身女性にもかなりの割合で見られ、このような非親族ネットワークによる住まいが年代を超え、女性たちから支持されていることを示している。

大都市で働く女性に関する一連の研究のなかでは、住宅を資産価値よりも高齢期の居住価値の視点から選択する意見が示されている。「多少の無理をしても住宅を持つ方がいいか」または「生活の無理をしてまで住宅を持つことはないか」に関しては、首都圏に働く男女の回答は取得派と非取得派が男女ともにほぼ半々である。しかし、取得派にその理由を聞くと、全体的に「老後に家賃を払わなくてすむ」が多数派を占めるなかでも、特に女性では圧倒的多数であり、男性に見られるような「家を持つことは資産価値がある」とするものは極めて少ない。女性にとっては老後の安定した暮らしを支えることが住まいに強く求められている。

コレクティブ・ハウジングについては北欧に長い歴史がある。日本で公的にこの住まい方が取り入れられたのは、阪神・淡路大震災後の復興住宅としてである。グループホーム型高齢者住宅に住むことを経験した女性たちの中から「仲間の顔が見える」安心を求める期待が高く、こうした要望に応える形で兵庫県や神戸市などの公的機関がコレクティブ・ハウジングを導入した。このような参加型住宅を成功させるには、居住者間の仲間意識づくりやコミュニティとの協力が必要であることから市民による支援組織が立ち上がり、それはＮＰＯに発展した。

東京では北欧のコレクティブハウスに学び、参加型・共同住宅づくりに向けた市民のワークショップなどの啓もう活動を行うボランティアグループＡＬＣＣ（Alternative Living& Challenge City）の活動も始まった。このグループは世田谷区などと連携しながら、あくまでも市民のベースで男女を含む多年代層から成るコレクティブハウスの実現に向けてＮＰＯ活動を続けている。埼玉県上尾市や茨城県つくば市でも同様の取り組みが芽生えている。

日本の戦後住宅の特徴は家族単位のプライバシーの尊重にあり、地域のコミュニティへの積極的関心は薄かったが、コレクティブな住まい方を目指す活動は相互援助のネットワークを集合住宅内と地域につくることを意図している。コミュニティが希薄化している都市においてコミュニティとのつながりを重視する住まいの在り方を先導する取り組みとして大きな意義がある。

1－3－4　コミュニティ・ビジネスの台頭

少子高齢社会における都市生活をサポートする新たな担い手として期待されているのはコミュニティ・ビジネスである。個々人のライフサイクルのなかで生まれる生活ケアのニーズを国、地方自治体などの公共セクターによるサービスに頼ることはまず財政的に困難になっているうえに、個々人の多様なニーズに応えることは公共サービスの性格にそぐわない。何よりも自分の生活領域にまで公共セクターが介入することを個々人が望まないことが成熟社会の大前提でもある。かといって、純粋の民間企業によるサービスとして成立させるにはまだ需要動向が定まらず、個々人の多種多様なニーズをすべて民間企業が満たすことにも無理がある。こうしたすき間を埋める形で今日、多くの地域社会で芽生えつつあるのがコミュニティ・ビジネスという地域住民が主体となって地域の生活から生まれたサービスを提供する企業体なのである。

コミュニティ・ビジネスが成立するための条件は、第一に独自事業によって収入を得、活動の自主性を確保する「事業性」である。第二に、一定の地域を対象に活動を行う「地域性」である。第三に事業の目的と内容として私的利益の追求でなく、地域社会の課題解決を掲げることで、これを「変革性」と呼ぶ。第四に地域住民などの市民セクターが資本・運営上の主導権を握る「市民性」が求められる。第五に、事業収益の一部を地域社会に還元したり、事業展開そのものが地域の雇用拡大につながったりするなど地域社会の課題解決に寄与していることが明確であるという「地域貢献性」が求められる。総合研究開発機構の研究報告〔二〇〇二・九〕では、コミュニティ・ビジネスを考えるための指針として以上五つの条件を挙げている。

英国では「個別のコミュニティが設立・所有し、運営を行う経済組織であり、コミュニティ・メンバーに対して仕事を提供することにより、地域社会の維持・発展を促そうとするもの」とされている。日本のコミュニティ・ビジネスは個々人が集まった小グループから認定ＮＰＯ、任意法人、農業法人、企業組合、民間企業まで組織形態は多種多様だが、「公益性」が一つの目安となっている。

コミュニティ・ビジネスの活動分野は介護サービス、家事援助、子育て支援などの生活密着型ビジネスから環境保全・リサイクル、新エネルギー、省エネルギーなどの環境ビジネス、街づくり支援や地域文化の継承・創造、国際交流といった地域活性化ビジネスまで多岐にわたる。

多摩ニュータウンの住民が主体となって設立した「FUSION長池」はブロードバンド事業から介護サービス、街づくり支援までニュータウン特有の課題解決に向けた多様な活動に先進的に取り組んでいる。こうしたコミュニティ・ビジネスの台頭は少子高齢社会の都市生活におけるリスクを分散させる緩衝材として有益であると同時に、女性たちや企業を退職したサラリーマンたちに「第二の人生」で活躍する場を提供する人的資源の活用という意味でも意義が大きいといえるだろう。

4　知識情報社会への転換と都市再生

森野　美徳

1―4―1　国際競争力の回復に向けて

日本の都市が直面する構造変化は、工業を中核とした大量生産・大量消費型の経済社会から、人間の頭脳や感性が生み出す知識、情報、サービスに重きを置く知識情報社会への転換である。知識・情報が経済社会を動かす基軸になった時、都市の価値はそこにどれだけの知的資源を集積させるかにかかっている。常に世界の最先端をいく知識・情報が行き交い、新たな知的興奮を感じるような情報交流の場を創り出すことが求められる。

地球規模の情報技術（ＩＴ）革命も加わって、世界の人々がどの国で暮らすか、どの企業に属するかはさほど意味を持たなくなってきた。どれだけ豊かな人間関係を構築しているか、あるいは知的・趣味的なコミュニティに属しているか。つまり人間の知恵と感性が生み出す付加価値がどれだけ高いかによって優位性が判断される時代を迎えている。

大量生産・大量消費型の工業経済と、知恵や感性の希少価値が問われる知識経済との決定的な違いはそこにある。今後の都市は多彩な人材が交流するなかで互いに触発されることを通じて知識・情報が再生産される舞台としての重要な役割を担っている。

日本経済は一九九〇年代初めのバブル崩壊後、長期間にわたって停滞を続け、「失われた一〇年」といわれた。最近では「失われた一二年」ともいわれるが、これがあと何年続くのか。いまだに出口の見えない状況が続いている。

長引く経済不況の結果、最も深刻な問題は日本の国際競争力が急速に低下したことである。スイスのシンクタンク、国際経営開発協会（ＩＭＤ）が毎年発表している主要国の総合競争力ランキングによると、日本は一九九〇年から九二年までの三年連続でトップだったが、九三年から下落の一途をたどり、二〇〇一年には二六位。二〇〇二年には三〇位に転落した。

この調査は①経済活動②政府の効率性③ビジネスの効率性④インフラ整備――の四項目についての競争力を比較している。そのなかで日本は「政府の効率性」と「ビジネスの効率性」の二項目が際立って見劣りする。これは、バブル崩壊後の約一〇年間にわたって日本経済が「政府の失敗」と「市場の失敗」を交互に繰り返した結果、政府も市場も大きな傷を負い、さらにその傷口を拡大させたことの現れでもある。

国際空港や国際港湾などの国際交流に不可欠の交通基盤整備についても、アジア各国の主要都市の精力的な取り組みと比べて、日本の立ち後れは目を覆うばかりである。政府が二〇〇一年春、都市再生本部を設置して国際交流基盤の整備や大都市環状道路の整備促進などを柱とする都市再生プロジェクトを決定、都市再生に重点投資するようになったことは、日本の都市の窮状を打開して、日本の国際競争力を回復する強力な牽引車として期待されている。

日本の都市でもう一つの際立った問題は外国からの観光客が極めて少ないことである。

世界観光機関（ＷＴＯ）の主要国・地域の外国人旅行者受入数ランキング（一九九九年）によると、

日本は約四四四万人と三五位。フランスの七三〇四万人とは比べるべくもないが、チュニジアやインドネシア、韓国より下位にある。もちろんEU（欧州連合）域内交流や、大西洋をまたいだ欧州と北米大陸との行き来と比べ、極東に位置する日本の地理的不利もあるとはいえ、世界的な大交流時代を迎えた今日、来外観光客が極端に少ない現状は日本の都市に魅力が乏しいこと、外国企業のビジネスマンが訪れてみたくなるような投資機会が閉ざされていることの反省材料と見なければならない。

日本人が海外で使う観光支出が三二八億ドルなのに対して、外国人観光客が日本で使うのは三四億ドル。国際観光収支は約三・六兆円の赤字になっている。観光消費は日本全体で五三・八兆円の生産効果と四二二万人の雇用創出効果があると試算されている。政府は二〇〇三年度から外国人観光客を一〇〇〇万人に増やす目標を決め、同年度予算に必要経費を計上した。日本の国際競争力を高めるためには、都市の魅力を高めて集客力を向上させると同時に、外国企業の投資機会を増やす施策を並行して進めることが欠かせない。

1―4―2　知識情報経済と都市集積

二一世紀の経済社会では「知識」と「情報」が最も重要なキーワードになる。国際経営コンサルタントのアラン・バートン・ジョーンズが「将来は無形の知識資本が富と権力の源泉として浮上するだろう」と予測。P・F・ドラッカーも「ネクスト・ソサエティは知識社会である。知識が中核の資源となり、知識労働者が中核の働き手になる」と指摘しているのは、その代表例である。

私たちが暮らす都市社会に必要な知識、情報は大学や研究機関の中で萌芽が芽生えた後、都市の集積の中からあふれ出るような形で商品やサービスとなって都市社会に浸透してくるものである。こうした現象を「Knowledge spillover」と呼ぶ。互いに異なる知識と情報を備えた人材が切磋琢磨《せっさたくま》するプロセスを通じてより洗練されたものになり、社会にあふれ出てくる。都市の集積はそのための下地になるだけの厚みが求められるのである。

学術・研究による知識や情報だけでなく、日本に昔から伝わる古老の知恵とか、四季折々の変化を俳句に詠むといった風流の心、研ぎ澄まされた感性、今年のアカデミー賞受賞候補といわれる「千と千尋の神隠し」のようなアニメを生み出す構想力や表現力を含めた幅広い意味での「知的財産」の重層構造が都市の価値を高めるのである。

こうして知識情報社会が成熟度を増せば増すほど、都市集積の重要性が高まっていく。インターネットや携帯電話などのＩＴの普及によって在宅勤務も可能になったが、知識、情報の収集は人と直接会って、言葉を交わすことが基本である。電話やネットでやり取りするのと比べて、相手の顔色や目つきを見ながら話をする方がはるかに多くの情報を得ることができるからだ。都市の経済活動にとって本当に役立つ知識、情報は「以心伝心」「あうんの呼吸」によって伝わるものでもある。都市のような不特定多数の人の集まる場所で頻繁に人と出会うことは知識、情報の鮮度を保つうえでも欠かせない要件となってくる。

さらに「知識経済の時代」には、それにふさわしいオフィス環境を提供することが求められる。知的資源は人間が頭脳で中に知識を吸収し、何かを考えたり、新たなアイデアを引き出したりするプロセスの中から生まれるものだからである。じっくり頭を冷やして考えるためのゆとりあるオフィス空間が必要になるが、既存ビルではそれだけのスペースがとりにくい現状から見ると、床面積を増やすためには再開発は差し迫った課題である。

知識情報の価値は人よりも常に一歩先を行くスピードが生命線である。マルチメディアの時代を迎え、新聞、雑誌などの活字媒体からテレビからインターネット、携帯電話まで速報性に優れたメディアが競い合うなかで、都市経済にとってはスピードがカギを握る。と同時に一つの知識や情報を何度も確認する努力の積み重ねを通じて裏付けをとることがより重要性を増してくる。多くの取引先や同業他社、行政機関が近くに集積する大都市の集積は確実な情報にアクセスしやすいという点で優位性を備えている。

知識や情報が人間の頭脳とともに移動する限り、人々の円滑な移動を支える交通基盤の集積は欠かせない条件である。東京都心で相次いで完成した再開発地区はＪＲや地下鉄など公共交通の結節点に位置している。都市経済がスピードと確かさに価値を置く以上、円滑に行き来ができるような交通環境を整備することは知識社会にとってますます重要性を増してくる。

1─4─3 都市再生施策の意義

ＯＥＣＤ（経済協力開発機構）は二〇〇〇年十一月にまとめた対日都市政策勧告の中で「知識基盤型経済（knowledge-based economy）が都市間の競争基盤までも変えようとしている」と指摘した。これを捕捉する形で、同機構のシュルーグル事務局次長は二〇〇二年十月、①都市は需要創造の舞台であり、都市の経済活動を活性化させる需要喚起策を早急に打ち出す②都市の魅力と国際競争力を高めるとともに、持続的成長を生む都市へと変革する③都市の魅力や競争力を高めるためには、都市における政策を形成し推進するための行財政全般にわたるシステム（テリトリアル・ガバナンス）が重要である——との提言を行った。

政府の都市再生本部が進める都市再生施策は、こうした国際社会からの要請に適ったものである。ＯＥＣＤが指摘する知識基盤型経済、あるいは知識情報社会への構造転換を先導するものだと位置付けることができるからである。首都圏の国際空港機能拡充をはじめとする四次にわたる都市再生プロジェクトの決定、二〇〇二年春の都市再生特別措置法成立とそれに基づく緊急整備地域の指定で道具立ては整った。

都市再生特別措置法による緊急整備地域は、第一次の東京駅周辺など一七地域、約三五一五ヘクタールに続いて、札幌、仙台、北九州、福岡などの地方中枢都市を含めた二八地域、約二二六四ヘクタールが第二次指定で加わった。

全国の緊急整備地域における民間都市開発投資は合計で約七兆円に達し、「関連投資などの波及効果などを含めると約二〇兆円の経済効果が見込まれる」と都市再生本部は試算しているが、この数字を割り引いて考えても、都市再生関連の民間投資によって一五兆円前後の経済効果が期待できることは確かである。

これらの民間都市開発投資は資産デフレに歯止めをかける効果もある。

デフレ経済は人間の気持ちを委縮させるところに本当の怖さがあり、一〇年以上にわたる長期間、不況が続き、土地や株式、商品の価格や賃金が下がり続けると、企業も家計も新たな投資をしようという意欲がそがれてしまう。

これに対して、二〇〇二年秋から年末にかけて相次いで完成・オープンした新しい丸ビルや汐留地区などの都市再開発プロジェクトは、事業の成果が目に見えてわかる。東京都心には全国の超高層ビル建設用大型クレーンの約八割が集まっていると言われるが、都市再生による建設投資は内需喚起と同時に、心理的な高揚感をもたらす効果も見逃せない。

丸の内の丸ビルや仲通には全国から東京にやってきた観光客が集まり、開業後三カ月間で七二〇万人を数えた。レストランや海外のブランドショップの売り上げも予想以上で、消費不況が続くなか、これらの店舗が新たな消費需要を引き出したことの意義は大きい。

1―4―4 都市再生に向けての課題

今後の都市再生に向けての課題は、第一に歴史と自然を生かした格調高い都市空間を創出することである。特に都市再生の先導役になった東京都心は二〇〇三年に江戸開府四〇〇年を迎え、徳川家康の城下町建設に始まる歴史的な都市空間である。例えば、東京駅から皇居に至る行幸通りは外国の大使が着任した時の馬車に乗って皇居に向かう首都のメーンストリートをさらに磨きをかけるべき等、考えられる。

日本橋も二〇〇三年に架橋四〇〇年の節目に当たる。首都高速道路の高架橋に上空を覆われているが、将来は高架橋を移転するか地下化するかして、日本橋川の水辺を復活させ、皇居の緑、お堀の水辺と一体となって人々の目を和ませるような快適空間を演出すべきである。

第二の課題は、外国からの投資を呼び込んで新たに建てるオフィスビルやホテルには、日本の活力を誇示するような斬新性を追求することである。

第三の課題は、経済機能だけでなく、衣（ファッション）、食（レストラン）、遊、学、住の多様な機能を兼ね備えた複合空間を創出することである。仕事一辺倒の生き方は知識情報社会を生きるビジネスマンのライフスタイルにそぐわない。オフィスの窓辺から女性たちが買い物や会食を楽しむ姿が見えるような多様な生活を楽しめる空間を創出していくことが望まれる。

緊張感に満ちたビジネスの合間に、ちょっとした癒し、安らぎの時間を挟むことこそ知的創造力、ひらめきを生み出す源泉だからである。日本の都市空間は居ながらにしてＯＮとＯＦＦが共存できるような多彩な機能を備えることを目指すべきだろう。

2

日本の都市の魅力と風格

1　何が本質的な問題なのか

篠原　修

今から四〇年前の日本の都市や田園は現在よりはるかに美しく、魅力に富んでいた。例えば、東北の農村は今よりはるかに貧しかったが、山を背負い前面に田の広がるその風景は、平凡といえばそれまでだが、美しかった。京都の中心部に見られた町家の家並みもまだ伝統を伝えていた。

大方の日本人自身が今の日本の都市には魅力を感じていないように思う。いわく個性のない地方都市、どこも同じ様な駅前の景観、金太郎あめの観光都市。統計的な裏付けもある。伸びない国内旅行、増大する海外旅行。国際観光出入国者数の格差の統計を見ると、外国人も日本には余り魅力を感じていないように思う。もちろん、宿泊費や交通費、食費が高く（つまり日本の人件費が高い）という点も考慮しなければならない。しかし折に触れて欧州の大都市、小都市を巡り、また東南アジアの都市を巡っても、これには負けるだろうなと正直のところ思う。美しさはもちろんのこと、歴史性や民族性がまるで感じられず、有り体に言えば、ただゴタゴタとしているのが今の日本の都市ではないかと思う。

なぜ現在の日本の都市には魅力がないのか。個別に現象を挙げて分析し、その原因について様々な角度から論ずることは、もちろん可能である。しかし、ここではそのようなアプローチはとらず、筆者が年来考えてきた本質的と思われる少数の問題（原因）を挙げて、それゆえに現在の日本の都市がある（結果）という記述スタイルをとりたい。その本質的な問題とは第一に、不幸にも近代日本の都市が自己否定から出発して今に至っているという点であり、第二に外国の文明（文化）をパッケージで輸入し、機に応じてそのパッケージをいとも簡単に取り換えるという点である。問題は、日本人の能力や素質にあるのではなく、その精神構造にあるのだと思う。

2―1―1　自己否定という問題

明治維新（一八六八年）の翌年には早くも東京・横浜間に電信を敷設し、明治五年には新橋・横浜間の鉄道を開業した。この事実に現れているように、戦前の日本人は乏しい資源、低水準の国力にもかかわらず各種インフラを整備し、一時は当時の一等国の仲間入りまで果たしたのである。第二次世界大戦で完膚無きまでに破壊された日本が、戦後も再びＧ７のメンバーになるほどまでの経済大国となった。これまたよく頑張ったと言えよう。

しかし、鉄鋼や自動車あるいは電子製品生産のような典型的な文明の成果のようには、都市はうまくいかなかった。日本の都市がうまくいかなかった第一の原因は、常に自己を鄙《ひな》（文化的に遅れた田舎）と位置付け、手本を他（都《みやこ》・文明、文化が進んだ中央）に求める近代以降の（より歴史的にさかのぼれば飛鳥時代以来の）精神構造にある。鄙意識を持つことはそれ自身悪いことではない。むしろ、発展のバネとして働くことも多い。問題なのは、それが短絡的に自己否定にいくことである（しかし、この精神構造が日本をアジアにおける近代化の優等生にしたのだから、問題はそう簡単ではないのである)。

この自己否定には三つのタイプがある。その一は日本人全体の欧米に対する鄙意識、その二は地方の中央に対する鄙意識、その三は庶民の上層階級に対するあこがれである。これらの三つの鄙意識が相乗的に働いて日本の都市をつまらないものにしてしまった。

(1) 自己否定I——欧米に対する鄙意識

明治維新の前後、幕府や明治政府の要人達は、先進文明国である米国、英国、フランス、ドイツ等を熱心に見て回った。最も著名なのは岩倉遣欧使節団であろう。『米欧回覧実記』として記録に残されている。米国やフランス等の都市を見、日本の都市との差に愕然《がくぜん》としたのだろう。早くも明治五年の大火を機に、防火型の、しかし自己否定の都市造りが始まる。それが銀座煉瓦《れんが》街の建設である。

本当はパリやニューヨークにならって道幅は四〇、五〇間、建物は石造りの六、七階にしたかったのだが、結局は現実路線をとって、道幅一五間、レンガ造り二階建ての煉瓦街となった。細い道に木造の町家が並ぶ江戸以来の街並みでは一等国の仲間入りをするには不足と考えたのである。しかし冷静に考えると、この煉瓦街は西欧の水準から言えば三流品だった。今の眼で当時の絵図を見ると(絵図だからかなり割り引いて評価しなければならないが)、低いながらも整った町家が連続し、正面には富士山が見える(駿河町)、あるいは江戸湾が見える(汐見坂)という眺望を備えた街並みはどこに出してもはずかしくない江戸ならではの個性を備えた一級品だったと思うのだが、自らを鄙と考える眼にはそうは映らなかったのだ。

このような欧米コンプレックスによる自己否定の精神構造―自らの中に良い所を見ようとせず、ひたすらに欧米を追い求めるのは銀座通りほど極端ではないにせよ、その後の都市づくりに繰り返し現れる。日本庭園的だとして何度も拒否した挙げ句に、ベルトランの公園図（ドイツ）を巧みにアレンジした本多静六の案をとった洋風の日比谷公園（明治三十六年開園）、F・バルツァーの案（ドイツ人の考えた日本風の駅舎）はもちろん採用されず、結局新古典主義の鉄骨レンガ造りの駅舎となった東京駅（辰野金吾設計、大正三年開業）等々である。

明治二十二年に告示された東京市区改正設計（東京改造計画）では、江戸の都市構造を下敷きとしながらも、道路の拡幅を中心とする交通計画が主題となった。近代都市に生まれ変わるためのやむを得ない選択であったというものの、お濠と掘割運河を基調とする水都、江戸を欧米に倣って陸の都市に変更しようとする計画であったと大局的には判断せざるを得ない。大正十二年の関東大震災後の帝都復興事業では、この路線がより強化された。

区画整理により江戸以来の細街路、路地は消滅し、各所に広場（欧米都市空間への日本人のあこがれの象徴）と称する交通広場が設けられた。しかし、新開地である米国ならいざ知らず、歴史のある都市（パリやロンドン）では中世の雰囲気を残す細街路は今でも至る所に残っており、それが都市の奥行き、歴史性を担保して、都市の魅力をつくり出しているのである。この事実に気づいていた荷風の、路地を歩こうという呼びかけを是とする都市計画当事者、市民は少なかった。東京の中心部と下町からは江戸情緒は消失し、奥行きのない、平板な街となってしまったのである。

また、何とか欧米のような広場をと考えられた交通広場はしょせん本物の広場にはなり得ず、ものまねがそう簡単には本物になり得ないことを証明する一例に終わった。日本人の心情に合う広場は江戸の広小路という装置に現れていたにもかかわらず、それを積極的に生かそうとしなかったのだ。

ただし、この帝都復興では日本の都市造りの伝統を生かした水と道の接点に設けられる橋詰広場や、防火線として位置付けられた自然（並木）豊かな昭和通り、大正通り（現靖国通り）等の注目すべき都市計画が行われ、また、明治維新以来の欧米の技術導入を日本流に消化した隅田川の六大橋や花見の伝統に配慮した隅田公園、浜町公園などが現れる（この点については次項のパッケージの輸入、変換で触れたい）。

それでも戦前はまだ良かったといえるのかも知れない。敗戦を米国との物量の差、経済力の格差と認識した戦後になると、都市計画の主流は効率性を第一とし、経済一辺倒となる。戦前にはあった欧米の都市の壮麗さ、魅力へのあこがれは配慮の外となり、鄙意識は専ら米国の経済的、物質的な豊かさに目を奪われることとなる。都市の景観的、空間的魅力は議論の舞台から下ろされてしまうのである。水都江戸のカギを握っていた掘割運河は次々と埋め立てられ、その上に、また隅田川の水辺に高架道路（首都高）が造られていくのである。

否定すべき対象であった自己すらも意識にのぼらない末期的症状と言えるかも知れない。以来、自己否定という意識すら失って、本家の欧米では、日本で実行される頃には既に反省の材料となっているにもかかわらず、ひたすらに欧米の都市計画の流行に追従して大規模ニュータウン、超高層ビル群、臨海開発、大規模再開発と続くのである。

(2) 自己否定Ⅱ―地方の鄙意識

地方が中央(都)の繁栄にあこがれ、鄙意識を持つのは人間のごく自然な感情であるといえる。しかし封建体制をとっていた江戸時代は、その分権性ゆえに、現在の日本のように一つの価値観で序列化されてはいなかった。江戸が唯一のあこがれの都というわけではなく、政治の中心・江戸、天皇と文化の中心・京都、経済の中心・大坂という三都が、各々の個性をもって競い合っていた。

また、これらの大都市に限らず城下町を中心とする地方都市も、今日に比べれば格段に都市としての誇りを持っていたはずである。百万石の金沢、東北の雄・仙台、加藤清正の築いた熊本等々。また、各藩主は財政力を上げるために競って殖産興業に努めたから、特産品の点からも各地方都市は特徴づけられていた。藍《あい》染めの徳島、飫肥《おび》杉の飫肥、陶器の唐津等々である。

城郭の立派さや特産品等のほかにも各地方都市には様々な「お国自慢」があった。踊り、民謡等である。今日のように鄙意識にさいなまれることの少ないのが江戸の地方都市であった、ということができるのではないだろうか。

この意識が変わるのが、強力な中央集権化を進めた明治以降である。封建制は廃藩置県により廃止され、権力は東京を頂点として縦に序列化されて、県知事は任命されて中央から地方に派遣されることになる。天皇も東遷し、東京が抜きんでた都市となる。都市計画ももちろんその例外ではなく、内務省が主導し、ルールは全国一律のものとなり、計画も内務省から派遣された技師が各都市計画地方委員会に在って立案することとなる。これは国土交通省から県に出向した技師が立案中心者となることの多い現在に続いている。

その結果、各々の都市の個性よりも中央が地方都市に対して期待する役割が重視される。方向として均質化が進むのは当然ともいえよう。

このような中央集権化に伴う没個性化にもかかわらず、戦前にはそれでも個性化を担保する条件は残されていた。その一は旧制高等学校の配置である。東京の一高はさておいて、二高（仙台）、三高（京都）、四高（金沢）、五高（熊本）という具合に、教育・研究の拠点は地方にバランスよく配置された。今日のように大学が東京や関西ばかりに集まるということはなかった。東京大学をはじめとする旧制大学も同様の措置がとられ、各々に特色のある校風が育っていたのである。官吏の東京大学、自由な空気（哲学）の京都大学、開拓精神の農学校（北海道大学）という具合に。若者はその校風にあこがれ、大学を、都市を選択した。今日のように東大を頂点として偏差値で輪切りにされ、序列化されていたわけではなかったのだ。

また、貧乏な若者には陸軍士官学校、海軍兵学校のような軍の学校の門が開かれていて、それは旧帝国大学に劣らぬ社会的地位を約束してくれるものだった。

その二は軍都である。佐世保や舞鶴、横須賀には海軍の基地が置かれ、陸軍も各地に師団を配置していたから、江戸時代にはないそれなりに特色のある都市が成立した（これは戦後においても米軍の接収、自衛隊の駐留により、かなり色彩は薄まったものの現在でも引き継がれている）。その三は明治政府の殖産興業政策による鉱工業都市の成立である。製鉄の八幡や釜石、石炭の三池、岩見沢、貿易の神戸、横浜等の特色を持つ都市が誕生した。

これらの軍都や鉱工業都市は、今日の眼から見れば、偏りのある、また生活環境のよくない都市であったかも知れない。しかしそこに住む市民達はその都市の個性を誇りにしていたのである。鄙意識はもちろん在ったには違いないが、福岡県を例にとると、港湾の門司、製鐵の八幡、軍の小倉には、福岡に対抗し得る市民の誇りが存在したのである。

中央集権であるにもかかわらず、個性を持つ都市が存在するという戦前の構図は戦後完全に解体されてしまった。旧制高校、専門学校はすべて一律の国立大学となり、軍都は否定され、鉱工業都市は、そのブルーカラー性や住環境ゆえに否定される存在となってしまった。県庁所在地の都市は東京にあこがれ、県下の市町村は県庁所在都市にあこがれるという、一元的価値観に基づく、縦の序列化が極端にまで進んだのが今日の日本の都市の姿である。

極論すれば東京以外の都市民は常に東京に対する鄙意識とともに生きなければならないのである。かつては誇りを持っていた門司、小倉も、熊本や長崎すらも博多との格差意識が強まり、北海道では札幌に一極集中し、その札幌は東京との格差意識にさいなまれているのである。その結果、各都市は東京のように、あるいはその地方の中心都市のようになろうとし、結局、没個性化して魅力の喪失を招いているのである。

（3）自己否定Ⅲ―庶民の上層へのあこがれ

江戸時代は、周知のように、士農工商の身分制度社会だった。都市居住の面からいうと、武士は武家地に住み、職人（工）は町人地の長屋に、商人（商）は町家に住んでいた。さらに武士はその階級により上級武士は大邸宅に、中級武士はそれ相応の屋敷に、下級武士は小宅か長屋門内に住んでいた。

身分に応じてさらにはその階級に応じて都市居住型式が定まっていたのである。その結果、都市は居住地区に応じた魅力的な街並みを呈していた。町人地の中心である下町の大通りは裕福な町人達の町家が統一的な街並みを造り、職人町は住工が一体となった活気のある町となっていた。

裏長屋は今日の眼から見れば悲惨ともいえる狭さだったが、生活臭があふれるコミュニティだったに違いない。たとえ居住空間は狭くとも城下町である限り、遠からぬところには掘割運河の水面のオープンスペースがあり、近郊には四季の名所が控えていた。

武家地は基本的には塀で囲まれた戸建ての屋敷からなり、道を行く人は塀の中に植えられた樹木を楽しむことができた。角館《かくのだて》等の旧武家地を歩けば、今日でもその一端をうかがい知ることができる。緑あふれる町だったのである。地区は各々に、統一のある町家の街並み（低層高密）、緑豊かな住宅地（武家地、低層低密）、活気あふれる街並み（職人地、低層高密）という特色を持っていたのである。

維新になって身分制度が廃止され、職業と都市住宅の型式は対応関係の必然性を失った。それでも官吏や企業のホワイトカラーの絶対数が少ないうちは、特色を持つ居住型式とその街並みがかなり遅くまで残っていた。しかし震災前後の時代から、路面電車と郊外鉄道が発達するにつれ、最初は官吏やホワイトカラーが、次第に庶民までもが、地盤がよく環境がよい郊外に住宅を求めていく。その際の都市居住型式のモデルはかつて上層階級だった武士の戸建てとなり、これ以降、かつては数量的には少数派だった戸建て住宅（低層低密）が都市住宅の主流となっていく。武士階級に対する庶民（工、商）のあこがれである。やがて商売上職住一致を我慢していた商人層も居住の場を郊外に移して、町家は商売のためのみの建物となっていく。

裏長屋とまではいわないが、職人町にも町家にもそれなりな特色、魅力があったはずである。こうして東京と同様に、いずれ、他の城下町も低層高密のコンパクトな都市から、べったりと広がる低層低密のスプロール都市へ変貌していくのである。

戦後の総サラリーマン化と、持ち家推奨政策がこの動きをさらに加速する。戸建て住宅がサラリーマンの甲斐性《かいしょう》の証となったのである。戸建て住宅による町並みがそれなりの魅力、環境を保つには敷地規模という条件が必要である。

江戸時代の武家地が水準を保っていたのはそれ相応の敷地を持っていたからである。塀で閉ざされていても家屋と塀の間には高木を植え込んだ庭があった。塀があって門があり、独立した家屋があれば、あこがれの戸建て住宅であるという幻想が、庶民の眼を狂わせた。三〇坪や四〇坪の敷地で戸建て住宅を造るとすれば、門を入ればすぐ目と鼻の先は玄関である。庭木のスペースはない。マイカーブームがこの状況をより悲惨なものとした。駐車スペースをとれば、隣地や道路との間にすき間は残らない。

かくして、商人の町家の街並みは消失し、活気あふれる職人町もなくなり、緑豊かな武家の住宅地もなくなって、小規模戸建ての、何の特色もない街並みが一般化してしまったのである。

一言付け加えるなら、最近ブームの都心居住マンションもそれが個別に建てられている限り、都市の魅力向上にはつながらない。それはかつての長屋に等しい集合住宅にほかならない。長屋とは江戸時代、町の表に出てはならない存在であったにもかかわらず、今その鉄筋コンクリート長屋、ともいうべきマンションが都市の表情をつくっているのだから、そこに魅力が生まれるはずもないのである。

以上に述べた三種の自己否定—欧米に対する鄙意識、地方の中央に対する鄙意識、庶民の上層へのあこがれがない交ぜとなり、相乗的に働いて出来上がっているのが今の日本の都市である。その結果、町家による統一的な街並みや戸建ての緑豊かな町は失われ、水辺も忘れ去られた。また、全国の都市は一元的価値（経済）の下に縦に秩序づけられ、ローカリティの魅力も失われたのである。問題はこれが上からの強制によるのではなく自らの精神構造による、というところである。自分達が悪いのである。問題の根は深い。

2―1―2　パッケージの輸入・交換という発想

欧米に対する鄙意識による自己否定という精神構造に加えて問題にしなければならないのは、欧米で完成した成果――設計法や外形をパッケージとして輸入してそれを適用する、そして、より文明先端的な成果が出ると見るやそれをパッケージごと交換してしまうという発想である。もちろん何事も無から生まれることはないから、先進的な技術を輸入することは何ら非難されるべきことではない。米国はもとより欧州の諸国とて近隣の先進国や古くはイスラム圏から成果を輸入して国を文明化したのであった。問題はパッケージとしてセットで輸入するという態度であり、また容易にそのパッケージをパッケージごと交換して是とする発想である。

かつて日本の医学近代化のために尽くしたベルツ博士は、日本人の研究者を前に次のように嘆いた。

自分は研究の種を植えつけようと日本に来て、それを教えたのだが、日本人は実（成果）ばかりを欲しがる、と。ここに近代化を急ぐ日本人の発想の傾向が端的に言い当てられている。日本の（鉄道）橋梁は英国のトラス技術を輸入し、次に米国が優れていると見るや米国のトラス技術に乗り換え、帝都復興橋梁からはドイツの橋（アーチ・鈑桁技術）に乗り換えたのである(1)。

こういうパッケージごとの輸入と交換を短期に繰り返していては自前の技術を発展、成熟させ、独自の地位を築くことは困難である。都市計画の分野でも状況は同じだった。銀座煉瓦街や東京市区改正前後の明治十年代は、お手本はバロック都市のパリやワシントンなどだった。

しかし、市区改正の途中の過程では、政争が絡んでいたとはいえ、中央官庁街計画ではドイツの建築家、都市計画家により大改造が企てられ（現在の旧法務省の建物はその名残）、隣接する日比谷公園はドイツ風の造園となった。帝都復興の基礎となった区画整理はドイツ、戦中から戦後にかけての大東京計画は英国のグリーンベルトという具合である。戦後のニュータウンは英国、都市高速から超高層ビル群、臨海再開発と続くのは米国流であろう。これでは東京が無国籍化して、個性を失うのも当然であろう。

日本が、そもそも発展途上国だった律令時代には、都市計画のモデルとして唐の長安、洛陽を持ち込んだ。致し方のない選択だった。それが飛鳥、平城を経て平安京となり、鎖国の時代に成熟して、中国の都市とは全く異なる京となったのである。輸入したものを自分のものとして消化し、そこに個性を生み出すには時間が必要なのだ。

目まぐるしく輸入先を変えた近代日本にあっても、帝都復興の時代には輸入品の自己消化とその日本的成熟の兆しが現れていた。大正時代に興された明治神宮造営とその関連事業には、近代化を志向しつつも、日本的個性が芽を出していた。練兵場だった代々木の原っぱを欧米風の風景式の公園ではなく森に復原しようとする明治神宮と、並木を備え沿道に風致地区をかけた表参道はその代表である。その後の復興事業では江戸時代以来の伝統である橋詰広場をとることを定式化し、隅田、浜町の公園では欧米のプロムナードを輸入しつつ、花見の墨堤の伝統を踏まえた桜並木を造り出している。

また、極めてオリジナルな小公園と小学校の校庭を一体的に整備するという計画も現れている。より技術に制約される橋梁群にも、それがお手本をドイツにとったとはいえ、国技館やニコライ堂を意識して橋面上に構造材を出さない橋梁型式の選択（両国橋、聖橋）やペアとして設計された永代橋（上に凸のタイドアーチ）と清洲橋（上に凹の自錠式吊橋）等にその工夫は現れている。昭和初期に至り、維新以来六〇年の技術、設計手法輸入の成熟化の兆しが見えたのである。この成熟化の過程は昭和十年の日支事変の戦時体制により断ち切られてしまう。戦後という時代は、今度は輸入先を専ら米国にしたゼロからの出発であり、パッケージの輸入、変換を効率性、経済一辺倒というより悪い条件の下で短期に繰り返すことになる。

常に最先端のパッケージを追い求めているため、そのパッケージを生み出している英国、フランス、ドイツ等の欧州諸都市や米国の都市ですら、彼らが歴史的蓄積に裏打ちされた都市の基本の部分をいかに大切にしているかに目が届かず、パリといえば、ラ・デファンス地区、米国といえば超高層ビルとにぎやかな臨海再開発にしか眼がいかないのだ。

こうやって今見渡してみると、米国軍の空襲に遭わず戦後の経済戦争に敗れた、言ってみれば負け組の地方小都市――高山や、萩、津和野などが、また全総以来の国策に乗ろうとしなかった金沢、松江などの地方中核都市が、むしろ江戸、明治以来の雰囲気を伝える魅力ある都市として評価され始めていることがわかる。

自分の素質を冷静に見極め、日本の伝統の創造力――茶の輸入から茶道を生み出し、中国や朝鮮半島の庭の輸入から独自性あふれる日本庭園を生み出した力――を頼りに新たなる魅力ある都市を生み出す、その精神構造のルネッサンスが求められているのだと思う。自己否定と、目まぐるしくパッケージを輸入、交換する一三〇年の努力の結果にもかかわらず、日本の都市の一つとしてあこがれ続けたパリ、ロンドン、ニューヨークにはなれなかったのだから。

〈参考文献〉

(1) 中井祐：樺島正義・太田圓三・田中豊の仕事と橋梁設計思想――日本における橋梁設計の近代化とその特質、東京大学学位請求論文、二〇〇二年

2　日本の街路景観――新町家論

團《だん》　紀彦

2―2―1　ファサードの意義

イタリアの建築家アルド・ロッシが一〇年前に来日したときに、「日本の都市についてどう思うか」と聞かれて、「これは都市ではない」と答えた。それは多少欧州の文脈に片寄りすぎた発言ではあるが、現在の日本の都市空間の状況を立ち止まって考えるうえでは十分な説得力を持っている。日本は茶室や工芸といった伝統的なデザインだけではなく、現代建築や、インテリアデザインの質も海外から高く評価されている国だ。しかも第二次大戦後の高度成長によって、世界第二位の経済大国にまでのし上がった。しかるに日本の一般的な都市景観は、ごくわずかの例外を除いて一向に良くなる兆しを見せてはいない。

スペインから来た私の友人は「これは日本の都市計画家と建築家の責任だ」と言った。欧米では日本よりもはるかに都市デザイナーや建築家といったプロフェッショナルが組織的に都市デザインの向上に深く関与しているという背景の違いがこうした発言に繋がっている。

日本の都市の街路景観は、いつの時代から、どのような原因で今日のような様相を呈するようになったのか。この素朴な疑問を検証し、それに答えることが、この項の目的である。

日本の都市景観がいまだに貧困な理由として街路景観にこれといったものが少ないということが挙

げられるのではないか。東京を例にとってみても、パリのシャンゼリゼやバルセロナのランブラス、上海の鴻浦江沿いのバンドといった街路に匹敵するものは見当たらない。東京の絵葉書になるのは、東京タワーの夜景と、都庁の夜景だけだ。これらも、オブジェとしてのモニュメンタルな建築物で、「空間」ではないのだ。

街路空間は、道路とその両側の建築物の両壁から成るいわば「細長い部屋」のようなものだ。道路はこの細長い部屋の床であって、これだけが良くなっても、両側の壁が良くならなければこの部屋のインテリア空間の質は高まらない。土木と建築の両方が一体的に整備されなければこれは実現できるものではない。当然ながら土地私有制の下では、道路の両側を走る官民境界から外は、民間の土地ということであるから、バラバラになって当然だが、それにしても諸外国のそれと比べても、日本の街路空間の質は高いとは言い難い。それにはおおむね二つの理由が考えられる。

一つは、街路空間の質を高め、その連続性をつくり出すためのファサードの概念が日本の都市建築のなかで希薄であったこと。もう一つは、日本における都市基盤が道路など土木を中心とする考え方が強く、そのなかに建築物が含まれていなかったことの二点を挙げることができる。

ここでいうファサードとは、単なる私有建築物の立面を指すのではなく、街路空間の方にむしろ属しているような公共的役割を担っているような建物の立面を意味している。ファサードとは、建物の内部がどんなに私的に用いられようとも、街路空間に対しては、公的な表情を持つといったある種の〝身だしなみ〟のようなものである。寝間着のまま街を歩かないのと同じ考え方であるということもできる。

図2-1　ファサードと塀の概念

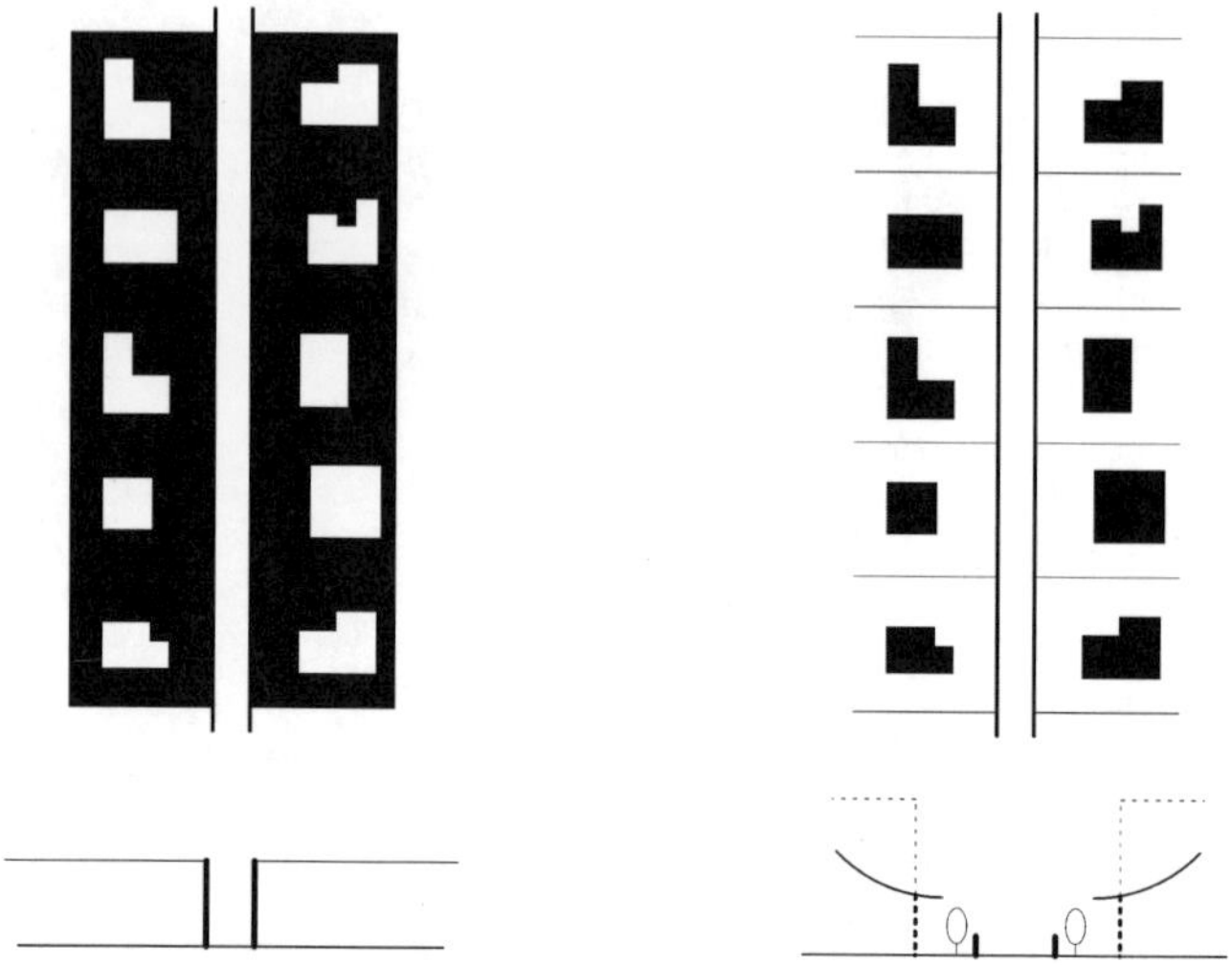

façadeの文化　　塀の文化

　日本は公的な領域と、私的な領域を仕切る手段として建物の外壁としての「ファサード」ではなく、「塀」を用いてきた。もちろん京都の町家や江戸の長屋など高密度な都市の中心部ではファサードに相当するものがなかったわけではないが、寺社や武家屋敷といった価値観の上位に位置付けられていた建築物のプロトタイプに塀で四方を囲まれていたものが多かったために、ファサードによる街路の連続性という考え方が、近代都市の中で受け継がれなかったということもできる。したがって、そうした一部の例外を除けば、建築物の外壁がそのまま街路に露出するといった歴史的な経験を日本の建築は、あまり持ったことがない。外壁は街路空間に対してではなく、庭先に対して向けられてきた。それは、寝殿造りから、武家屋敷、現代の住宅地に至るまで連綿と受け継がれてきた「伝統」といってもいい。塀の方がある意味で公共的な役割を担ってきたともいえるのであって、それぞれの場所に応じて築地塀、石塀、竹垣、土塀、信長塀などとその表情も様々で豊かなものが多い。街路からはまず塀が見えて、その次に植え込みが見えて、その向こうに屋根の軒が見えるといった景観の構造を持っている点が、当初から道に面したファサードが直立している西欧の街並みとは決定的に異なっている（図2－1）。

日本建築の外壁は、室内から、浴衣一枚で庭先に出ることのできる私的領域どおしを仕切るスクリーンとしての性格が強かった。このために、塀の表情と比べて公共的な意味が薄く、その種類もさほど多様性を持ってはいない。街が高密度化してもなお「塀の伝統」は守られつつ、一方では私的な表情を持った建物だけが巨大なマンションのように公的空間に露出するところに、一つの景観上の混乱がもたらされていると考えることができる。

またノリの図（図2－2）に見られるような西欧の古典的な街区では、建物としてのソリッドと空き地としてのヴォイドが日本の街並みと全く反転した関係にあって、建物は敷地いっぱいに建てられることを前提とした状況から始まっているので、ファサードは初めから街路に帰属する公共物として運命づけられている。この図は一七四八年にイタリア人の都市計画家ノリによって描かれたローマの図で、公的な領域と私的な領域をそれぞれ白と黒で塗り分けたものである。これを見ると黒く塗られた建築物の外形輪郭は幾何学を用いた「図」としての性格を持っておらず、敷地いっぱいに建てられ

図2-2　ノリの図（1748年）

図2-3　パリのヴォワザン計画（1925年）〈ル・コルビュジェ〉

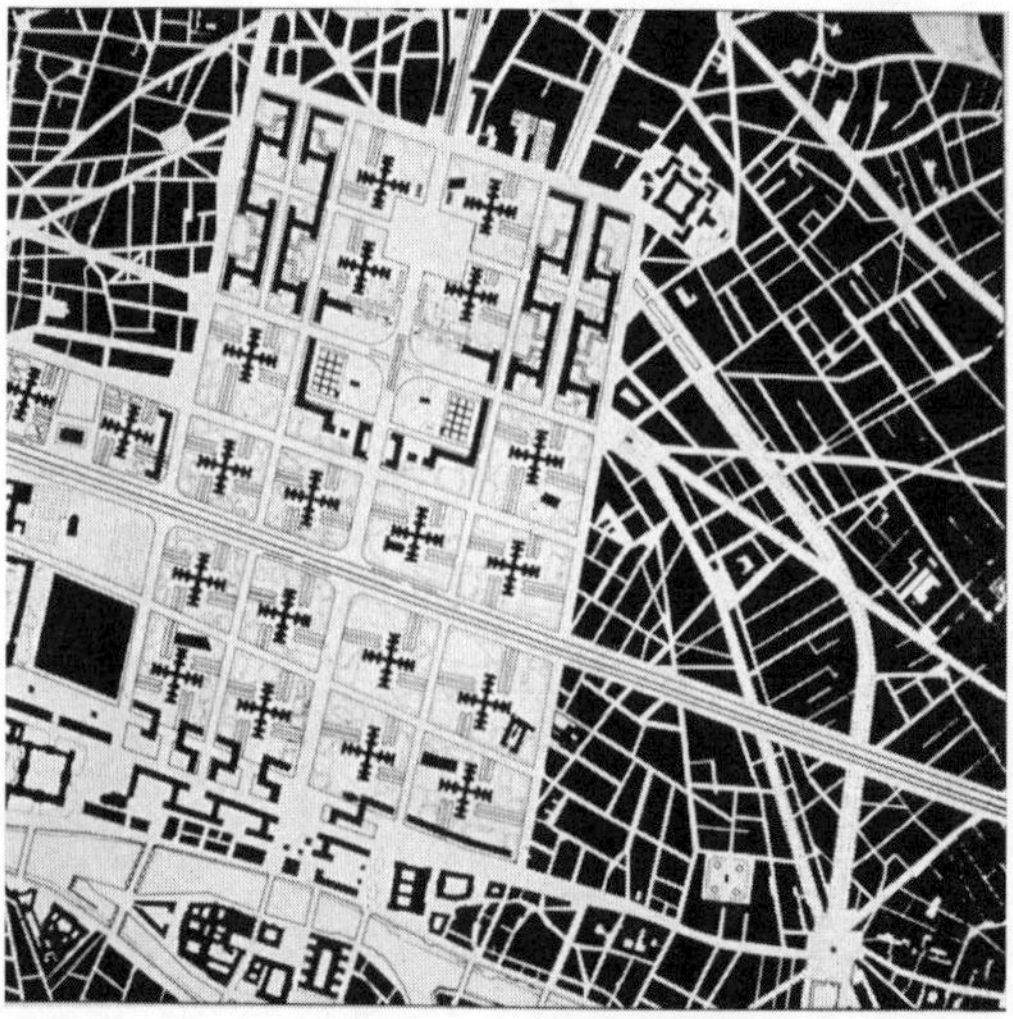

ていることがわかる。それに対して、広場やアトリウムの白抜きの部分が、むしろ図形的な性格を持っている。

白抜きの街路や広場が、あたかも黒く塗られた都市の「地」（グラウンド）から切り取られた「図」（フィギュア）のように見えるのが、ローマから始まる西欧都市の構造的特徴であるということができる。西欧の伝統的な都市の「地」がこのように都市建築物であるのに対して、日本の都市の「地」は文字通り地面を意味していたといえる。ここに西欧都市と日本の街の「図と地の反転」の構図が浮かび上がってくる。

さらに近代建築の登場によって、ル・コルビュジェのパリのヴォワザン計画（一九二五）（図2-3）に見られるように、西欧都市においても図と地の反転が起こった。すなわち、一九世紀まで連綿と続いた「地」＝低層型都市建築物／「図」＝広場と街路という構造から、超高層を伴った建築物の「図」とその間に広がる広園的広場としての「地」のいわゆる「輝ける都市」型の計画に移行するようになる。図と地が反転関係にある計画を共存させようとするには既存の街区を白紙にして壊さないかぎり不可能で、ヴォワザン計画の平面はこのような唐突な両者の衝突を示している。

「輝ける都市」型の都市再開発手法が西洋の伝統的街並みとしての「地」を破壊するものとして、今日では世界全体で批判され、新たな手法が模索されるなかで、日本では、ここの風土に合った「地」としての都市建築物の創出をせずに、塀の文化といった伝統性を引きずりながら、経済性追求のみの近代的再開発手法を無批判に取り入れたことが一層都市空間の混乱を招いた。

現代の日本の都市デザインに必要なのは、こうした歴史的分析に立ち戻りながら、現代の日本の都

広重の大江戸名所百景散歩より
—猿さか町よるの景

市の目指すべき新たな理念を創出することにある。これまで日本の都市に最も欠落していた、高密度化する都市中心部における「地」となる都市建築物のプロトタイプの創出なども、その最優先課題の一つとなるべきである。京都の「町家」などは、そうしたプロトタイプが日本の伝統の中にも確固として存在していたことを示すものである。

街並みの形成過程についても、日本の場合には、街道が造られてから街が発生するといった具合に、常に道路が先行して整備されてきた。道路を管轄する制度と、その両側に展開する民間の建築とは、官民境界によって完全に分けられており、相互が協力して一つの街並みを形成しようとしても無理な状況となっている。日本でいう従来の都市基盤整備とは、主として道路網の整備や下水道の整備といった土木的インフラだけを指すものであって、その中に景観上重要な両側の建築物は入れられていない。このような観点から見ても、街路空間のアメニティを造り出すことができるような遺伝子は、もともと戦後日本の都市計画手法のなかには組み込まれていなかったということができる。

2－2－2　街並みの連続性

広重の描いた江戸の街路や、ナポレオン三世のもとで、オスマンが計画したパリのように、街路の両側にわたって統一されたデザインが可能となるためには、余程デザインモチーフの選択肢が限定されていなければならず、かつ強力な都市計画の理念が不可欠である。そのためには、伝統的な建築が造られていた時のように、様式的な情報が限定されていなければならない。

パリの街路空間

現代の建築は、造形的な自由度も増して、新建材を含めた素材の選択肢も広がったために、統一的な街並みが形成されることはほとんど不可能となった。これに景観条例や、景観誘導指針を当てはめても、もともと強制力がないうえに、そうした指針をつくる人々が建築設計を行うわけでもないので、その間の意志伝達がうまくいかず、中途半端な結果に終わるケースが多いといえる。

また仮に「蔵をモチーフにした街づくり」といったような様式的な統制を試みても、一歩誤ればファシズムと見なされるか、実現してもディズニーランドの亜流となってしまう可能性が高い。こうした街路空間の統一性はほとんどの場合、長崎のオランダ村のようなまとまった開発事業でしか実現できなくなった。

図2-4　代官山ヒルサイドテラス

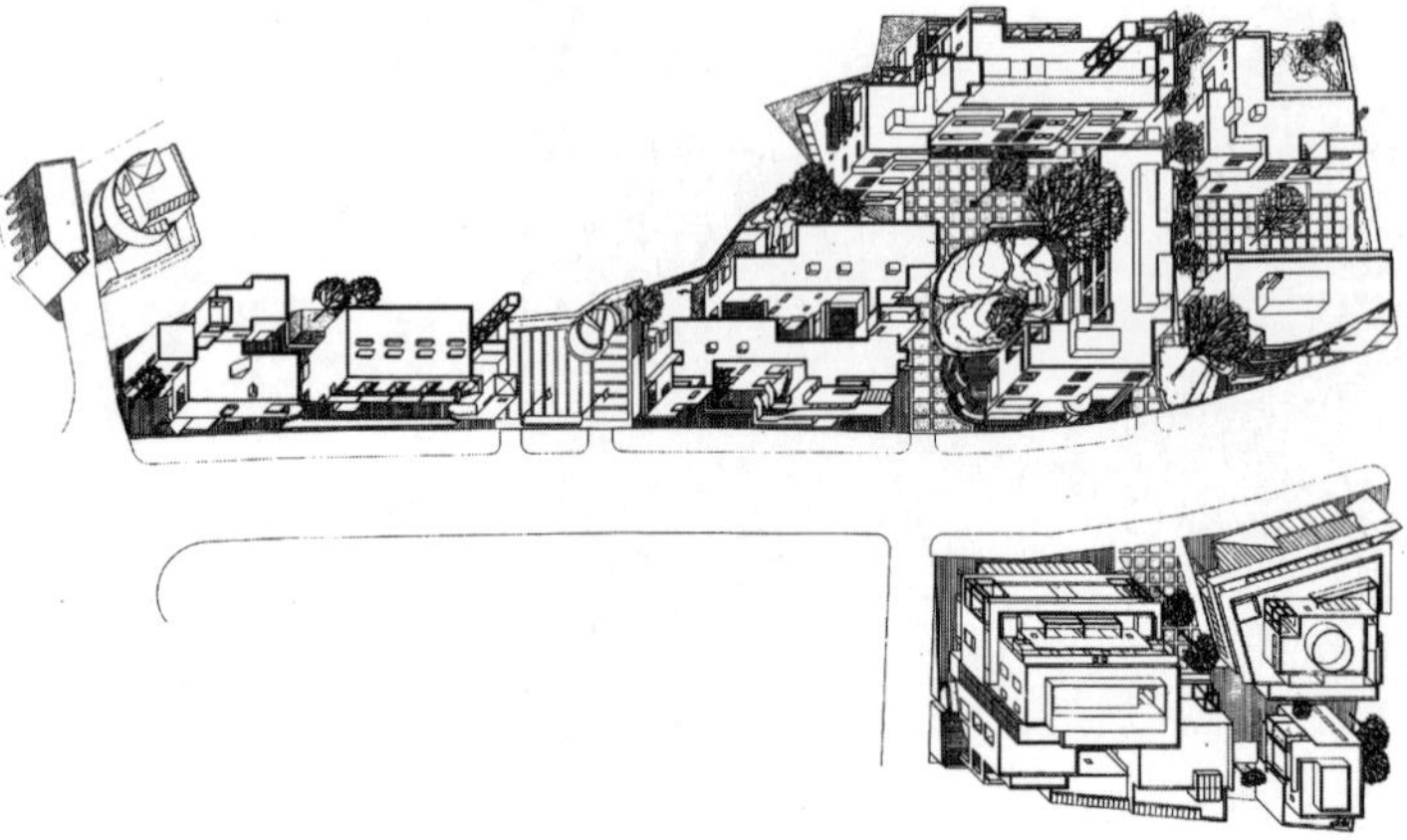

この点、現実の既存の都市の中で街並みの連続性を実現した数少ない成功例として、東京の代官山ヒルサイドテラス（図2-4）を挙げることができる。設計者の槇文彦は、ファサードといったクラシシズム特有の概念にはよらず、沿道に沿って線形に少しずつ取得された用地にモダニズムの建築言語を用いて「連歌のように」あるいは、「ジャズのアドリブのごとく」自由で変化に富んだ街並みを造りながらそこに連続性を与えることに成功している。この計画は、いわゆる「再開発」といった手法を用いておらず、継時的に一貫した意志を持った土地所有者としての朝倉不動産と、同様に一貫した理念を持つ一人の建築家槇文彦によって初めて実現できたものだ。

一九世紀までは、都市型建築物の素材や様式の型が限定されていたために、街並みの横の連続性が古今東西を問わず整えられたように思う。一方、二〇世紀にはこれらの〝横の呪縛《じゅばく》〟は解放され、縦に伸びる自由が保障された結果、高容積の追求に資本がつぎ込まれるようになった。

このために古典的な横の建築の視覚的秩序は失われて、街路に横の関係性を与えるものは、道路や電柱や下水道といった土木的なインフラしか残されなくなった。しかしこれらの従来の都市基盤整備だけでは豊かな都市空間を創り出せないことはいうまでもない。土木と建築とは一体的に都市空間の向上に共働していく必要性があるように思う。

二一世紀は二〇世紀的な上へ伸びる都市の自由な発展を保障しながらも、環境の保全や、街並みの横の秩序の創出といった人間本来の感性に備わった律と調和した都市デザインが、もっと多く創られる必要性があるように思う。そこでは、画一的な街路景観が、全国の街路沿いに行き渡ればいいといったことを意図しているのではなく、連続的でありながら変化に富んだ質の高い街路空間が、少しでも日本の都市に生まれることを願うのである。

街路の両側が統一的にデザインされた街並みは一体日本の都市の中でどれほど見いだすことができるのだろうか。先の代官山ヒルサイドテラスのような実例以外には、京都の石塀小路や、佐原の旧道のように近代以前に造られた街並みであるか、あるいは、東京の表参道のように見事な街路樹が建築のバラバラなファサードを覆い隠している場所かのいずれかの実例しか浮かび上がってこない。これほどまでも高度な資本主義経済の下の都市においては、街並みの連続性を創りだすことは容易ではない。

しかし、代官山のような実例は、そうしたことが不可能ではないことを物語っている。そこで特筆すべきなのは、沿道に沿って部分的にではあるが両側の用地を取得していったことと、極めて優れた建築家が、単独でこれらの街並みの連続を「紡いで」いったことだ。もし資本が、現在至るところで見られるような都市再開発型のまとまった広大な用地のみにつぎ込まれるのではなく、道路に沿った両側の線形の用地取得に向けられたとすれば、そして、それらに優れた能力を持つ建築家たちが区域を分けて投入されていたならば、日本の街路空間はもう少し良くなっていたように思う。

代官山のような実例は、全国にもっと多く見られても良かったはずだ。石川県加賀市山代温泉や山梨県身延町駅前のような沿道区画整理型街路事業の制度も、いくつかの例を生み出し始めてはいるものの、まだ広がりを見せてはいない。その理由は、新しい街路空間の創造が、都市に活力をもたらし、場のアイデンティティを高めることによっていかに経済的な波及効果が得られるかについて、十分な理解が得られていないからだろう。したがって、それを支える新しい社会システムの構築もまだ不十分だ。

ここでは決して二〇世紀型の従来の再開発手法を否定するつもりはない。しかしそこにもう一つ周辺の街路空間を創出する手法が加わっていれば、周辺とのバランスを欠くことはより防げるように思う。街路空間を創出するための、比較的低層で連続的な都市型建築物が道路沿いにあれば、その背後の道路から離れたエリアには、相当高密度な容積が与えられるようにすることも可能だろう。あるいは、ニューヨークのマンハッタンのアール・デコのタワーのように基部、幹部、頂部と三層に構成が分節されていて、基部は、街並みの横の連続性と対応させるなどの工夫がなされているような例もある。クライスラータワーの横を歩いていると、そこに超高層ビルが直立していることに気付かないほどだ。縦に伸びる方向性と横の連続性は十分に調停することができるものだ。

2-2-3 公共と私有の一体的デザイン

中華人民共和国福建省の泉州市では、道路の両側に相互に連動しながら統一的な街並みの整備が至るところで進められている。中国では、土地は公共財であるので、両側の建物を市が建ててから少しずつ民間に運営を移管するような社会システムが組まれているのである。

日本でも道路が公共財であるから、道路に沿った両側の幅二〇メートルほどの用地を部分的に公共財として、同等のことを行うことも可能であるように思う。多くの公共建築に多額の費用をつぎ込んでも公共の役に立っていないとする批判が絶えない今日においては、同様の費用によって街路空間を創出し、それを活性化しながら公共建築を組み込んでいくような手法があってもいいはずだ。道路が立派な公共財なのであれば、街路空間にもまた公共財としての価値を認めるべきだ。

私有財産には、一切の公共的価値を認めないとする現行の日本の法制度の下では、私有財産でありながら公共的役割の高い都市の中の自然環境や、街並みを造り出すファサードといったものは、今後どのように位置付けられていくのだろうか。そして誰がそのデザイン管理を行っていけばいいのか。

この点に関して一五〇年前にオスマンの行ったパリの大改造計画と街路空間の形成システムは、一つの明確な解決策を示している。当時のパリは、木造家屋も多く、密集地は反政府ゲリラの逃げ込みやすい危険区域とされていた。これに対して政府側は、テロ対策として一斉射撃を可能にする直線道路の敷設を必要としていた。ナポレオン三世の統治の下でセーヌ県知事だったオスマンは道路沿いの両側の街区の用地を次々と収容しながら、道路を直線状のブールヴァールに改め、その街路沿いの建築の不燃化を計っていった。用地の取得には強制収用法を適用し、いわゆるオスマニアンと呼ばれる沿道沿いの街区を再建しては、地主に払い下げる方法をとった。

当初は、住居や商店が以前と比べて狭くなったとの不満が噴出したが、次第に広場から放射状に延びる街路と、線形の街区は商業的にも人気を博するようになり、次々と各地域への延伸の要望が殺到する。こうして用地払い下げの差益は増大して、当時のパリ市の財政黒字は当初の一〇倍にまで膨れ上がった。これによって次々と用地を買収して加速度的に改造は進行し、現在のパリのようになるまでに、ほぼ三〇年足らずで改造が成し遂げられた。オスマンは、街路と街区を一体的な都市基盤として整備していき、その設計にエコール・デ・ボザールの卒業生の建築家を次々と起用していった。欧州の建築家に、弁護士や医師と並ぶ公共に奉仕するプロフェッショナルとしての位置付けが与えられたのも、こうした経緯に因っている。

彼らには、それぞれの地区のマスターアーキテクトとしての地位を与えて、ほぼ終身にわたって特定の場と街路空間のデザイン管理を任せている。一五〇〇年前のフランスは、第二帝政期とはいえ、ルイ一四世のような専制君主制とは根本的に異なっていて、強制収用法を除いては、ほぼ現在の法制度に近い近代国家の様相を呈していた。当然政府による市民への不等な行為は裁判に発展したであろうし、専制政治による強権的な都市計画でもなかった。しかもパリの大改造は、既存の都市に対して行われたものであって、それ以降二〇世紀に入っても、既存の都市をこれほどまでに徹底して再生した実例は皆無と言っていい。

むしろ二〇世紀の都市計画は、ブラジルのブラジリアやインドのチャンディガールのように誰も住んでいなかった荒涼とした土地やジャングルの中に白紙から建設されるような都市建設だけで、改造

図2-5　新町屋論　新都市基盤と線形街区

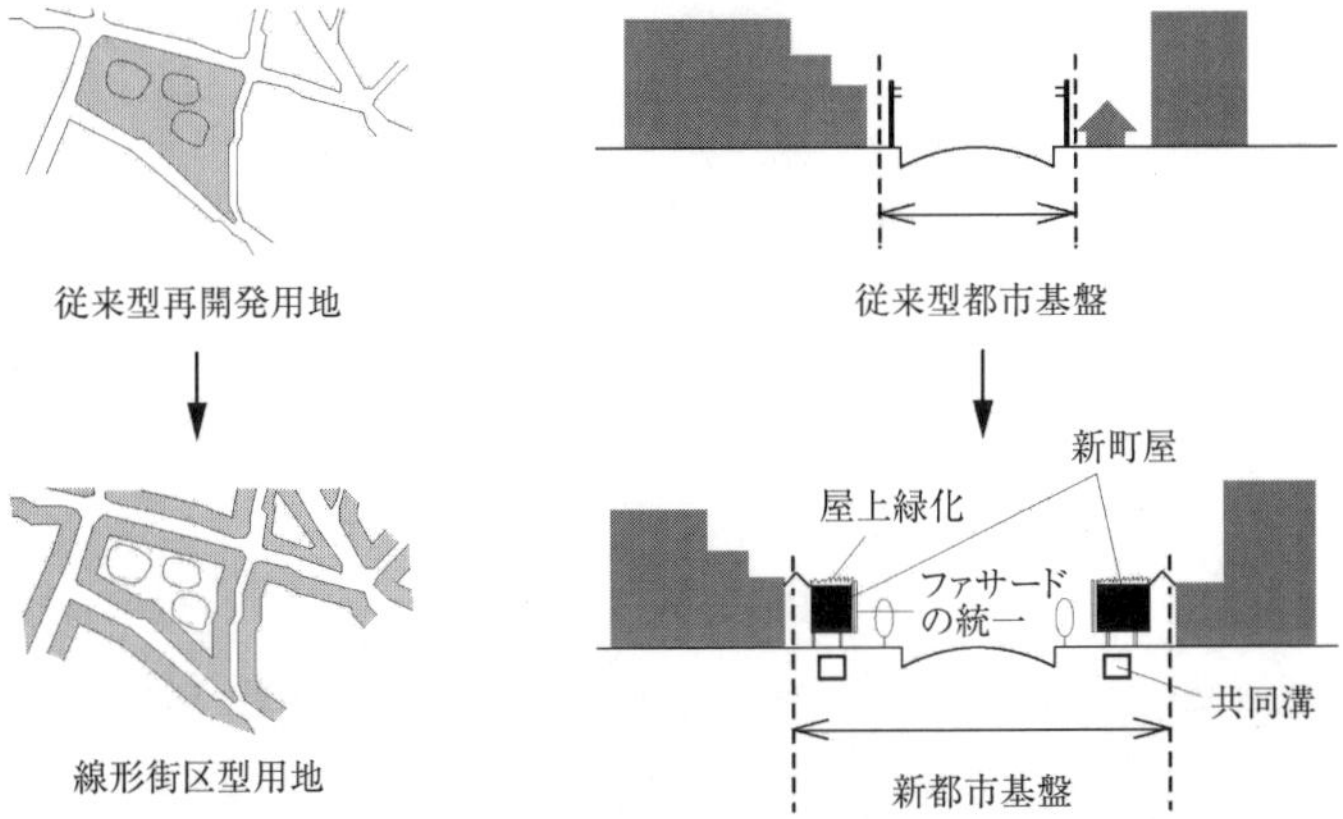

といっても部分的な都市再開発しか存在しなかった。

既存の都市の改造の実例としては、現代から見れば一五〇年前とはいえ、むしろ直近の成功例であるし、また、オスマンは近代的ディベロッパーの最初の成功者ということができる。こうした事例から得られる教訓は、道路沿いの線形街区を単なる私有の建築物として捉えるのではなく、明らかに都市の公共的基盤整備に欠かせない要素として理解していることだ。都市計画は、用地をどのような計画理念によって取得するかといった段階から既に始まっているという点だ。

2-2-4　新町家形成の提言

日本の街路空間に活気を取り戻し、かつデザインの質的な向上を計るためには、努めて街路沿いの線形の用地を両側に渡って取得して、新都市基盤とし、この街路を挟んで道路を内包した線形街区に特定のマスターアーキテクトを選定して計画を進めるのがいいと思う（図2-5）。この時には、街路の幅に応じてその内陸部よりも低層な横に連続する新町家を形成し、それぞれの場所に応じて一階は店舗、二階以上の中間階はオフィスまたは住居、屋上階は住居として、都市のグラウンドを形成するような一般解としての都市型建築物のタイプを追求すべきだ。

その際にマスターアーキテクトは、行政と連携しながら街路空間の在り方についての住民の意見を統合して、高いレベルのデザインを提示する能力と責任が問われることはいうまでもない。そして、一個の「図」としてのオブジェではなく、「地」としての優れた背景となるような資質をファサードに与えることだ。

ここで重要なことは、中間階（二階から四階程度）が、住居にもオフィスにも使用できるような、あるいは双方に改造できるような骨格を与えておく必要がある。表参道の同潤会アパートはもともと住居として造られたものだが、周辺の都市環境の変化に伴って、オフィスやギャラリーに利用されるようになっている部分も多く出現した。パリのオスマニアンにしても、京都の町屋にしてもそうだが、長く状況の変化のなかで都市の財産として生き残っていくためには、都市建築物がこうした内部プログラムの変化に対する柔軟性と、特定機能からの一定の独立性を具備していなければならない。

しかし、建築物が造られる過程においては、従来型の機能主義やゾーニング論のなかで明確な機能を特定しなければ前に進むことができないというジレンマも存在しているのが現実である。そうしたなかでも都市環境の変化のなかで不変のアメニティを明確に持っていて、柔軟に状況の変化を許容する体力を持っているものだけが、都市の社会資本として残っていくことになるだろう。こうした低層の新町家を公共自治体の手で整備して、地元の商店街に貸与または払い下げを行えば、中心市街地の活性化にも役立てることができるはずだ。

従来型の都市再開発手法では、街路パターンを造って区画割りをし、利用形態のゾーニングまで決めてからバラバラに用地取得者に計画をゆだねるといった方法がとられてきた。これは都市計画でも、都市空間の創出とも無縁な、土地売却の一手法にすぎない。現在の一つのテーマとなっている都市の中心市街地活性化においても、このような手法によった従来型の再開発型の巨大な建築物ができても周辺の商店街の活性化や市民にとっての豊かな都市空間の創出にはつながらないだろう。

新町家論の提案は、シャンゼリゼやランブラスといった目抜き通りに対する方法だけを示すものではない。それは、ごく一般的な商店街や日常の生活の場としての街路空間をより豊かにするための手法として提起されるものである。それは、従来の都市基盤のなかに新しい時代に対応した現代の町家を加えることによって、新都市基盤が街路空間の創出といった新たな役割を担っていくことを目指すものである。

日本の都市に魅力と風格をとり戻すためには、文字通り、街づくりのプロセスのなかに魅力と風格のある人間の意志が一貫して投影され続けなければ実現できるものではない。この項でパリや代官山の実例を引用して、マスターアーキテクト制の導入といったプロフェショナルの必要性を述べたのもこうした理由からだ。ともすると都市計画では、行政、市民、ディベロッパー、土地所有者たちの様々な意見を取り入れなければならないという立場から、顔と意志が見えないプロセスをたどる方が民主的であるかのごとくの誤った認識が流布しているように思う。

オスマンなどを賞揚すれば、まるで強権的なデザインプロセスを肯定しようとしているとの誤解を招くかもしれない。しかし、顔と意志の見えない街づくりの方法は、決して民主的なプロセスと呼べるものではないばかりか、その無責任主義が顔の見えない巨人をつくり出してしまうことになる。

責任者の顔とコンセプトが見えない計画に対しては、市民は誰に異議を唱えてよいかもわからなくなるからだ。民主的でオープンな都市計画のプロセスをつくり上げるためにも、提案者のコンセプトと顔と責任を明確にするような社会システムの構築が不可欠なのである。

3　都市から都会へ

白幡　洋三郎

2―3―1　計画思想再考

日本の都市計画は、ことごとく失敗してきた。私の率直な思いである。

いやそんなことはない、と反論する人はもちろんたくさんいるだろう。高速道路や地下鉄の建設など交通網の整備、物流の合理化、上下水道の整備、公園の増設、情報産業など都市型新産業の開発等々、とにかくインフラ整備やビジネス開発によって、都市は新しい時代に向けた開発・計画を次々にこなしてきた。そして都市生活における利便性と合理化は大幅に進んだ。なのに都市計画が失敗してきた、などと暴言を吐くとはなにごとか。そうお叱《しか》りを受けるかもしれない。それはもっともである。

だが、にもかかわらず、私は先に述べた言葉を撤回する気になれない。やはり都市計画はことごとく失敗してきたと言う以外にない。その理由は、いくつもある。

まず都市計画の発想は、人が都市に求めるものをあまりに単純化しすぎていはしないか、と思うのである。人が都市に求めるものは、残念ながら利便性や合理性だけではない。そんなことは誰もがわかっているはずなのに、相変わらずそうした姿勢を改めることができないのが都市計画である。従来の計画思考の中から出てくる都市の理想像はずいぶん単純で、人は利便性を追求し、合理性をありがたがるとの認識から、ほとんど一歩も進んではいない。道を造る、舗装する、ガス管を地中に、電線

・電話線を空中に張り巡らせる、水辺に柵《さく》を設ける、水路にふたをする——これらはすべて人が都市に求めるものを単純化しているところから出てくる発想である。道は近道の方が良い、早く進める道がもっと良い。ガス・電気は皆が必要とする。だから、できるだけ安価・公平に供給するために、土中を何度も掘り返し、空中を電線が走って見苦しくても仕方がない。水は必要だが、水面が開口していると人が落ちるかもしれないので危ない、だから柵を設け、ふたをする。人々が求めているからそうする。みんな人のためである。

だが、人は遠回りだがゆったり歩ける道も求めるし、ガス・電気がなくても山や空が見渡せる景観を望み、落ちることがあっても水のせせらぎに耳を傾けたい気持ちも持っている。現状を見るかぎり、人の思いを単純化して理解しているのが都市計画であると思わざるを得ないではないか。

これまでの都市計画の問題点は、上からの計画の押しつけにあったという反省が語られる。また、一方的に計画を立てると住民から批判が出る。これは問題だ。だから人々に意見を言わせる場を設けようではないか、というわけで「都市計画協議会」や「町づくり協議会」が設けられ、さらに直接的な都市計画における「住民参加」や「ラウンドテーブル」と称する話し合いの場が推奨される。しかし住民が「参加」すれば町の理想像が描けるようになるだろうか、ラウンドテーブルに「着席」すれば夢が生まれるだろうか。「参加」も「着席」も、単なる条件にすぎない。

それだけで理想の都市像が、夢の都市計画が生まれるわけではない。住民参加の道を開く前に、ラウンドテーブルを準備する前に、各人が都市に対して燃えるような理想を持っていなければ、そしてあこがれの夢を抱いていなければ、集まってどんな理想の都市像が話されるというのだろう。

最近の都市計画研究の論文には、住民参加だのラウンドテーブルの創設手法だのを論じたものが次々現れる。そこにはもっともなことが書かれているが、多くは頭で論理を組み立てただけのものだとの印象を受ける。頭の中で手続きや手法がいくら緻密《ちみつ》に検討されても、その頭の中に目標になる理想や夢がなければ、輪郭をもった都市計画像は結べるわけがない。住民、専門家、事業者、それぞれが心に思い描くビジョンを持っていて、初めて実りある議論ができるのではないか。

都市の在り方にはなんの意見もないが、住民参加、ラウンドテーブルのしつらいにはいろいろ提案が盛り込まれた論文を見ていると、都市計画「専門家」の将来が不安になってくる。いまや都市計画の「実践」だけでなく、専門家による「研究」まで行き詰まりの状態だと言わざるを得ない。このような状況下で都市を再生させるどんな手だてが考えられるだろうか。

「住民主体の町づくり」や「合意形成の手法」が主要な関心であるうちは、「町づくり協議会」や「委員会」の名称を「ラウンドテーブル」や「フォーラム」に変えたところで、ただの集会に変わりはないだろう。いま都市には改善や新たな計画のための「手段」ではなく「目的」が必要なのだ。個々の都市計画手法や都市政策の改善以上に求められているのは、都市への「理想」や「夢」である。「夢」や「理想」は、じっさい夢想の中から生まれるのではなく、これまでの長い歴史や都市文化の蓄積についての十分な知識と理解をもとにして初めて描き出せるものだろう。それはおそらく、過去の都市像へのノスタルジックな回帰でもなく、歴史的なものの否定や革新でもない、都市に対する思考の転換から生まれるのではないだろうか。

2-3-2　都市と「自然」の新たな関係

都市には自然が必要である。こう言うとまずほとんど反対の声を上げる人はいない。人口砂漠の都市へ潤いのある自然を取り入れることに、どうして反対できようかというわけである。そして従来、都市にとって必要な自然とは「緑の存在」が念頭に置かれてきたし、またその中心は、公園あるいは街路樹など、植物的なものの存在で理解されてきた。こうした思考の源流は文明開化の時代にさかのぼる。

幕末開国期から相次いで海外に出かけた日本の指導層は、西洋諸国の都市の緑に驚嘆した。ロンドンの広場や公園、パリの街路樹や庭園は高い評価を受け、さらにはまだ都市域が拡大中で市内各所に建設現場が見られる混乱のベルリンですら、緑豊かな都市だと見えたのである。

一方、幕末から文明開化期に来日した西洋人は、皆等しく緑が多い日本の都市に感嘆の声を上げた。当時の見聞記をひもとくと、とりわけ江戸・東京には賞賛の声が集中している。江戸・東京は、まるで緑の海のなかに町がモザイクのようにちりばめられているかのような記述が現れる。日本の都市は自然を最大限取り入れた都市のあるべき姿を体現しているとみなされたようだ。

いったい、どちらが真実の観察者なのか。西洋の都市に理想を見た日本人か、日本の都市に理想を見た西洋人か。実情は、ロンドンに比べて東京の方にはるかに豊かな「緑の存在」があり、ロンドンはむしろスモッグに彩られていた。ベルリンでは二〇世紀に入ると『石化するベルリン』と題した都市環境の悪化を告発する書物が出されるほど、町は多くの労働者用コンクリートアパート群で埋まってくる。それなのに日本人はどうして身近にある緑豊かな日本の都市に理想を見ず、西洋の都市、それも大都市に理想を見たのだろうか。

おそらく圧倒的な近代「文明」の土台の上に西洋の都市が出来上がっている、と見えたからだろう。西洋の大都市には、上・下水道、舗装道路などの都市基盤施設の上に、目につく派手やかな「文明装置」として、壮麗な劇場や美術館・博物館などが配置されていた。そこに存在する公園や街路樹なども自然よりは「文明の装置」として、むしろ人間の側の創造物として受け止められた。それらは日本の都市に普通に存在するありふれた「自然」である池や川、森や茂みとは違って、「文明」の側にあると見えたのである。

こうして日本の文明開化期において、公園設置や街路樹植栽という「緑化」は「文明化」の必須課題として取り入れられた。しかもそれは強烈なトラウマのように「緑化の思想」として日本の指導者層の心に刻印されたが、そこでイメージされる「緑」は「文明の緑」であって、池や湖や川は抜け落ちていた。

じっさい「緑の存在」にはそのほかに池・湖・川という「水の存在」があるはずだが、これはつい最近までほとんど注目を浴びてこなかった。都市の水、特に河川に対する姿勢において、日本と西洋にはここ一〇〇年間大きな違いがあった。日本は明治後期以来、洪水を何が何でも防御する「高水工事」を河川対策の主眼とし、理想の治水と位置付けた。そのせいで、水際に近づけないばかりか、水面すらまったく見えない連続堤防の存在が、暮らしの安全を守る「文明の勝利」の姿であり、都市の理想的な景観となった。

一方、西洋においては高水工事が必ずしも理想とされなかった。そこで近代の都市においても水辺に近づけ、自然を感じさせる河川景観が持続した。

日本の河川と西洋の河川の性格は異なる。したがって河川の扱いも治水対策も異なって当然だが、日本の場合の不幸は、対策の平等・全国一律があまりにも貫徹されすぎたことによる。明治の初めに導入されたオランダの技術は、灌漑《かんがい》や舟運の便を図るために低水護岸をつくる「低水工事」であった。当初はこれが西洋化のためのプランとして全国一律に敷衍《ふえん》されようとしたけれども、雨量が多く、地形が急峻で、洪水が頻発する日本には不適であるとされ、しばらく後に高水工事への理想の転換が起きる。この転換が治水の観点から成果を収めたため、暮らしと水辺が切り離された巨大な堤防の連続は、生活を守る近代化科学技術の勝利であり、安全のシンボルとなった。

例えば近代の利根川（本流及び江戸川など）改修工事の歴史は、舟運促進のための低水工事（明治八〈一八七五〉）年に始まった。ところが全国的な大水害が発生したのちの明治二十九（一八九六）年に旧河川法が制定され、明治三十三（一九〇〇）年から築堤による治水を主眼とする新たな利根川改修工事が始められた。これが、日本最初の本格的な高水工事であり、相前後して行われた淀川や木曽川など大阪・名古屋という大都市を流れる河川の改修もこの方式で行われ、全国に広まっていった。しかも治水は国家の重要課題とされ、全国の主要河川は国の事業として、どこにも適用可能な統一的なマニュアルにより大規模に行われるようになった。こうして河川の個性や地域差は薄まり、画一的な河川景観が出現したのである。

この一〇〇年、河川といえば「対策」が中心であり、大規模な洪水を想定した高水工事による「治水」に焦点が当てられていたのである。ところが近年、水への関心が高まり、これを受けて河川事業においては「治水」中心の観点に「利水」が加わり、さらに「環境」の観点が取り入れられるようになっている。文明開化期以来、公園や街路樹など植物的なものの陰に隠されてきた水、忘れられてきた「緑の存在」としての水、に目を向ける機運が生まれてきた。この動きをさらに後押しし、都市における望ましい「水の存在」を真剣に追求することが都市再生にはぜひとも必要であろう。

2－3－3 都市の魅力――ヒューマンスケールの界隈《かいわい》

都市の再生を図るには、当然人が都市を愛し、その都市に魅力が備わっていなければ持続はおぼつかない。そこで、人が愛せる都市の魅力とは何かとの問いが大事になる。

ただパッと目を惹かれるような一時的なものではなく、持続的な都市の魅力といえばやはり「物語性」が欠かせない。ハコモノであれ、そうでない人間のつながりや組織的なものであれ、つまり装置や制度のいずれにおいても、担う人や背景をなす歴史や物語がなければ、深い関心を引き出すことはできないし、しばらくすると消えていってしまう。例えば景観においては、これまで「美しさ」が大事な観点だったが、「懐かしさ」という観点を入れると、そこには物語が不可欠だ。美しくない都市に住んでいても、たいへん心豊かな人がいる一方、美しい都市に住んでいても心のすさんだ人もいるわけで、これは都市景観の美醜の責任ではない。

心が豊かな状態と心のすさんだ状態の違いは、「美」ではなくて「物語」の有無によるのではないだろうか。したがって都市の各所に物語が息づいているかどうかは、都市の魅力とその持続にたいへん大きな役割を果たす。機能的に便利だとか効率よくできているとかいった都市の装置には一過性のものが少なくないが、物語性は魅力を長期にわたって保障する持続的なものであり、そこに「懐かしさ」の根拠がある。

京都の街並みは必ずしも美しくはない。点として美しい所は多いが、面としてはそれほど誇れる町とはいえない。にもかかわらず人はなぜ京都観光に出かけるのか。歴史的な建物や伝統を誇る行事があり、それに惹かれて人は京都に足を向けるのだといわれるとわかったような気になる。だが、その本質はじつは物語性の多様さと深さによるものだろう。

清明神社という小さな神社が京都・上京区にある。平安朝の陰陽師、安倍清明《あべのせいめい》を祀《まつ》っている。最近ではここに若い女性が押しかける。十数年前、私は京都の歴史を研究する小さな会のメンバーとともにこの神社を初めて訪れた。そして一時間以上も境内で建物を眺め、由緒書きを読みとったりしていたが、その間参詣人は誰一人訪れなかった。ところが近年、霊力万能の伝説の人物として安倍清明が歴史研究や小説に登場し、さらに怪奇趣味、怪異ブームにのってマンガやテレビドラマにまで登場するようになって、全国から若い女性がこの神社に殺到するようになった。

修学旅行で京都に来る中高生も、従来の定番観光スポットだった清水寺や金閣・銀閣拝観よりは、清明神社にタクシーを走らせる。そこは不安定な現世に心を乱された人々にとって、超現実の歴史物語に浸り、つかの間ではあっても現実逃避にほっとする「憩い」の場であるらしい。いまは忘れられ誰もほとんど訪れない神社や寺、小さな祠《ほこら》や石碑を抱く通りが、時代の要請からにわかに脚光を浴びる。そんな予備軍を無数に抱えていることが京都という町の歴史的厚みと強み、すなわち魅力になっている。物語が感じられ、生活の積み重なりが実感できる多様な刺激に満ちた町、すなわち「界隈」

こそ都市の魅力を生み出すものだろう。「暮らし良さ」には利便性や近代合理性とは異なる心地良さもあることを忘れてはならない。

2―3―4 公共性の発想転換――都市から異文化共存の都会へ

都市の魅力をつくり出す大事な側面は物語の数であり、多様なものの存在であり、雑多なものが入り交じっていることにある。ただ「整然」とした街並みや、落ち着きのあるたたずまいだけではない。江戸中期のある学者は、京都を「都会」と記し、「すべてあつまる」と読ませた。ただ単に人口が多いのは都市であるが、「都（すべ）」て「会（あつ）」まるのが都会。すなわち人も物産も情報も、すべてが多様に集まり、魅力と風格を備えた都市、それが都会であると言ったのである。必須の条件は「多様性」であり、その点で当時都会と呼べるのは唯一のみやこ、京都だった。

都会はムラと違って見ず知らず、出身も生業《なりわい》も異なる人々と頻繁に出会う。そのせいで人付き合いの礼儀や作法は複雑になり、高度なテクニックが求められるようになる。違う考え、異なる好みをもつ多様な人々とトラブルを避け、共に暮らす。それが都会暮らしであり、都会の文化はその中から生まれる。

だがもともと京都に京都人はいなかった。都に当初から都会人がいたのではない。みやこのみやこたる由縁は、異質なものを引き寄せる磁力であり、地方各地から引き寄せられた人々が都の文化を創り出したのである。けれども都会人は自分を殺し、全体にすり寄ってゆく集団優先主義ではなく、「個」はちゃんと主張する。京都に「いけず」が生まれたのはこのためである。一見たんなる「いじわる」に思われるが、各人がそうしてこそ大きな全面衝突は避けられる。これが「都会」なればこそ育った公共性にほかならない。

多くの人たちの意見を、唯々諾々ととり入れることを公共性の核心と思いこんでしまった日本近代の思考は再検討が必要だ。明治以来想定されてきた「公園」や「公益」などの言葉で表される公共性は、お上が全体に成り代わって一本の道をあらかじめお膳《ぜん》立てする代行であった印象が強い。代行によって生まれる公共性は、「公園」や「公益」というより、代行者が良しとする「官園」や「官益」であったように思う。

これから求められる「新・公共性」というべきものは、お上が決める「旧・公共性」すなわち「官」ではなく、各人が持ち寄る要求や主張を調整することで生まれる「公」である。誰もが勝手に利用できる「無料」や、いつでも気ままに利用できる「随時」が公共性の核心ではない。真の公共性は、ルールや制限をちゃんと守れる者に与えられる「入場資格」といった色彩のものであるはずだ。まさに都会の公共性が必要なのである。

都市は万人の利便性や多数にとっての合理性をただ実現する装置ではなく、「都会」を目指すべきだろう。多様な「ヒト、モノ、コト」が出合う異文化共存の場であり、様々な物語が発掘され、また生み出される「都会」である。そこでは、他者に合わせることではなく、こだわりや自己主張を持ち寄り調整する新たな公共性、いわば「整った公共性」ではなく「雑多な公共性」が生み出されることになる。

異質で多様なものが出合い、歴史や文化が育まれる生き生きした魅力にあふれる都市づくりこそ都市再生の目標であろう。そのためにも「都市は都会にならなければ」。これが今後の日本の都市に求められる指針だと思う。

4　伝統の創造力——本音の都市空間論

篠原　修

明治維新以来一三〇年余、近代化を目指した日本の都市は機能性、効率性の面では水準以上の成果を上げげた。暮らしにくい暮らしにくいと言われながらも（特に大都市）、公共交通網は整備され、最近急激に悪化しているものの治安も諸外国に比べればよい。何よりも公害の少ない、清潔な都市であり続けている。

しかし、時代により目標は変わったとはいえ、東京をはじめとする大都市はついにあこがれのパリやロンドン、ニューヨークにはならなかった。そしてかつては個性的だった地方都市は急速に魅力を失ってしまった。今ここで人々が、いや我々自身が訪れてみたいと思うような魅力的な都市を再生するためには何を考えるべきだろうか。

その第一は素質の問題であり、その二は我々日本人が持つ伝統の創造力の再認識であると考える。算数に向かない子にいくら数学者になれと言っても無理というものである。日本の都市計画、都市政策はこれと似たようなことをやってきたのではないか。気候、風土により、また歴史の蓄積により、おのずと素質というものは定まってくる。魅力ある人間を創るためにはその欠点ばかりを見ていてはダメで、長所を見つけてその特徴を伸ばさなければならない。素質を知るということは、同時にその限界を知るということでもある。

次に日本の伝統の創造力を再認識し、それに信頼を置きたい。こうしたいと思っても実績がなければ人は誰しも不安になる。しかし、日本には他の国にない、独自の文化と魅力的な都市を生み出した創造力の実績がある。それは何にもまして信頼に足る、自信の源となるはずである。

2─4─1 素質の再確認

自分の素質がどのへんに在るのか。自分自身で自覚できればそれに越したことはない。しかし自分というものはなかなかにわからないものである。ここでは以下のアプローチをとることにしたい。その一は欧米から来朝した知識人が日本の都市をどう見ていたかを参照することである。日本人が鄙《ひな》意識を抱いていた欧米の諸国から来た人間が逆に日本をどう見ていたか。ここから我々があまりに当たり前と考えているがゆえに気づかない、興味深い指摘が聞けるに違いない。

その二は、2─1─2で述べた輸入されたパッケージが、実は日本的に変容していた事実に着目する。その欧米モデルの受容法を通じて、我々が意識することの少ない日本人の好み、美意識を探ろうと試みる。これも我々の素質の一端を顕にするはずである。

(1) 素質論I──来朝外国人の眼

律令時代とは言わぬまでも、織田信長から江戸の初期にかけて、多くの西欧人が日本を訪れ、日本の印象を記録に残している。また江戸時代の鎖国の期間にも出島のオランダ人、朝鮮使節は頻繁に日本にやって来ていて、やはり記録を残している。以来今日に至るまでの、来朝欧米人の記録は膨大な量にのぼる。ここでは、日本の都市が独自の都市構造、都市景観を保っていた幕末から明治初期にかけて来朝した欧米人の言説を中心に、彼らの眼に日本の都市がどう映ったかを紹介し、第一の素質論としたい。

まずは著名な駐日英国公使R・オールコックから。オールコックは敏腕の外交官として知られ、幕末の日本を富士登山を含めてつぶさに見た。その記録は『大君の都』として知られる。そのオールコックは江戸と大坂をどう見ていたのか。

大坂に赴いたオールコックは町を巡り、舟に乗ってこう記録する。舟で行く大坂の町は真に快適だったと。日常的に舟に乗る習慣のない今の我々にはその実感は薄いが、荷物を持ってテクテクと歩く歩行よりも、黙っていても運んでくれる堀川の舟行は、揺れもなく、ましてや暑さ寒さの気候の厳しい折にはよほど快適だったろうことは想像に難くない。八百八橋と称された大坂は当時まさに水の都だった。

城を別とすれば市中のたいがいの用事は舟で足りたはずである。そのオールコックは江戸の山手を騎行して次のような感想を記す。江戸の町は緑にあふれたまことに快適なものだったと。今日においても起伏に富む山手を歩いて周囲を注意深く見れば、斜面に立地する寺社にはいまだ多くの緑が残っているのがわかる。当時はこれに加えて沿道はマンションではなく低層低密の武家屋敷だったから、塀越しにも庭内の緑もその背後の丘の緑もよく見えたはずである。

スイスの公使として、やはり幕末の江戸を見たエーメ・アンベールは、山手ではなく下町を対象に、江戸をこう称する。江戸の下町は東洋のベネツィアであると。このたとえはベネツィアを訪れたことのある筆者には得心がいく。幅の広いグランカナルを挟んで縦横に細い水路が張り巡らされたベネツィアに似て、江戸の下町は大川（隅田川）を挟んでやはり縦横に水路が配されていた。ベネツィアを舟で巡った体験からすると、オールコックが言うように楽で快適なことはもちろんのこと、車の騒音は全くなく、都市は水の音のみが聞こえる静寂な環境下にあるのだ。江戸の下町もこうだったはずである。そして舟を下りて道を歩けば、そこには馬車も、勿論車もなくじつに伸び伸びと歩くことを楽しむことができる。かつての下町江戸は（下町に限らないが）今日の言葉で言う歩行者天国、モールだったのだ。

眼を地方に転じて見よう。ギリシャ生まれの英国人、ラフカディオ・ハーン（小泉八雲）は米国での生活を経て英語教師として来日した。維新後のことである。松江に赴任し、熊本の五高に転ずる（後に帝国大学に奉職する。夏目漱石の前任）。やはり最初の赴任地松江が最も印象深かったようで、ここを舞台に多くの傑作を残す。ハーンが感銘を受けたのは人間を包み込むようなやさしい自然と、その自然と親和的に暮らす穏やかな人々だった。

気候が厳しいアイルランドで育ったハーンは人間にやさしい自然があるということが驚きだったに違いない。また、日本人がその自然に甘えるように暮らしている、それもうらやましかったのだと思う。言われてみれば欧州の気候は地中海沿岸を除けば寒くて厳しい。我々は普段気にも留めないが、いかに日本の気候、自然が人間にやさしいかを再認識する必要がある。

「日本奥地紀行」を著したイザベラ・バードは、ハーンとは逆方向の日本の東北地方を巡る。バードが旅したのは本当の田舎だったから、芭蕉が奥の細道で詠んだ「のみしらみ　馬が尿する　枕もと」

ではないが、衛生や清潔さという点では満足のいくものではなかった。しかしバードはそれでもなお、あまりに有名になった言葉「アルカディア（古拙の理想郷）」を羽前の土地と風景に献呈するのである。それは自然の美しさのみを称えてのことではない。アルカディアとは人間が棲《す》むことのできる土地をいうのだから、そこには家屋があり、田畑がなければならない。バードは羽前の農村風景に感銘を受けたのである。

都市にせよ宿場町にせよ、あるいは農村、漁村であるにせよ、来朝欧米人が日本に見たものは、多様で豊富な植生に覆われた大地と、その自然に甘えるように親和的に暮らしを営む人々の姿だった。欧米のように乏しくもなく、かといって南方のように余りに豊かで人間を圧倒するわけでもないやさしい自然。そこにはりつくように、これも木、泥、ワラ、カヤ等の自然材を使って建てられた家屋。これが彼らの見た日本の都市の、また田園の魅力であった。

「フランスの景観、日本の風景」を著した現代の人、A・ベルク（フランス）の言葉も忘れられない。日本の町は何と「柔らかい」ことかと。中層の石造の町で育った人間には低層の木造家屋が連なる街並みは、人を柔らかく、暖かく包み込んでくれるように感じられるのだろう。

(2) 素質論Ⅱ—欧米モデルの受容法

欧米の先進国に追いつこうと努力してきた日本は、ベルツが嘆いたように、その種を輸入して自らが育てるのではなく、その実（成果）をパッケージで輸入して、日本で適用した。しかし、いかに輸入したパッケージを適用しようとするにせよ、そこには日本的な変容が必ずつきまとった。その変容をもたらすものは、無意識のうちに出る、日本人の好みであり、やや大げさに言えば日本人の美意識である。この好み、美意識は長い歴史のうちに育まれた日本の自然、風土の素質であり、日本人の得手不得手（日本人の資質）に根差しているはずである。

再び欧米モデルをパッケージとして適用しようとした銀座煉瓦街を取り上げてみよう。銀座煉瓦街は当時の日本人に全くなじみのない欧米の街路モデルを持ち込んだものだった。江戸のそれまでの街路は最大幅でも田舎間一〇間（約一八メートル）で歩車道の区分はなく、もちろん並木もなかった。煉瓦街の表通り（銀座通り）は幅員こそ一五間（約二七メートル）にとどまったものの歩車道は分離され、並木を備えていた。また沿道の建物はレンガ造りの二階建で統一されていた。

しかし、パリやロンドンのメインストリートを模したといわれるこの通りにはヴィスタ（通景）の焦点となるアイストップが欠けていた。従来からの格子状の街路パターンを踏襲したとはいえ、大火後の面的な整備だったのだから新橋や尾張町の交差点に広場を設け、パリやロンドンの広場のようにアイストップとなる記念碑を建てることはできたはずである。なぜアイストップを置かなかったのだろうと疑問に思うと、『米欧回覧実記』のパリの項に出てくるシャンゼリゼの挿絵にもアイストップである凱旋門は描かれていないのである。

このヴィスタ・アイストップの街路景構成とその面時展開は、バロック都市設計の要であった（パリやワシントンがその典型）。あれほどまでに欧米の都市に、とりわけパリにあこがれていたにもかかわらずである。一体全体明治から戦前にかけての日本人はこのヴィスタ・アイストップという街路景モデルをどう受容したのだろうか。

調べてみると何と、直線状の街路の両側を並木で整えてヴィスタを強調する例は多いものの、アイストップを備えたものは数えるほどしかなかった。明治神宮絵画館前と国会議事堂前の通りに浜町公園の小噴水、行幸道路の東京駅を加えてもそれらはごく少数の例外である。これらの受容法を勘案すればヴィスタ景は受容したがアイストップは好まなかったのだと考えざるを得ない。大学構内のように講堂などをアイストップにしていても、わざわざその前に樹や植え込みを置いて、正面性を消すように処理されている例（これを日本のデザイン手法で「さわり」という）が多いのである。なぜだろうか、山アテという手法が伝統にあったことと合わせて考えてみる（山アテとは街路や郊外の道路線形を目立つ山に当てること）。後述の「駿河町」が最も著名である。遠くの山ならアイストップにしていたのだから結局、交通処理の邪魔になると、ごく実用的に考えたか、人工物をアイストップに足るものとは考えなかったか、のいずれかであろう。

そして交通処理上問題のない突き当たる街路にも（大学の構内のように）余り用いられなかったことを考えると、無意識裏に、人工物（建物、伝統的には木造である）の永続性に信を置いていなかったという理由と、「さわり」の美学に見る、重要なものほどむしろあからさまに見せるものではないという伝統に行き着くのである。アイストップが忌避された事実を筆者はこう理解したい。

さてもう一度明治の銀座煉瓦街に戻って、当時の人々はそのどこに一番惹かれたのだろうかと考えてみたい。人々は統一された街並みや歩車道分離に惹かれたわけではない。軒高が揃った統一的街並みなら木造であったが、通町（日本橋）をはじめ、本町、駿河町などにいくらでも例はあった。人々はレンガという新素材に惹かれ、本邦初の街路並木に驚いたのである（町を外れた街道ならむしろ並木は常識だった。また日本初ではなく平安京にはヤナギや他の並木があったと文献は言う。しかし江戸の人々はそんなことは知らなかったろう）。一時期人を魅了したレンガ造りも日本の気候に合わないということで不評となり、最後は関東大震災でひっそりと幕を閉じる。

一方の並木は、一説によると本当はパリにならってマロニエかプラタナスを植えたかったのだが、当時の日本にはなく、やむなくサクラ、カエデ、交差点にはマツが植えられていた。それがヤナギとなり、一時イチョウに植え替えられながらも復活し、銀座通りのヤナギはやがて銀座を代表する記号となる。銀座と言えばヤナギであり、ヤナギと言えば銀座となったのである。この欧米モデルの定着の仕方（長期にわたる受容法）にも日本人の好みを見てとることができる。結局評価され、美意識に定着したのは素材でもなく、もちろん統一のとれた街並みでもなく、ヤナギ（植物、自然）だったのである。

銀座煉瓦街とヴィスタ・アイストップの受容法を題材に、その背後にある日本人の好み、美意識について述べた。これに類した受容法は古くは平安京（周囲の田園、自然との関係を截然《さいぜん》と分かつ都市壁を省略した中国都市の受容法。自然との親和性が保たれる日本人の暮らし）から戦前の公園（公園には必要最小限の人工物しか置かない。オープンスペースとしての公園を人工と対立するものと見、それが稠密《ちゅうみつ》な市街地とセットになっているのが欧米のコンセプトである。

これに対して日本の公園には当初から料亭、四阿《しあ》などが置かれ、次第にその空地には建物が建てられていく。人々はそれをまずいとは思わない。ここでも公園＝自然は人工＝建物との親和の相方なのである）まで、一貫しているのである。

日本の欧米モデルの受容には一貫する基調がある。その一は種（思想）を輸入するのではなく実（成果）を輸入するゆえに、その根幹に触れるような変容であっても当方の都合次第でおかまいなしに変更するという点である。ヴィスタ・アイストップ型の街路景にアイストップは欠かすことができない。しかしそれは容易に無視される。公園は空地でなくて将来に渡って担保されるべき自然のオープンスペースである。それが公園の思想というものである。しかし自然は日本人にとっては親和の対象でしかない。親和性を増すために建物を建てることがなぜ悪いのだろうか、ということになる。

その二は実利性の優先である。アイストップは交通にとっては邪魔な存在でしかない。この基調は日本における鉄道駅舎の研究によって明らかになった。線路とホームを覆う壮大なトレインシェッドが欧米にあって、なぜ日本にはできなかったのか。結論を言うと、明治以来の鉄道エンジニア達はよく海外視察をしてトレインシェッドの存在はもちろん熟知していた。結局はコストから見て実利性が薄いと判断されたのである。実利性に乏しいものは忌避され、あるいは省略された。

その三は簡素化、省略化である。装飾と共に入ってきた建築、都市橋梁は時代が下がるにつれ簡素化されていく。もちろん欧米のデザインの流行にも左右されるのだが、明治期に建設された建物、例えば赤坂離宮や日銀と昭和戦前期の建物、例えば丸ビルを比べればこの事実は歴然とする。その装飾による古典建築が行き詰まってモダニズム建築が現れた時、世界の中で最も素直にそれを受け入れたのは日本だったろう。なぜなら装飾を排した打ちっ放しコンクリートのその造形は、素材感を重視するという意味で伝統的な日本建築にほかならなかったから。

そして受容法のその四には、本章1節で取り上げたパッケージ主義を挙げねばなるまい。いかにモダニズム建築が流行ろうとも、欧米都市の基本は依然としてそれ以前の石造り、レンガ造りの伝統的建物とその街並みにある。長い眼で見れば、モダニズムは一つのトピックに過ぎない。近年のウォーターフロント開発も、その例に漏れない。しかし明治以来最先端のモデルを追いかけ、輸入し、新しいものが出ればそれをパッケージごと交換することを繰り返してきた日本人には、トピックの背後にある、時代を越えて生き続ける都市の基調が見えない。常にトピックを追いかけて右往左往すること、残念ながらこれが日本の受容法の最大の特徴なのかも知れない。この事実は自戒の念も含めて、日本の研究者にも当てはまりそうである。

2-4-2 新たな都市モデルを求めて

前項に述べた素質論を通じて、ある程度の方向は見えてきたように思う。来朝した欧米人の眼には豊かで人間に優しい自然と、それと親和的に暮らす人々に日本の特色、良さを見てとった。その現れは地方の都市と農村においては、都市（人工）でもなく自然でもない、アルカディアとも見える自然・都市の融合的存在であり、大都市では大地の形をベースとする下町の水の豊かさであり、人為の植木をも含めた緑豊かな山手の町であった。自然を回復し、一度断ち切ってしまったそれとの親和性を取り戻すこと、それが新たな都市モデル構築の第一歩となるであろう。

欧米モデルの受容法に見る日本人及び日本の本音は、より複雑である。人為には信頼を置かず、むしろ自然に頼ること、重要なものほどむしろあからさまにしないこと（これは恐らく神道の伝統だろう）。複雑なものから簡素なものへ回帰すること、最先端を追いかけ、本質（思想）には余り興味を持たないこと等となろう。これらを一言にまとめることは難しい。

以上の要約から新たな都市モデルに向けて何を言えるだろうか。実利性はおそらく将来にわたって日本人が手放すことはないだろう。思想信条のためなら滅びても構わないという歴史は日本にはなかった。信長と戦った浄土真宗の僧も結局は妥協し、江戸時代以降世俗に組み入れられてしまった。秀吉、江戸初期のキリシタンの殉教も例外に過ぎなかった。ましてや都市においてをやである。新しい都市理念のために実利を手放すとは考えられない。しかし、一方で一〇〇〇年以上の長きにわたって親和的に暮らしてきた日本の、人間を包み込むような優しい自然への憧憬《どうけい》がやむこともまたないであろう。便利に、かつなるべく簡素なライフスタイルで自然と親和的に暮らす。その世俗的なモデルが要求されているのである。それが極論すれば日本の都市の伝統であり、日本人の本音であった。

ではこの日本の伝統には、明治以降の受容法やパッケージ輸入で述べたようにものまねに終始して、一かけらの創造力、新しいものを生み出す力はなかったのだろうか。そんなことはない。それが一定の時間を与えられれば可能だったことは帝都復興事業を例に述べた。

今徹底的に欠けているのは、輸入品を成熟させて日本の本音を生かす（それが日本の伝統の創造力にほかならない）時間の余裕である。この時間の猶予さえあれば、漢字からカナと平仮名を生み出し、健康のための喫茶から茶道を生み出し、漢詩から和歌を、さらには俳句を生み出した日本の伝統の創造力が力を発揮するに違いない。この伝統の創造力を忘れてはならない。

そこにこれからの都市造りの出発点を置くべきであろう。目先の現象にとらわれず、伝統の眼をもって新しい都市の潮流を捉え直すことが必要である。ウォーターフロント開発は、海辺の集落構成の伝統でこれを捉え直さねばならない。そうすれば米国のそれにはない日本独自の魅力がおのずと現れるに違いない。また、新しい居住、労働型式といわれるソーホーも、何のことはない町家の現代版にほかならない。町家が独特の街並みを造り出したように、新町家で新しい魅力を造り出せばいいのである。そしてその背後に現代のコンクリート長屋ともいうべきマンションを配置すればいいのである。長屋は表通りに面するべきではなかった。これが日本の伝統である。

伝統を軽視して奇抜なアイデアで勝負することの無意味さは、定形の俳句から飛び出した河東碧梧桐の失敗が、また、難解な現代自由詩が市民権を獲得できないことによく現れている。伝統から出発してこそ、そこから新鮮な表現が生まれる（短歌の俵万智、日本画の東山魁夷）。日本のファッション（森英恵や三宅一生）が強いのも、そこに生け花や茶道の伝統が生きているからだと思う。世俗的に便利に、そして自然と親和的に暮らしたいという日本人の本音を踏まえて、伝統の創造力を発揮せねばならない。それは新しい水の扱いであり、自然との親和的な付き合い方の再発見であり、また木を使った新町家による街並みの復活であろう。

そのヒントは京都、江戸はもとより山陰の津和野や羽前の金山などに、また北国街道の宿場町、海野宿や名もない農村、漁村の至る所にある。流行のパッケージ（ウォーターフロントや超高層ビル街、都心居住マンション等）ばかり追いかけていては、日本の都市に未来はない。

〈参考文献〉
（1）平野勝也、篠原修『日本におけるヴィスタ設計の受容と変容』土木計画学研究講演集一五、一九九二年
（2）永尾慎一郎『一九世紀から二〇世紀前半の欧州における駅建築空間の変遷』東京大学修士論文、二〇〇〇年
（3）金井昭彦『一九世紀から二〇世紀前半の欧米における駅建築空間の比較』同右、一九九九年

3　交流の場としての都市

1　国際交流圏、広域都市圏への再編

森地　茂

3―1―1　都市圏の再編

集落再編、日常生活圏、流域圏、その他、生活空間を再編する政策は従来より、各時代に応じて展開されてきた。

政策意図を持った圏域形成は、人口移動に応じて過疎化した地区における、より快適で効率的な環境を確保するための施策であったり、社会資本や公的サービスを提供するときの圏域の単位として設定されるもの、あるいは、水資源や環境の循環面からの圏域再編の提言であった。この他に、東海道新幹線や東名・名神高速道路が形成した東海道ベルト地帯や、自動車の普及による都市圏の拡大、生活圏の拡大のような、市場機構により誘導された圏域の形成も存在した。

今、国際化、少子高齢化、情報化、価値観の多様化、超高速交通技術の実用化等、社会の変化が、都市圏の新たな再編をもたらそうとしている。第五次国土総合開発計画では、①広域国際交流圏、②東アジア一日圏、③半日広域交流圏、④全国一日交通圏、⑤地域半日交通圏、⑥国土軸等の圏域形成が提唱されている。その定義と提案意図は、表3―1に示す通りである。

現在進められつつある市町村合併や、経済計画等で提唱されている道州制も五全総の提言を受けた圏域再編の推進であるが、地方分権化にふさわしい地方自治体の確立をも意図している。

表3-1　五全総で提案されている各種圏域の定義とその提案意図

圏域名称	定義	提案意図
広域国際交流圏	国境を越えた地域間競争・連携に対応し、各地域が独自の国際的役割を担い東京等大都市に依存しない自立的な国際交流活動を可能とするための圏域	諸外国（特にアジア・太平洋地域）とのアクセス性を高める空港・港湾とこれらを結ぶ交通・情報通信基盤の整備、各種国際交流機能の整備、国際感覚あふれる人材の育成を通じて、国際的な経済、学術、研究、文化、スポーツ、観光等おける交流を実現する
東アジア1日圏	全国各地域において、東アジア各国への移動と一定の用務が1日で行えるよう各種交通体系を整備する構想	アジアや世界へのゲートとなる空港・港湾のネットワーク、これへのアクセスのための国内高速交通体系を形成し、新たな国土軸から世界への交流の基礎を築く
全国1日交通圏	相互に日帰りが可能な全国主要都市により形成される圏域	基幹的交通体系と地域の交通体系を直接的に融合し、より高速な国内交通体系を形成することにより、人々の広域的な諸活動の利便性を向上させる
地域半日交通圏	地域間の往復や日帰り活動が半日で可能となるよう広域的な地域交通体系を整備する構想	複数の主要交通軸と横断的な交通軸および地域交通体系の整備を通じて、リダンダンシーの高い多様な交通利用が達成され、質の高い国土軸を形成する基礎となる
国土軸	国土の縦断方向に長く連なり軸状に形成される圏域（従来からの「太平洋ベルト地帯」に加えて、「北東国土軸」「日本海国土軸」「太平洋新国土軸」「西日本国土軸」の4つが提案される）	北東国土軸では、自然と共存できる適切な規模の都市ネットワークと、豊かな森林や広大な河川などが形づくる自然のネットワークが重層的に形成され、北海道を拠点としてアジア・太平洋地域や北方圏との交流促進を目的とする 日本海国土軸では、歴史と伝統に富んだ都市のネットワークと、降雪量の多い山地、河川、沿岸の平野が形づくる自然のネットワークが重層的に形成され、朝鮮半島、中国北東部、ロシア沿海州との間で環境保全、経済、文化などの交流を促進することを目的とする 太平洋新国土軸では、海洋性を生かした先進的な都市のネットワークと、黒潮がもたらす温暖な気候に育まれた半島、島嶼などの自然のネットワークが重層的に形成され、沖縄を拠点としてアジア・太平洋地域での交流促進を目的とする

（出所）『21世紀の国土のグランドデザイン』国土庁、1998年より作成。

時代状況に応じたこれらの圏域再編ではなく、国土の管理、国土計画体系としての圏域設定の典型例として、ドイツの計画地域体系（図3―1）が挙げられる。

これらの各種圏域論に重ねて、国土審議会基本政策部会の将来展望委員会は以下のような圏域再編を提言している。人口三〇―五〇万人一時間圏、人口六〇〇万から一〇〇〇万人の自立経済圏への再編である。ここではこれらに、人口七〇〇〇万人の新東海道ベルト地帯を加えた三圏域の再編を提唱したい。

3―1―2　人口三〇―五〇万人、一時間生活圏

この考え方は、現在進行中の市町村合併よりやや大きい圏域であるが、それと矛盾するものではない。平成の大合併といわれる進行中の考え方は、夜間人口一人当たり行政費用という効率性から三〇万人を目安として合併を進めるものである。

これに対し、人口三〇―五〇万人は、民間も含めた都市的サービスの確保を目的としており、この規模は標準的な県庁所在都市に相当する。そこには、高度医療機関があり、大学があり、複数の大規模商業施設があり、歓楽街があり、文化施設と活動がある。一時間圏は、大都市で人々が高度の都市的サービスを求めて移動を許容している時間距離である。

現在、中山間地域で人口減少と高齢化が進行し続けている。それをとどめるべく、また公平性の視点から、あるいは公共投資が地域存続の手段化して、小規模な公民館、医療施設、文化施設等を地区ごとに整備する、いわゆる箱物整備が行われている。

図3-1　ドイツの国土計画制度（国土審議会資料より著者が作成）

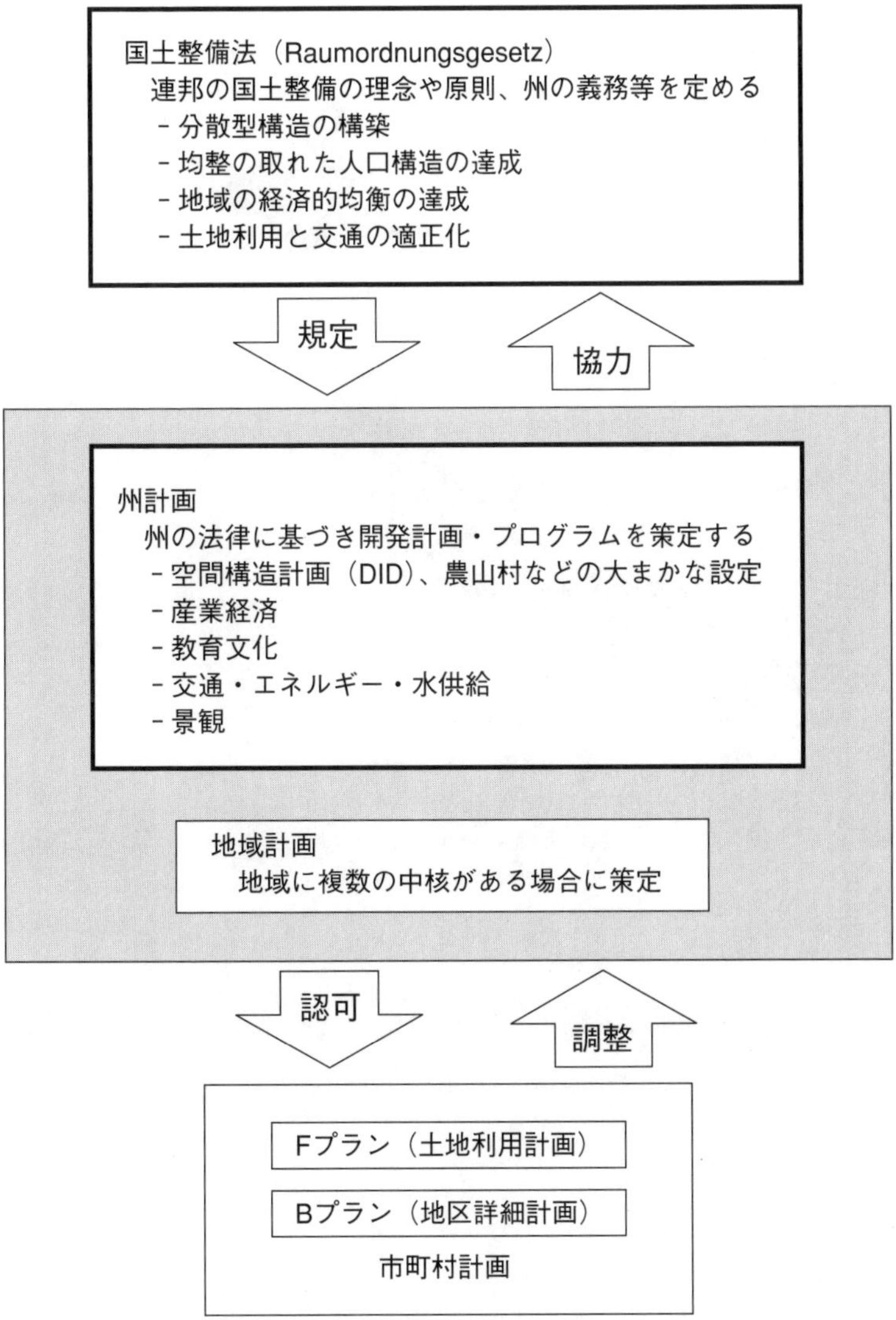

図3-2　1時間圏人口の分布（2000年現在）

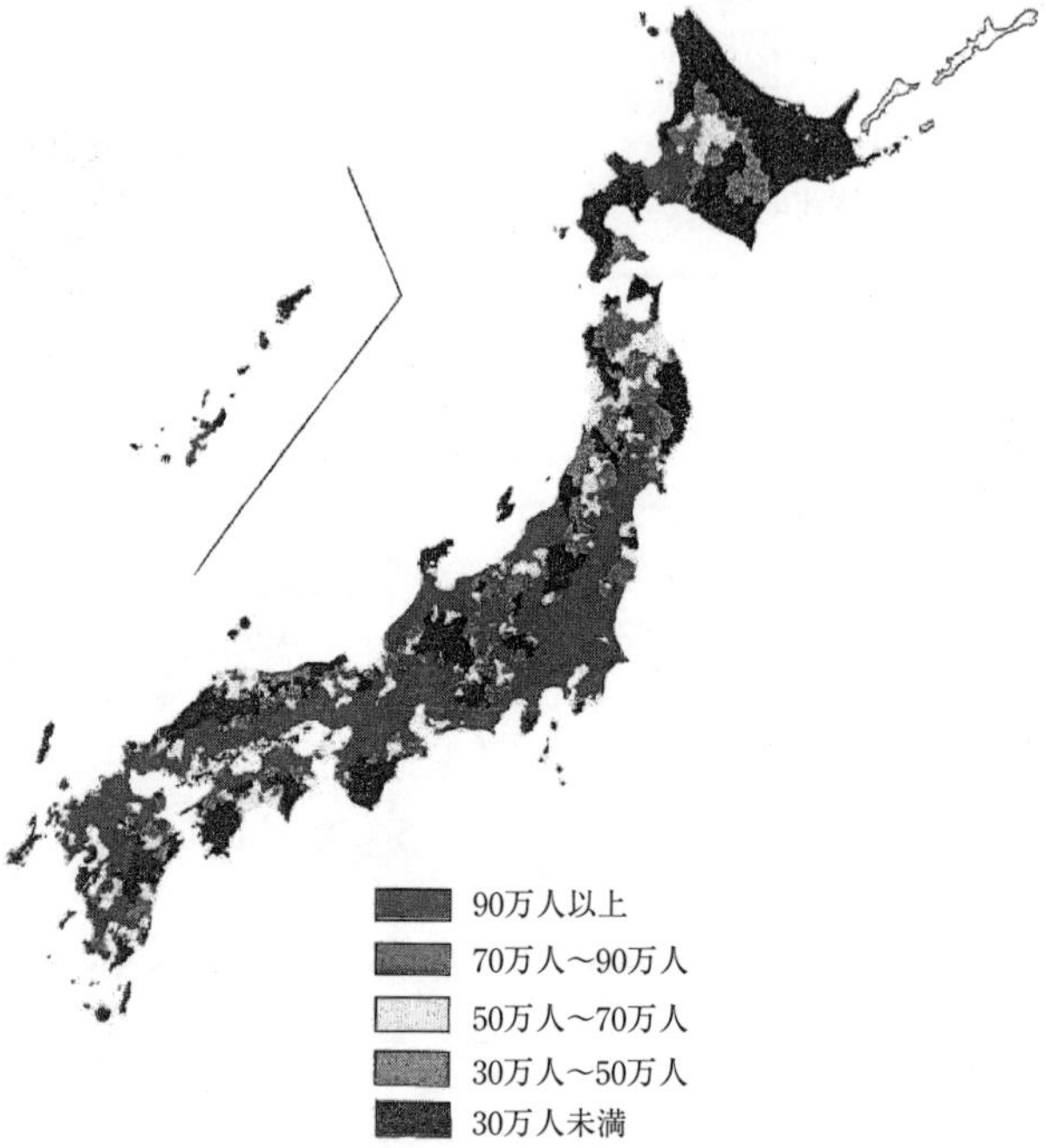

（出所）『国土の将来展望と新たな国土計画のあり方』国土審議会基本政策部会中間報告，2001。

図3-3　圏域設定で見た小売業店舗数

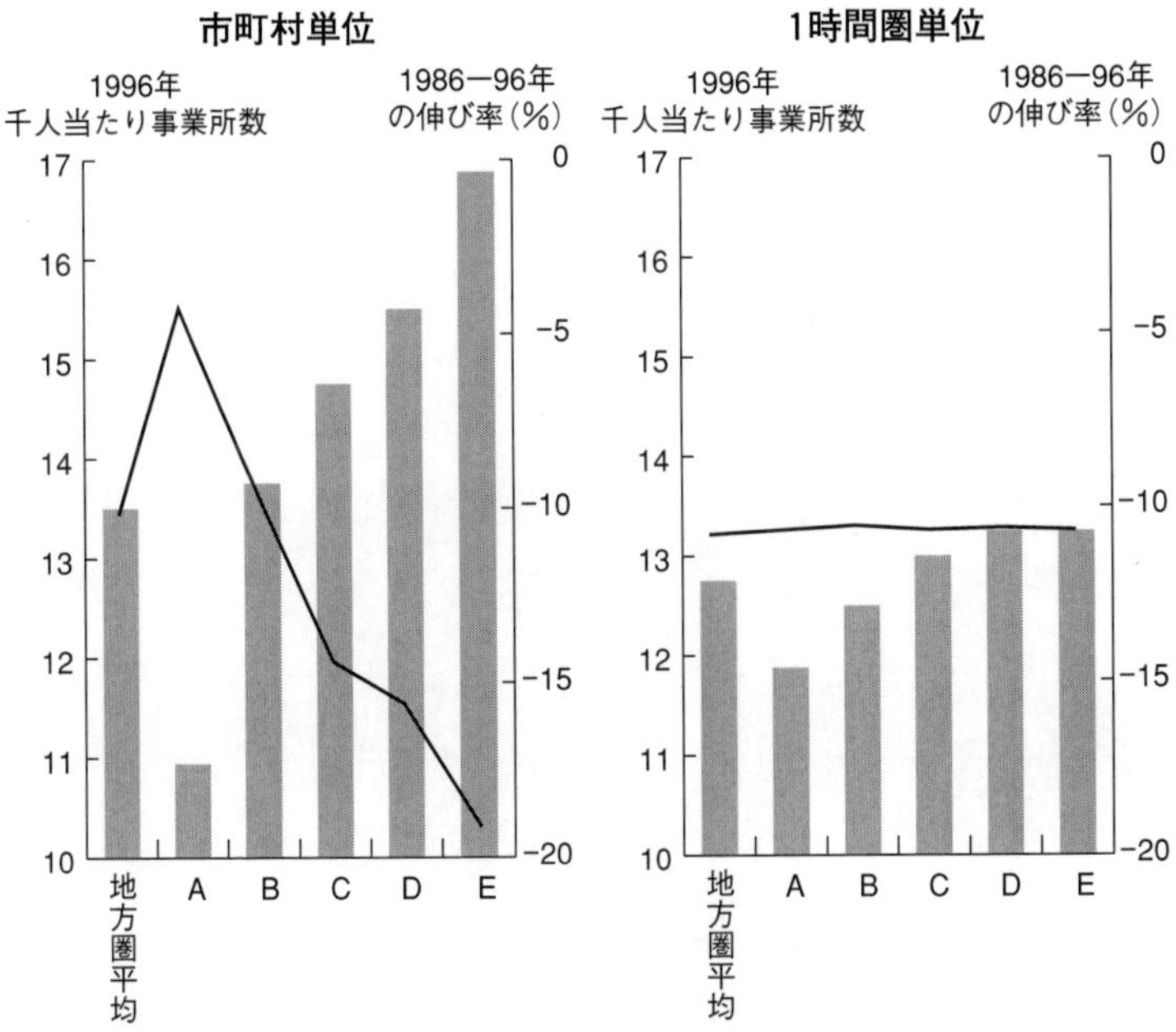

（注）A−Eは全国の市町村を1985−95年の人口増減率で5分位に分けたもの。
A：人口増減率7.0%以上（95年平均人口74千人）
B：人口増減率−0.7%以上7.0%未満（95年平均人口58千人）
C：人口増減率−5.5%以上−0.7%未満（95年平均人口36千人）
D：人口増減率−10.5%以上−5.5%未満（95年平均人口16千人）
E：人口増減率−10.5%未満（95年平均人口9千人）

（出所）『国土の将来展望と新たな国土計画のあり方』国土審議会基本政策部会中間報告，2001。

図3-4　圏域設定で見た教育関連施設数（学校、公民館、図書館など）

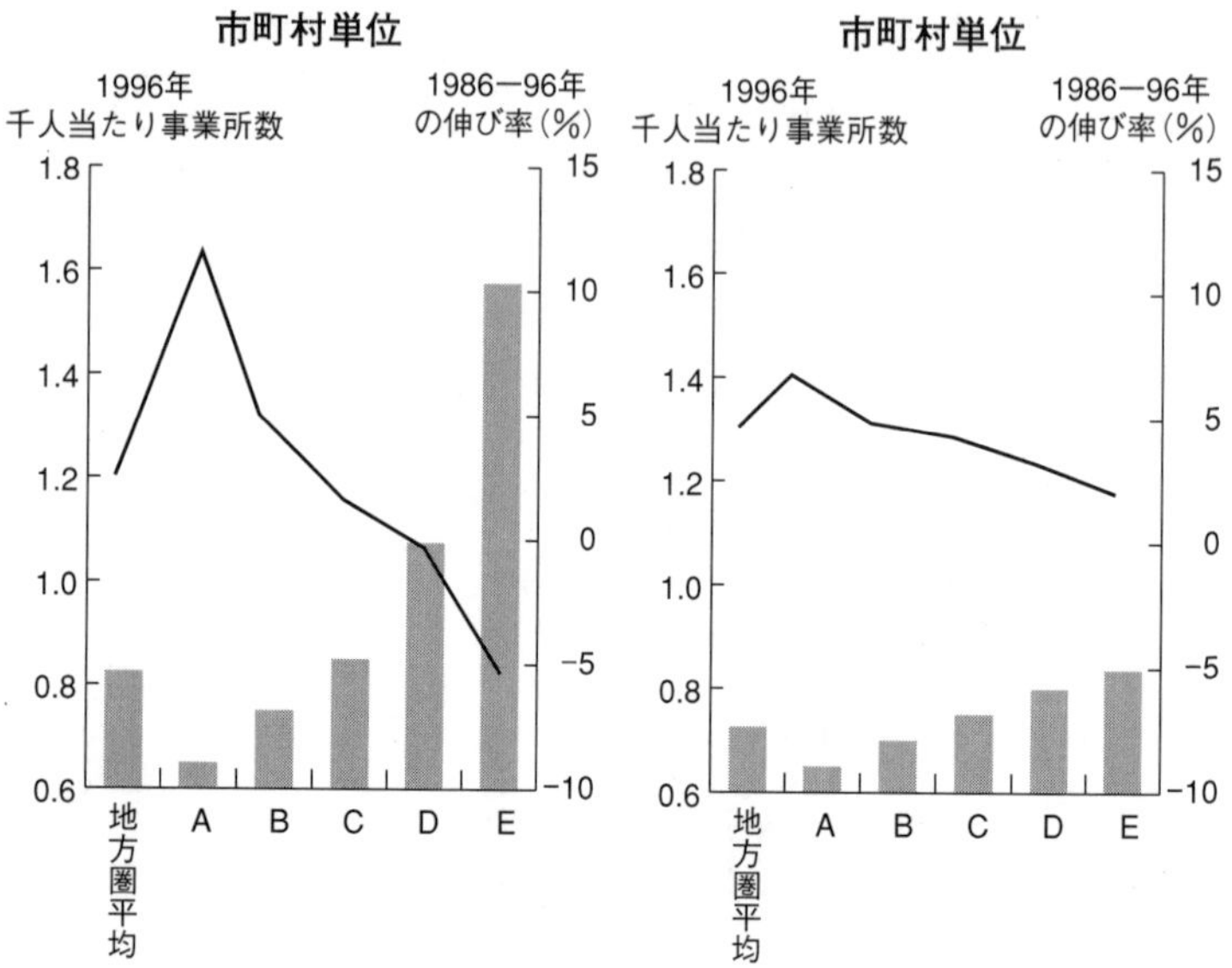

（注）A−Eは図3-3と同様の定義。

（出所）『国土の将来展望と新たな国土計画のあり方』国土審議会基本政策部会中間報告、2001。

それらはより大きな都市の施設に比べて決して魅力的ではない。そこで、もう少し大きな圏域単位で県庁所在都市程度のサービスを確保し、その代わり大都市住民のように一時間ぐらいの移動は我慢してはどうかという提案である。

一九六〇年に一五〇〇万人であった農業就業人口は二〇〇〇年現在、兼業も、お年寄りも含めて、三八〇万人ほどである。そのうち六五歳から八〇歳が二〇〇万人、五〇歳から六四歳が一五〇万人、四九歳以下は四〇万人にすぎない。

図3-5　圏域設定で見た医療業施設数（病院、診療所）

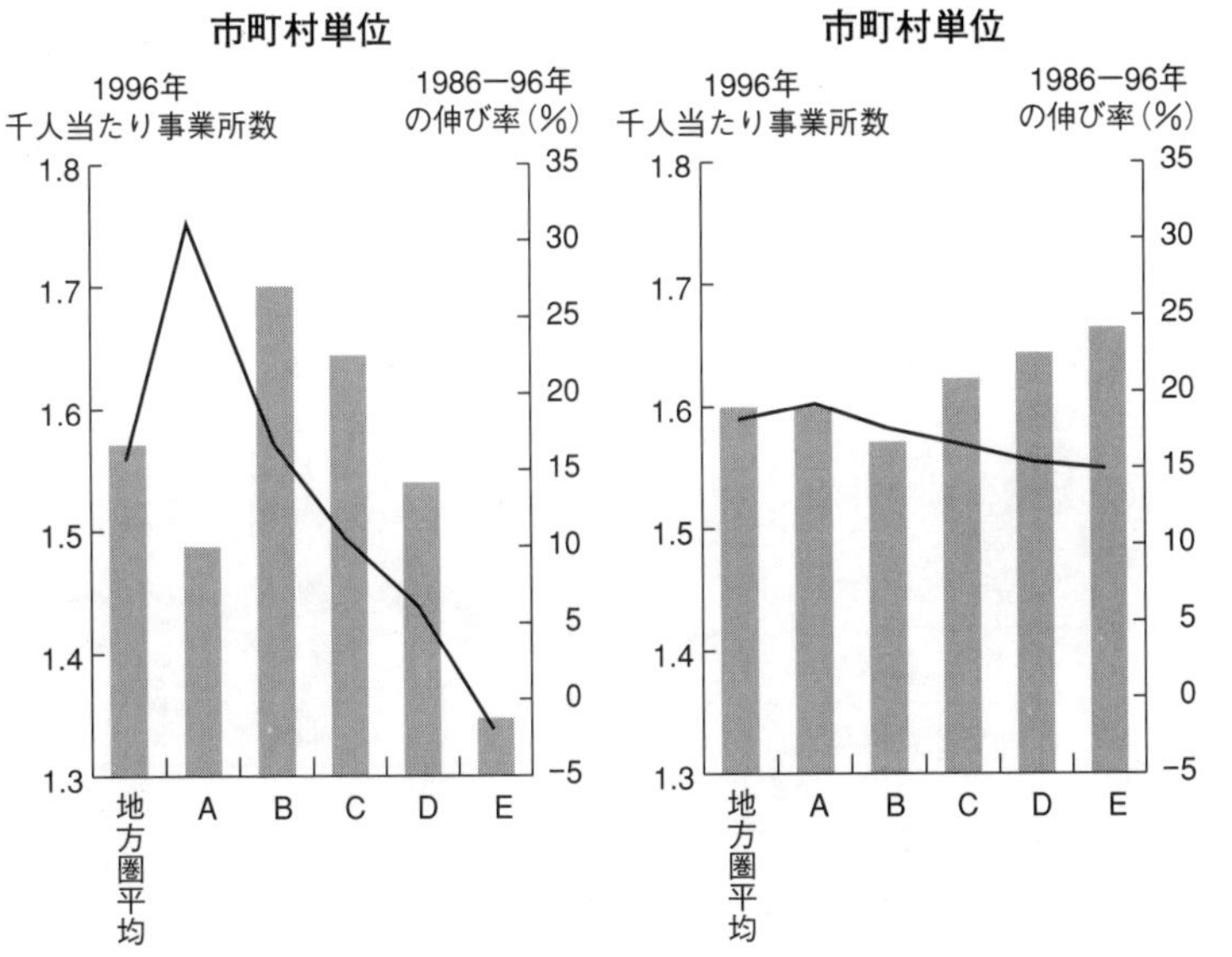

（注）A−Eは図3-3と同様の定義。
（出所）『国土の将来展望と新たな国土計画のあり方』国土審議会基本政策部会中間報告、2001。

毎年の新規参入農業従事者は、五〇歳以上の農村へのUターンを含めて年間九〇〇〇人である。かつて一五〇〇万人で維持してきた農地や国土を、四〇万人でいかに守り、しかも緊急時に備えて食糧自給率を回復したいという政策目標を達成するのは容易でないことは明らかである。国土の均衡ある発展は難しいという議論が多いが、それはこの農村の荒廃といった日本の深刻な状況を理解せず、公共事業費の削減にのみ目を奪われたものである。公共事業費の削減とは別に、い

図3-6　欧州および東アジアの経済規模

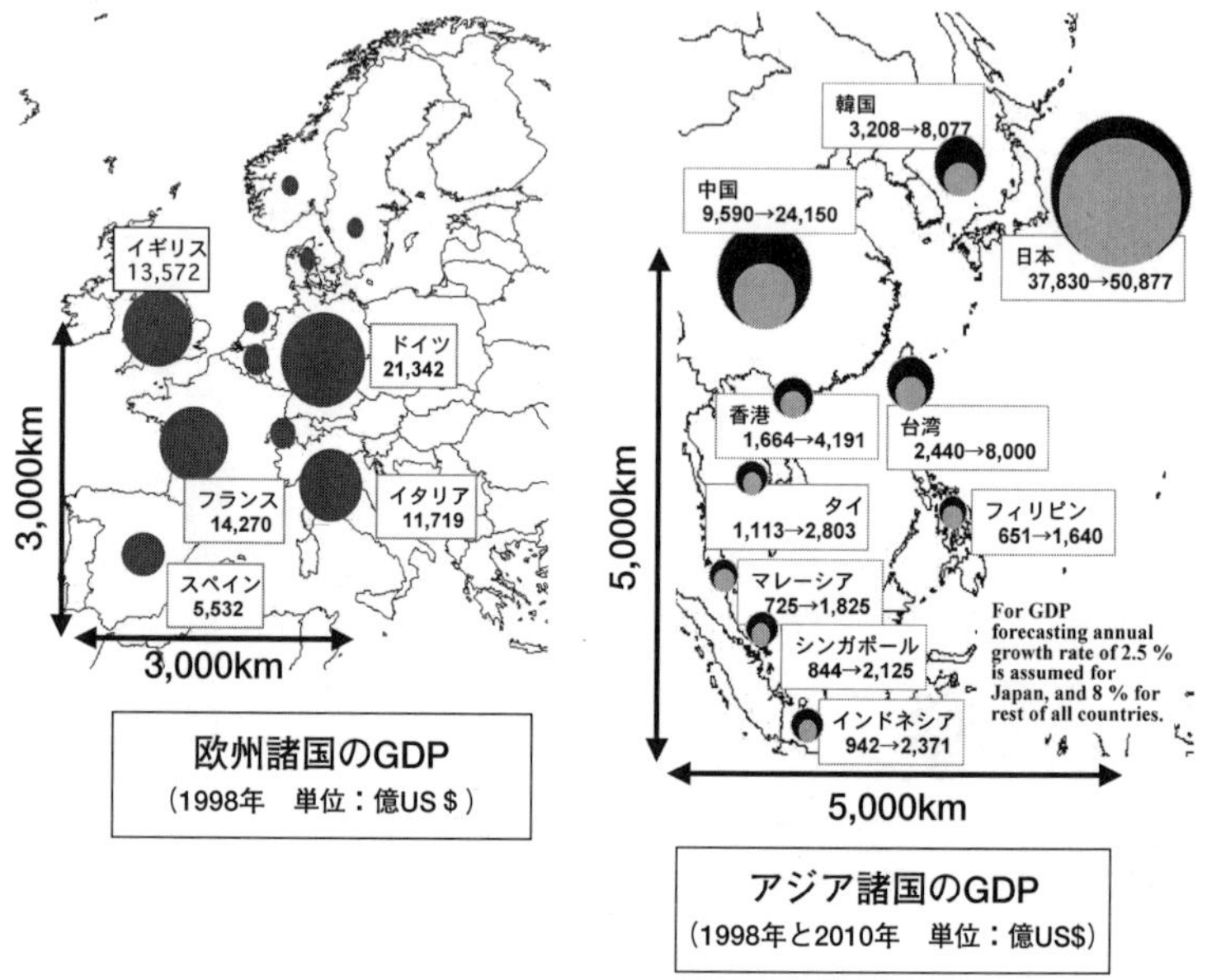

かに地方部に人々に住み続けてもらうかを考えざるを得ないのである。

その要件の一つは、高次医療をはじめとする都市的サービスの確保にある。その問題の解決策としての生活圏再編がここでの提案趣旨である。

全国で一時間圏の人口が三〇万以下の地域は、図3-2の通りである。現在の市町村単位で、各種都市的サービス施設の存在量を示したのが図3-3、3-4、3-5である。例えば図3-3の市町村別人口当たり小売店舗数では、A地域（人口増加地域）と比して、C地域（人口減少地域）の方が多いものの、伸び率では急速に減少

図3-7　日本の地域および欧州小国の社会経済規模の比較

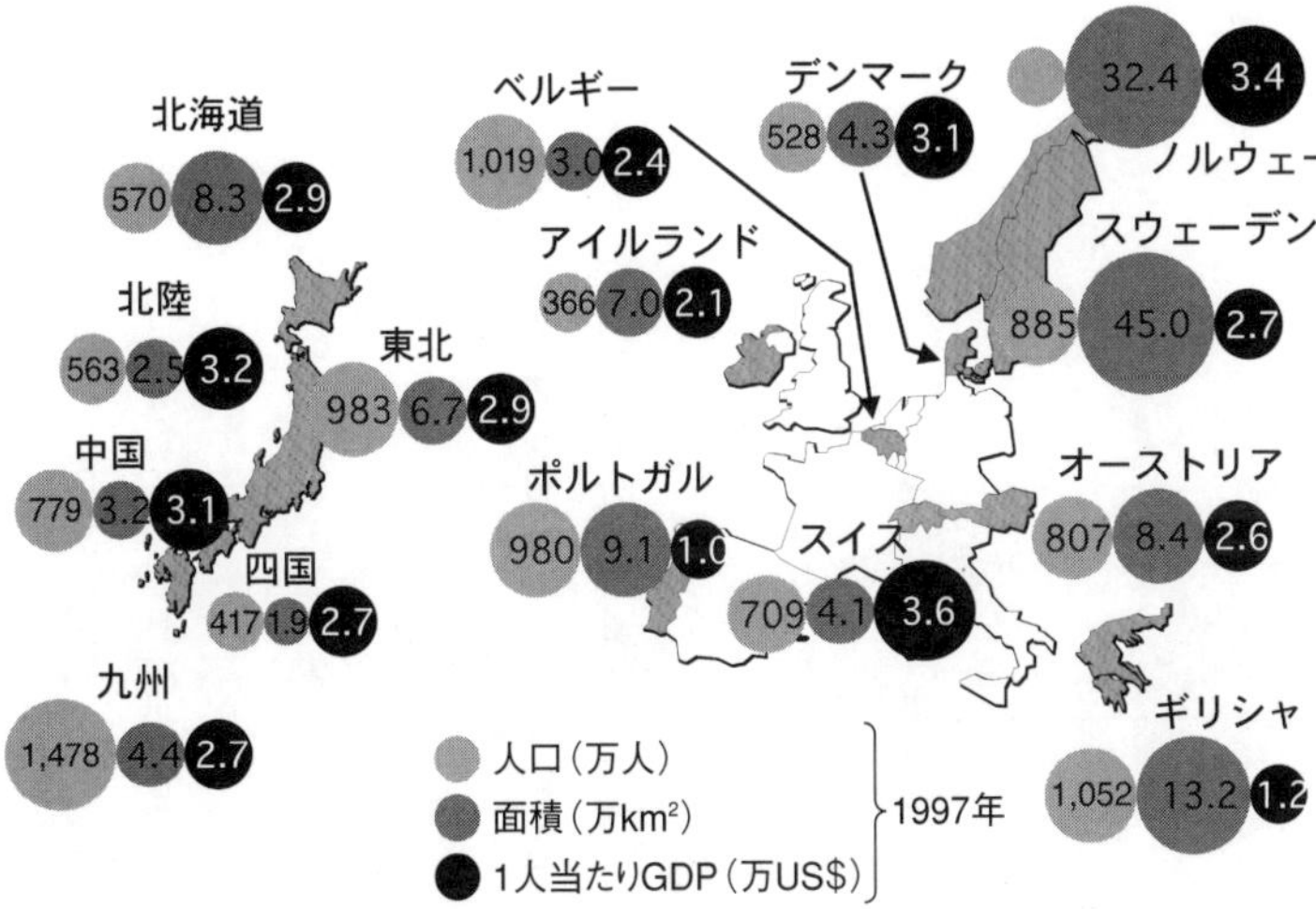

しつつある。

しかし、人口三〇万人圏域で見ると、現在のサービス水準はより格差が少なく、かつ時系列的な伸び率を見ても、施設の維持がなされているのである。教育施設、医療施設でも同様の傾向にある。すなわち、三〇万人程度の人口集積があると、各種施設が維持可能であったことがわかる。人口減少期を迎えるに当たって、都市的サービスを維持し、地方部における人口維持施策として、このような圏域への再編を提唱する背景としてこのような現象が存在する。圏域再編の具体的方法は、広域の需要に対応した高度かつ多様な都市的サービスの提供を促す施策と道路や公共交通サービスの改善である。

なお、これからはずれる地域では、条件不利地域としての政策を再検討する必要がある。

過疎地域振興法をはじめ、離島法、半島法、豪雪地帯法、特殊土壌地域法、その他条件不利地域の優遇施策は、公共事業の地元負担率の軽減策のみと言って過言ではない。

このような地域にとって公共事業が救済策であるとはもはや言えないことは明らかである。むしろ、より少ない資金で、定住等についても効果を確認したうえで、地域の生活を支える政策体系への組み替えが望まれているのである。

3―1―3　人口六〇〇万から一〇〇〇万人の自立経済圏

これは、五全総の半日広域交流圏や道州制と同じ概念である。図3-6は欧州と東アジアを同じ縮尺で示している。東アジアは欧州型すなわち近くに同じぐらいの豊かさの国が存在する地域になろうとしている。

そのような欧州では、それぞれの主要空港を通じて国家間の交流があるという状態ではなく、経済および文化面で、異なる国の地域間、都市間の交流が行われ、その間に競争関係、協調関係が存在しているのである。同様にアジア諸国の各地域、都市との関係をいかに築くかは、日本の各地域、各都市にとっての主要課題である。

さらに、図3-7は、欧州の少し小さめの国と、日本の各地域の人口、面積、一人当たりGDPを示したものである。日本の六〇〇万人から一〇〇〇万人の地域は、欧州のこれらの国と同等の規模であり、欧米ではこの規模で自立的経済を実現している。すなわち日本でもこれらの地域単位で、公共

図3-8　リニア中央新幹線（MAGLEV）導入による経済集積

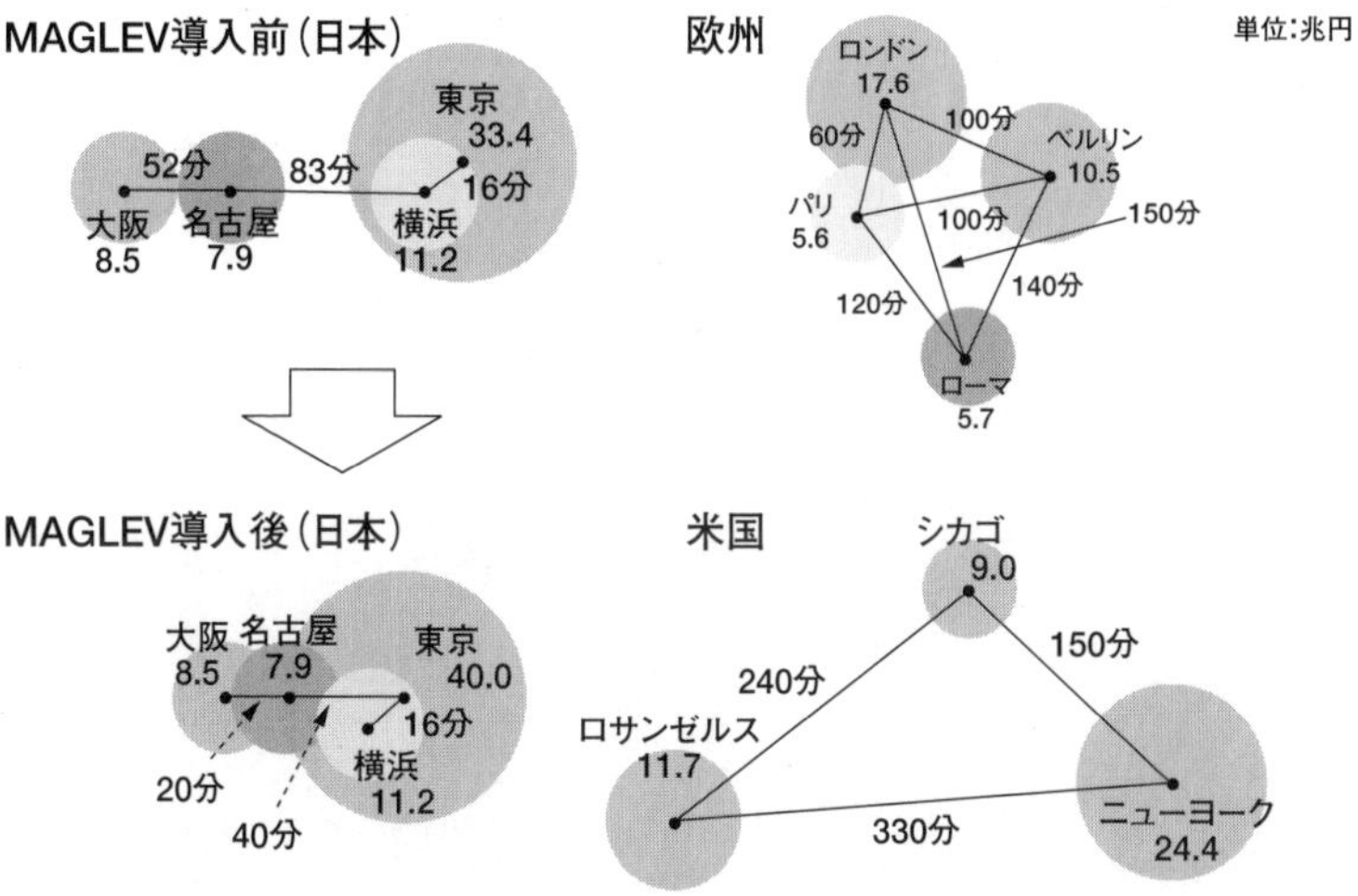

事業依存型経済から、自立（律）的経済圏へ脱皮することが求められている。各地域は、アジアをはじめとする国際資本の投資をいかに誘致するか、海外観光客や、コンベンションや様々な活動を通じて外国の人々の消費や活動を自地域に発現させるかの競争時代に入ったのである。従来世界では、最も重要な地域間競争とは、外国資本投資と消費の誘致競争であった。

日本だけが、地域間競争を国内の投資と消費の取り合いと考え、欧米の知事や市長が八〇年代以降日本等の外国企業の誘致に熱心であったことと好対照をなしてきた。また地域の個性は国内の他地域に対する差別化として考えられることが多かったが、これからは、国際的空間のなかでの個性を問われる時代に入ったのである。

アジアの時代、経済構造の転換期、財政

構造の転換期はまさにこのような広域交流圏、自立経済圏を形成する好機と捉えるべきであろう。

3―1―4　人口七〇〇〇万人の東海道ベルト地帯

上記二つの圏域構造の再編は、人口減少期を迎え、またアジアが世界の成長拠点化するなかで、日本が目指さざるを得ない方向である。それに対し、リニア中央新幹線、第二東名名神高速道路が生み出す一時間圏人口七〇〇〇万人の新東海道ベルト地帯は、世界に例のない経済集積圏により日本を国際的投資対象地域とする戦略的地域づくりである（図3―8）。

この地域の経済規模は英国、フランス以上で、ドイツの規模に匹敵し、それが一時間圏に集積している市場は、管理業務、流通商業、生産、研究、情報等々の各分野の投資対象として、きわめて生産性、効率性の高いものである。一カ所の事業所で、一時間圏内でこれだけの市場をカバーできる地域は世界に存在しないからである。

しかも、海外の資本から見たとき、地価の高さ、住宅事情、交通事情、レクリエーション環境等生活空間としての魅力の欠如が、日本、特に東京への事業展開の制約要因であった。

日本の都市で最も世界的競争力を有する東京の弱点を補うことが可能になる。例えば、レクリエーション空間や自然環境の欠如という魅力不足に対し、沿線各地から三〇分で八ケ岳に行け、またそこから通勤可能な環境をつくるのである。地価の高さという問題に対しては、等時間圏の土地の供給量を飛躍的に増大させ、地価を抑制する。山梨県、長野県、三重県、奈良県をも含む広域東海道ベルト地帯は、自然、文化、歴史の集積と、首都圏、中部圏、京阪神圏の特色ある産業集積を一時間圏として一体化させる。また震災の危険にさらされた日本の動脈にリダンダンシーを与える。事業所や、居住地の立地選択肢を大きく広げるのである。

海外資本をこのような戦略的地域開発には、国家としての戦略的投資が必要であり、その実現には強い政治的意思が求められる。

（参考文献）
（1）国土庁「全国総合開発計画、二一世紀のグランドデザイン」　一九九八年
（2）国土庁「国土レポート二〇〇〇」　二〇〇〇年
（3）国土審議会基本政策部会「中間報告」　二〇〇一年
（4）経済企画庁「経済社会のあるべき姿と経済新生の政策方針」　一九九九年
（5）中央新幹線沿線学者会議『リニア中央新幹線で日本は変わる』ＰＨＰ研究所　二〇〇一年

2　都市の交流と交通システム

石田　東生

3―2―1　自動車と都市交通

(1)　自動車とわれわれの暮らし・都市・地域

日本の自動車保有台数は急激な増加を続けている。一九五〇年には日本の自動車保有台数は約六〇万台であったが、九九年には七三〇〇万台を超えていて、国民一・七人に一台の自動車が存在していることになる。そして、われわれの生活、都市、地域は自動車の普及に伴って想像以上に変容している。一例を都市構造と通勤通学時の交通手段の変遷に見よう。表3―2は、一九七〇年から九〇年にかけての東京都二三区（大都市）、仙台市（中枢都市）、前橋市（中核都市）、小山市（中心都市）の通勤通学時の交通手段の選択比率と人口集中地区（ＤＩＤ）の人口密度を示したものである。ＤＩＤは市街化した区域と考えて差し支えない。交通手段の選択に関しては時とともに自動車を使う人の割合が増加していること、これに好対照をなして、徒歩・自転車やバス、鉄道の分担率が都市規模が小さくなるほど大きく低下していることが読みとれる。

自動車が普及したので徒歩、自転車や公共交通から自動車への転換が進んだのである。自動車保有率上昇の影響は自動車利用の増加という表面的な変化にとどまらない。ＤＩＤ人口密度の全般的な低

表3－2　都市別通勤交通分担率と
人口集中地区人口密度の変化（1970、90年）

都市	人口（万人）	DID人口密度（人/ha）	通勤交通分担率（%） 徒歩・2輪	バス・鉄道	自動車
全国	10,467	86.9	39.8	45.2	15.0
	12,361	66.6	30.1	29.8	40.1
東京23区	884	160.1	25.7	66.7	7.6
	816	132.1	28.1	62.3	9.6
仙台市	55	85.5	36.1	47.3	16.6
	92	68.8	32.7	30.4	36.9
前橋市	23	71.4	47.1	27.1	25.8
	29	47.8	30.8	7.1	62.1
小山市	11	62.8	49.5	35.4	15.1
	14	39.3	31.1	17.0	51.9

上段：1970　下段：1990

図3-9　自動車と生活／都市構造の変化

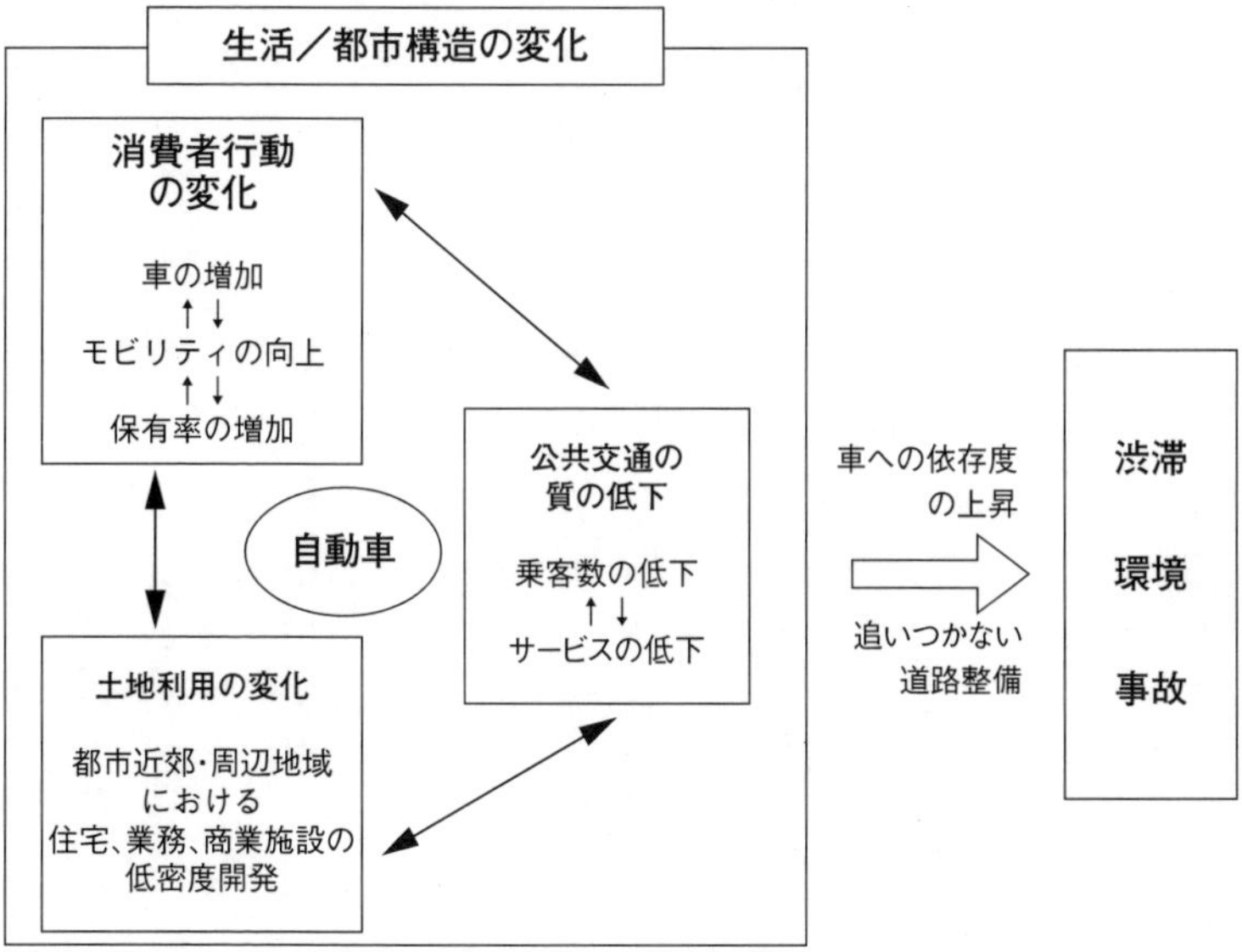

下に現れているように、自動車保有の進展は都市の郊外化・低密度化を促進させている。自動車を下駄代わりに利用できるようになり、住居の選択の自由度が大きく向上したので、公共交通が便利な、あるいは徒歩・自転車で通勤できるような密集市街地に住まざるを得なかったわれわれが、郊外にゆったりとした住居を選択できるようになったのである。

買い物、レジャー等の目的地も自動車の高いモビリティにより、より広い範囲の中から自由に選択できるようになった。選択の幅が増えることによって消費生活のレベルが大幅に向上したのである。このような消費生活の変化は、郊外型の住宅地開発や、幹線道路やバイパス沿いのロードサイド店とそれと対照的な中心商業地の空洞化に代表されるような都市構造と形態の変容をもたらし、これが再び自動車依存型の生活をわれわれに強いているという側面もある。また、一方でバス交通に典型的に見られるように公共交通は、乗客数の減少とそれに伴う赤字の増加と路線の廃止という悪循環に陥っている。これらが相互に関連して自動車保有を増大させ、都市構造やわれわれの生活を変化させているという循環構造が確かに存在する。中心に自動車が位置を占めていることは言うまでもない（図3−9）。

（2）都市内道路の機能と道路網の構成

それでは都市の側ではこのような大きな存在である自動車をどう受け止めたのであろう。道路整備はどのような思想で進められてきたのであろうか。

都市内の道路は多くの機能を有している（表3−3）。大きくは交通機能と空間機能に分類できるが、交通機能はさらに、自動車・自転車・歩行者を円滑、効率的、快適、安全に通過させるという狭義の交通機能と移動の目的地である建物、商店、工場などに自動車・歩行者・自転車を出入りさせるという沿道サービス機能に分類できる。そして道路は狭義の交通機能と沿道サービス機能のバランスのとり方によって、長距離の自動車交通を大量に安全に効率的に、また周辺への環境影響を最小化して通行させることを主目的とする高速道路、幹線道路、補助幹線道路、住宅や商店の入り口につながる区画道路や路地まで階層的に分類することが可能である（図3-10）。

表3-3　都市内道路の多様な機能交通機能

交通機能	狭義の交通機能	自動車、自転車、歩行者を通行させる機能
	沿道サービス機能	沿道の土地・施設への出入り
空間機能	防災	避難路・救援路、災害遮断、救援・支援活動拠点
	環境保全	都市のオープンスペースとして 日照・通風のための空間として
	収容空間	交通機関（地下鉄、新交通システム、…） 供給処理施設（電気、ガス、上下水道、…） 通信情報施設（光ファイバー、CATV、…） 緑（街路樹） その他の施設（信号機、案内板、バス停、…）
	市街地形成	街区の構成 市街化の誘導

図3-10　交通機能と道路交通特性

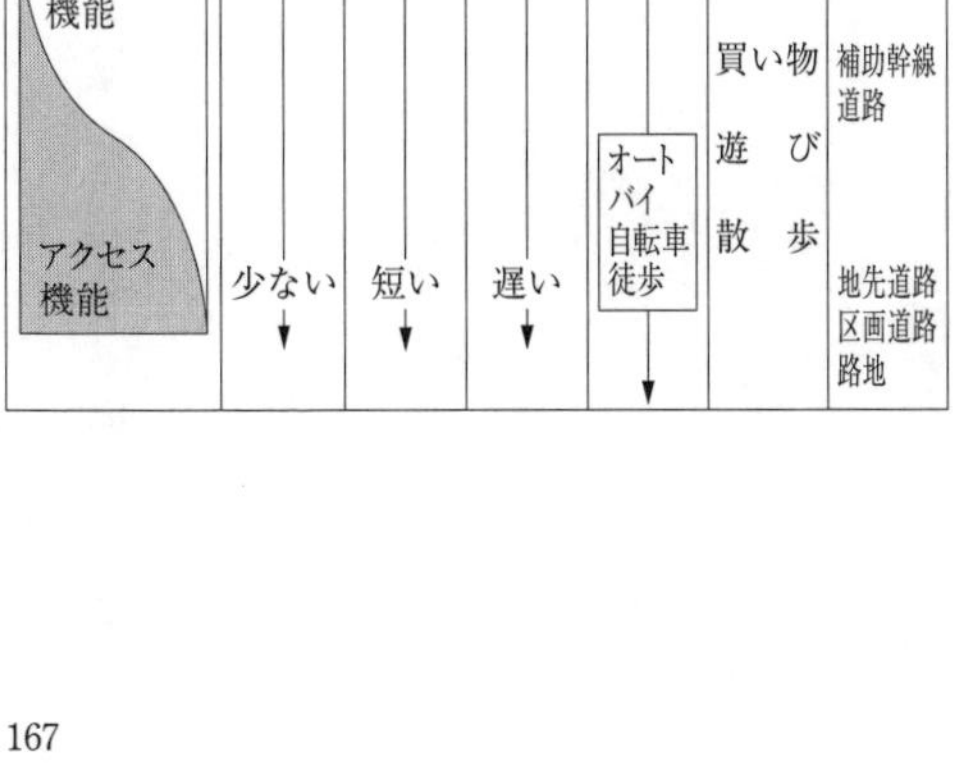

最も沿道サービスに特化した区画道路や路地では、かつては子供が遊び、井戸端会議が成立するなど生活の場として、社会的な空間としても機能していた。この他の空間機能としては、広場機能、延焼防止等機能、地下鉄やインフラ収容機能等が含まれる。

都市内の道路網の構成原理に関しては、多くの試みやアイデアが、自動車の利便性と有用性を活用し、好ましくない影響を最小化するために提出されてきた。日本のニュータウンにおいてはいまや当たり前となった歩行者専用道路による歩車分離を最初に実現したのは、一九二八年のニューヨーク近郊のラドバーンにおけるスタインの試みであった。道路の階層性を意識し、道路網を段階的に構成することによって住区内に通過交通を進入させないことを提唱した英国のブキャナンの考え方（一九六三年）は、大規模ニュータウンの道路の構成原理として採用され、多摩ニュータウン、千里ニュータウン、筑波研究学園都市はじめ多くのニュータウンで実現している。また、ブキャナンは居住環境区という現代的意義をいまなお保持している概念を提案している。

これは近隣住区を囲む幹線道路の沿道環境が許容レベル以下に収まるように、幹線道路の交通量を制限する考え方である。住区の大きさが大きくなればなるほど、その住区から発生する、あるいは集中する交通量が増加し、したがってこれらの交通が通過する幹線道路の交通量が増加するという自動車交通の発生メカニズムを考慮し、具体的には近隣住区の大きさを制限する、すなわち幹線道路間隔の上限を定めることによって良い居住環境を獲得しようとするものである。ブキャナンの提案は主として新市街地を対象にしたものであるが、既成市街地においても、ボンネルフ（オランダ語で生活の庭の意味）という自動車と歩行者・住民の共存を図る考えが提案され、日本においてもコミュニティ道路という名称で整備されている。

繰り返しになるが、道路の持つ機能と役割の多様性に着目し、ネットワークとしてうまく機能するように、高速道路—幹線道路—補助幹線道路—区画道路という序列で段階的に構成し、また一部では自動車と歩行者・自転車がうまく共存できるような構造にするという考えが都市内道路網の構成原理として主流である。

（3）日本の都市内道路の整備

日本の都市が、馬車の時代を経ずにモータリゼーションを迎えたことはよく知られている。そのため道路整備は欧米諸国に比べて大きく後れを取っていた。このことは、名神高速道路への融資に際して、世界銀行が一九五六年に派遣したR・L・ワトキンスを団長とする名神高速道路プロジェクトの評価ミッションによって作成されたワトキンス報告書の冒頭に「日本の道路は信じがたいほどに悪い。工業国にして、これほど完全にその道路網を無視してきた国は、日本のほかにない」と書かれているとおりである。このワトキンス報告書を一つの契機として、多くの道路整備の試みがなされてきた。

道路特定財源制度、有料道路制度、全国一律の構造基準の制定、あるいは区画整理と一体化した道路整備など効率的な道路整備が追求されてきた結果、国道のほぼ一〇〇%が舗装され、九〇%において大型車が擦れ違えるようになったなど、基本的な整備は都市圏と都市圏を結ぶ幹線一般道路においてはほぼ達成されたと言っても過言ではない。

しかし、都市内の道路整備についてはどうであろうか。もうこれ以上の道路整備は都市において必要ないという声をよく聞くが本当だろうか。この問題を考えるために、道路のサービスレベルを、混雑・安全・環境の三つの視点から見よう。大都市域における交通渋滞は日常化し、物流コストの増加ひいてはコスト高による国際競争力喪失の一因となっている。渋滞に巻き込まれている間のいらいら感なども小さくはないだろう。安全性に関していうと、交通事故による死亡者数は関係者の懸命の努力もあって減少を続けているが、事故総数や負傷者数はむしろ増加を続けているし、安心や快適さに関しては歩道の整備レベルの低さに典型的に現れているように道路空間の質は満足すべきレベルからまだほど遠い状態にあると言わざるを得ない。環境に関しても同様である。

大都市域においてはＰＭ（微少粒子状物質）やＮO_X（窒素酸化物）の環境基準が達成されていない自動車排出局の割合は微減傾向にあるとはいうものの、非達成局の割合は依然として高く、また環境被害を争点とする多くの道路公害訴訟では道路管理者に対する厳しい判決が続いている状況である。結論を述べれば、大都市域内では道路は十分な交通サービスを提供しているとは言えない。

それでは、都市内の道路交通システムの整備はどのような方向を目指すべきであろうか。理論的に言うと道路交通問題の解決は簡単である。混雑や渋滞は道路の交通工学的な容量を超える需要が集中するから発生するのである。

定義や実際の計測は難しくまだ実際的な環境容量は提案されていないが、道路あるいは地域の環境容量を超える需要がその道路に集中する、あるいはその地域から発生するから大気汚染や騒音、振動などの沿道環境問題が生じるのである。したがって、容量（交通工学的なものだけでなく環境容量も含む）を増加させるか、需要を容量に見合うようにうまく管理するかである。もちろん容量増加策の実施にも、需要管理策の実施にも種々の困難が付随する。

道路交通容量の増加策について、まず考えよう。まず理解するべきことは、都市内の道路は量的にも質的にも不足していることである。質的不足とは前述のように、機能的な道路網の段階構成が不十分であることである。日本の多くの都市で、前述した都市内道路の段階的な構成原理が実現していないことは厳密に論証するまでもなく明らかではないだろうか。道路を一目見て、これは幹線道路である、これは補助幹線道路であることが明確に判断できる道路網を備えた都市が日本にどれくらい存在するであろうか。答えは否定的にならざるを得ない。

段階構成が明確でなく、質の良い道路網が構成されていないので、道路の量的不足もあって、生活道路へ通過交通が侵入し、歩行者や自転車の安全を脅かすなどのコミュニティへの悪影響が日常化している。

都市内道路が量的に不足しているとの考えには異論があるかもしれない。これには次のように反論しよう。都市内の道路の計画、特に幹線道路の計画は都市計画の重要な一部であるため、都市計画決定されることが多い。都市計画決定された道路は二〇年以内に整備されることが原則である。しかし、多くの都市では決定後二〇年以上経過しながら建設の目途が立っていない道路計画が多数存在する。実際、都市計画決定されている道路延長に対して、現在までに整備されている道路の延長は六〇％弱にすぎない。しかも、現在の整備のスピードがこのまま続くと仮定すると一〇〇％の整備に達するまでに一〇〇年以上が必要だとされている。あるいは財源不足もあって一〇〇％の整備は永久に達成できないかもしれない。

表3-4　幹線道路の路線認定の考え方

国道や都道府県道などの幹線道路はどのように決められているのであろうか。これは実は環状道路の整備が米国・ドイツ・フランスと比べて進んでいないこととも関係している。

以下は国道の路線指定の考え方を述べた道路法第5条の一部である。濃厚に流れているのは拠点（都道府県庁所在地、重要な都市、人口10万人以上の大きな都市、高速道路のインターチェンジ、重要な港湾・空港など）を連結するという思想である。この思想は都道府県道、市町村道の路線指定も基本的に同じである。これまでの日本の道路整備の経緯もあるが、環状道路は都市の中心部を迂回するものであり、拠点連結という考えになじまないことも理由の一つではないだろうか。

道路法
5条（一般国道の定義及びその路線の指定）
一般国道とは、高速自動車国道とあわせて全国的な幹線道路網を構成し、かつ、次の各号の一に該当する道路で、制令でその路線を指定したものをいう。

1　国土を縦断し、横断し、または循環して、都道府県庁所在地（北海道の市庁所在地を含む）その他政治上、経済上または文化上特に重要な都市（以下「重要都市」という）を連絡する道路
2　重要都市または人口10万人以上の市と高速自動車国道または前号に規定する国道とを連絡する道路
3　2以上の市を連絡して高速自動車国道または第1号に規定する国道に達する道路
4　港湾法第42条第2項に規定する特定重要港湾、重要な飛行場、または国際観光上重要な地と高速自動車国道又は第1号に規定する国道とを連絡する道路
5　国土の総合的な開発又は利用上特別の建設又は整備を必要とする都市と高速自動車国道又は第1号に規定する国道とを連絡する道路

こういう状況にあって、道路整備の重点化と戦略的な選択が求められている。結論を先取り的に述べると、特に大都市域では空間効率性の高い自動車専用道による環状道路の整備が緊要である。どうして環状道路かをまず説明しよう。このために、これまでの日本の道路整備の方針を国土形成史的視点から概観することにしたい。最初の全国的な道路網の形成は律令時代の五畿七道である。大和・山城・摂津・河内・和泉の五畿と東海・東山・北陸・山陰・山陽・南海・西海の七道という地方行政区

画の中心である国府と都を直結する道路の整備である。幅員一二―一三メートルで両側に二―三メートルの側溝を備えた直線の道路が発掘されている。このような道路が全国で六四〇〇キロメートルも整備されていて、現在の高速道路との路線選定の類似性も指摘されている。鎌倉時代にも「いざ鎌倉」という有事の際に鎌倉への移動を円滑にするために各地と鎌倉を直結する鎌倉街道の整備が、馬・食料の供給という兵站《へいたん》システムとともに整備されている。江戸時代にはよく知られているように、東海道・中山道・日光道中・奥州道中・甲州道中の五街道が整備されている。

各時代の道路とも、京都、鎌倉、江戸という起点の違いはあるものの、いずれも政治上の中心地と各地を結ぶ放射状の道路網である。拠点と拠点を連結するという目的からは放射状の道路が最も効率的であることは言うまでもない。拠点を迂回《うかい》する環状道路などは必要なかったし、発想もされなかったであろう。

この拠点の連絡という思想は道路法の路線選定条件の記述に見るように戦後も続いている（表3―4参照）。都市規模が小さい間は、交通需要も小さく、都市の中心地において混雑は発生しない。しかし、モータリゼーションの進展によって自動車交通量が増大すると、放射状道路のみから構成される都市で

表3-5　各国の人口規模別環状道路整備率
日本、米国、ドイツ、フランス

人口規模（万人）	100 －	75 － 100	50 － 75	25 － 50	－ 25
日本	0.55% (6/11)	1.00 (1/1)	0.33 (3/9)	0.29 (17/58)	0.13 (18/138)
米国	0.88% (14/16)	1.00 (7/7)	0.94 (17/18)	0.71 (24/34)	0.60 (78/130)
ドイツ	1.00% (3.3)	― (0/0)	0.80 (8/10)	0.73 (11/15)	0.23 (11/47)
フランス	1.00% (2/2)	― (0/0)	0.50 (1/2)	0.60 (3/5)	0.37 (10/27)

（注）自動車専用道路と国道級道路によって環状道路が100%整備されている都市の全都市に対する割合。（　）内は環状道路整備都市数／全都市数。

は中心部の交差点にすべての交通が集中し混雑が発生する。渋滞だけではなく、大気汚染や騒音という沿道環境問題も伴う。

戦後の日本における都市構造の変化は低密度化と外延化という二つの言葉に集約できることは先に見たとおりであるが、都市構造の変化とモータリゼーションの進展が環状道路の必要性をかつてないほど高めている。しかし環状道路の整備は米国・ドイツ・フランスに比べて低レベルである。道路整備の歴史的な方向性とその帰結でもあり原因でもある道路法の記述によるところが大きいのではないだろうか（表3−5）。

米国では低密度化と外延化がより徹底的に進んでいる。まず住宅地の郊外化である。郊外部にゆったりとした戸建て住宅地の開発がなされる。米国の映画やテレビドラマによく現れる広い敷地、二台以上の車庫を備えた住宅であり、住宅部門における豊かな米国の象徴である。この段階では主な交通流動の方向は都心の中心業務地と郊外を結ぶものであった。次に郊外化するのがショッピングセンターである。郊外住宅に近いところにスーパーマーケット、ディスカウントストア、そして最後には専門店が進出し、豊かな消費生活を演出する。交通面への影響は自動車による買い物交通の増加である。郊外型ショッピングセンターには必ず広大な駐車場が付属している。最後の郊外化がオフィスを中心としたビジネスパークの開発である。

都心部の衰退に伴う防犯上の問題もあって、またこのころにはかなり整備が進んだ環状道路の存在もあって郊外の環状高速道路や放射状高速道路の沿線に多くのビジネスパークが立地する。この結果、人々は郊外に住み、高速道路を使ってかなり遠くのショッピングセンターに、あるいは職場に通うと

図3-11　居住環境区の考え方（左）と道路の段階構成（右）

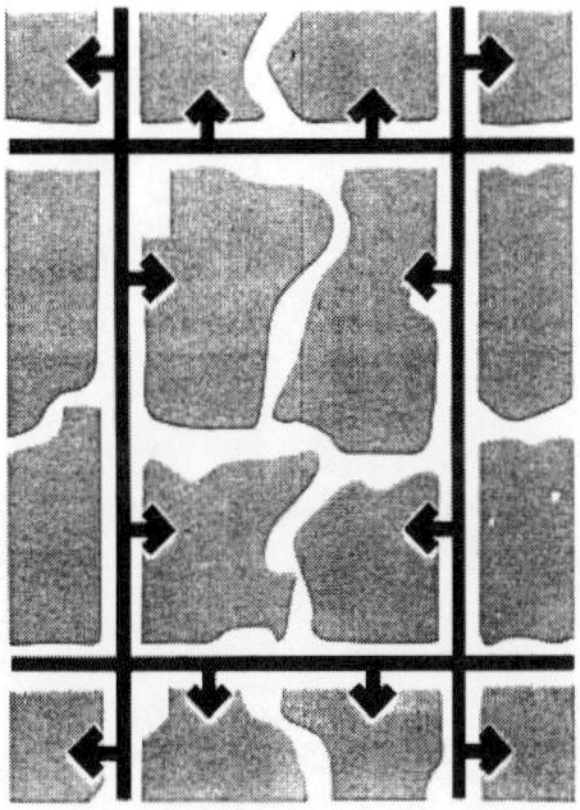

（出所）ブキャナンレポート『都市の自動車交通』（八十島・井上共訳）より引用。

いう現代米国の郊外生活のスタイルが確立する。その結果、自動車交通量はかつてのような都心と郊外の往復という方向性を失い、都市圏全体で輻輳《ふくそう》するとともに著しく増大し、至る所で混雑と環境問題をもたらしたのである。これを緩和するために精力的に環状高速道路の整備がなされるが、そのことがまた新たに自動車交通の増加を招いたことは否定できない。

欧州では都市の拡大に伴い城壁が撤去され、その跡地に環状道路が整備されることが多い。パリの元帥通りがそうであり、ウィーンのリング通りがそうである。これらは都心環状を形成しているが、最近ではロンドンのM25、パリのA86とフランシリエンヌ線に見るように郊外の自動車専用環状道路の整備が進められている。

都市計画道路の整備速度が遅いことが自動車専用道路整備の緊要性を高めている。東京圏において首都高速道路が果たしている役割の重要性についてはいまさら述べるまでもない。東京都区内の幹線道路の交通量のうち二八・〇%、貨物輸送量では三八・一%を占める交通量が、東京都区内の幹線道路総延長のうち一三・一%を占めるにすぎない全長二五六キロメートルの首都高速のネットワーク上を通過している。

このように都市内の自動車専用道路は、非常に空間効率性が良く、しかも都市内の物流や人の移動に基幹的な重要性を持つ施設である。都市計画道路の整備速度に急激な変化が望めない以上、空間効率性の良い、したがって投資効率性の良い自動車専用道路の重要性と整備の意義は高まりこそすれ、減少することはないであろう。

しかし、このような考え方が大都市域の市民の支持を受けるためには条件がある。その第一番目は環境対策である。いくら空間効率性が高くても、沿道住民の受忍限度を超えるような環境悪化をもたらす高速道路は建設できないであろう。しかも不幸なことに、首都高速道路の現在は周辺住民に我慢を強いるものとなっていることは否めない。

東京という巨大高密都市における空間制約とコスト制約というぎりぎりの条件の中で最善を尽くした結果であろうが、やはり問題を抱えているのではないだろうか。地下化を図り排気ガス浄化装置を併設する、低騒音舗装を施す（低騒音舗装により騒音が三—五ｄｂ低下することが報告されているが、これは交通量が二分の一から三分の一に低下することと同程度の効果であり、騒音に関する環境容量が上昇したと考えることができよう）、植樹を行う、あるいは沿道宅地との一体的に整備するなどして環境容量を増加させることが、都市内自専道＝環境破壊の元凶という図式から脱却するためにも必要である。

このほかにも、交差点・踏切などのボトルネック解消策、リバーシブルレーンの導入、ＩＴＳ（Intelligent Transportation System：高度知的交通システム）などを活用した交通管制システムの充実、シームレスな公共交通を実現するための結節点の整備（Ｐ＆Ｒ用駐車場の整備、必ずしも十分な面積が確保されていない駅前広場のＩＴＳによる効率的運用など）なども重要である。

しかし、交通容量の増加は自動車利用にとっての魅力を上昇させ、自動車利用を過度に促進させることもあるので、自動車への依存度を高めないような配慮が必要であり、後に述べるＴＤＭ（Travel Demand Management：交通需要マネジメント）と常に一体的に考えることが不可欠である。

（4）二一世紀の都市と交通

二〇世紀の都市と交通を語るときには自動車を抜きにすることはできない。それでは二一世紀の都市と交通、自動車、道路の関係はどうであろうか。二一世紀の都市は手塚治虫が描いたような未来都市であろうか。現在とそれほど変わらないような街であろうか。あるいは都市は存在し得ているのであろうか。

どうも二一世紀の大半において都市は二〇世紀のそれと変わらないのではないかと思うのは想像力の貧困のためであろうか。そう思う理由は至って単純で、都市の建設、変容には長い時間がかかるという一点にある。部分的な改良はなされるかもしれず、また必要であるが、都市の有り様そのものを大きく変えるような新しいコンセプトはまだ定まっていない。二〇世紀の新しい都市を規定したいろいろな概念が提案されてから、実践に移されるまで長い時間が必要であった。日本における大規模ニュータウンの構成原理の主要なものとして、緑地をたっぷり取り、工業と住居の分離を提案したハワードの田園都市（一八九八年）、幹線道路によって囲まれた大街区内に高層ビルを建設し、効率的でオープンスペースにあふれた健康的な都市を提唱したル・コルビュジェの考え方（三〇〇万人のための現代的都市、一九二二年）、スタインによるラドバーン方式の試み（一九二八年）、自動車時代の都市の道路システムの在り方を提唱したブキャナンのレポート（一九六三年）がある。

ここで注意したいのは、これらの概念がいずれも一〇〇年から三〇年以上前に提案されていることと、自動車の存在と利用を大前提にしていることである。社会的にかなりの程度受け入れられた概念であって、初めて実現に移される。

多くの意欲的な都市概念、例えば超高層都市を新しい首都の構成原理に採用しようとする人はほとんどいないであろう。上記の既存の原理以外に普遍性と社会への受容性を持ったものは、現在のところ、存在していないように思える。さらに実際の都市の建設・整備には長い期間を要する。例えば、筑波研究学園都市は建設が決定されて三〇年以上経過しているがまだ概成の段階である。このように考えると、二一世紀の少なくとも前半には新しいコンセプトに基づく都市は出現していないことはかなりの確かさで主張できるのではないだろうか。

そして自動車に関して言うならば、現在の基本的な形態、ドライバーが運転してどこにでも好きなときに単独で移動できるという特性は、今後とも相当長期間続くと考えた方が妥当であろう。もちろん、電気自動車、ハイブリッドカー、燃料電池車などの環境に優しい低公害車、無公害車の開発は緊急の課題であるし、ＩＴＳ技術の開発と実際への適用の試みもさらに加速されなければならない。しかし、これらは自動車交通システムの部分的な要素であって、全体を変えるにまでは至らないであろう。こう考えると、望むと望まないとにかかわらず、自動車交通システムとそれを大前提としている都市の構成原理は今しばらくその意義と効用を保つであろう。二一世紀の都市とそこでの望ましい都市交通の在り方は、保守的に思えるかもしれないが、このことを前提にして考えるべきであろう。夢物語のような技術革新は期待しないほうが安全である。

（5）賢いクルマ社会の追求

このような中、世界中で真に豊かな都市生活を求めて、また効率的な地域経済の在り方を求めて、様々な試みがなされている。簡単に代表的な例を紹介しよう。

〈自動車交通需要低減型の都市構造の実現〉

無理なく自動車への依存度を低減できるように、都市構造や土地利用を変革しようとする試みである。公共交通（Transit）の採算性が良くなるように駅やバス停周辺に高密度の住宅や商業地を計画的に配置しようとするＴＯＤ（Transit Oriented Development）はすでに米国のポートランド市の新交通システムＭＡＸ周辺で実現されているし、都心を自動車から歩行者の手に取り戻し、街の再生と商店街の再活性化を図る試みは、多くの欧州の都市でトランジットモールの導入などにより、成功している（写真1：フランス・グルノーブル、写真2：オランダ・アムステルダム）。

また、土地利用の純化という従来からの都市計画の基本的考え方にとらわれず、人が様々なニーズを歩ける範囲で満たすことができるように、いろいろな土地利用をある範囲にうまく配置しようとする urban village の考え方も注目を浴びている。これらはいずれも、都市をコンパクトにし、人が楽しく歩けるように都市を改造する試みであり、効果の発現に長時間は要するが、効果の大きい施策である。

〈公共交通の再活性化〉

都心の活性化も視野に入れて、欧米の諸都市では軽快路面電車（ＬＲＴ）の導入や再生が試みられている。フランスのグルノーブル、ストラスブールやドイツのフライブルクやザールブルッケンは成功例として著名である。これらの都市における公共交通政策の特徴は、建設費のすべてを公共が負担した上に、さらに手厚い運営補助金を得ていることである。運営費のうち、グルノーブルでは四六％、ストラスブールでは四三％が税金からの補助である。その結果、運賃は非常に安くなっている。日本に十九存在する路面電車の一キロメートル当たりの運賃は平均で四六円であるが、これに対してドイツの五四都市における路面電車の平均運賃は一キロメートル当たり一七円である。またサービスレベルの向上にもいろいろな工夫がなされている。写真3はザールブルッケン（ドイツ）における乗り換えの工夫である。郊外部では都市間鉄道と自動車とのスムーズな乗り換え、都心のターミナルにおいてはバスとの乗り換えがシームレス交通やマルチモーダル施策の一環として追求されている。

このように良い公共交通は、沿道環境と地球環境への配慮、バリアフリーと公平性の観点や、都心の活性化の観点から都市の装置として不可欠であるとの強い共通認識の下、手厚い補助が行われている。もちろん税金投入に関しては多くの議論と説得がなされたことは想像に難くない。

ドイツでは一九六〇年代よりガソリン税による補助制度が導入され、LRTが継続的に運営されている。フランスでは一九五〇年代に日本と同様に多くの都市で廃止が相次いだが、現在では精力的に回復が図られていて、楽しく歩けて、憩うことのできる、さらに買い物も楽しめる交通システムと都心空間が多くの都市で再整備されるなど、都市観光の目玉となりつつある。日本の路面電車と都心の衰退状況とは好対照をなしている（表3-6）。

写真1　トランジットモールによる都心の賑わい：フランス　グルノーブル

写真2　狭い空間へのLRT導入の工夫と都心の賑わい：オランダ　アムステルダム
写真提供：和歌山高専　伊藤雅氏（上下とも）

写真３　スムーズな乗り換えの試み：ドイツ　ザールブルッケン
上　郊外駅における鉄道との接続
下　都心におけるバスとの連携

写真提供：和歌山高専　伊藤雅氏

〈環境への配慮〉

公共交通の整備促進理由の一つは環境配慮であることは述べたとおりであるが、環境、特に大気汚染に関しては自動車の使用制限という強い規制も、鞭《むち》の施策として用意している国・都市が多い。例えば、パリ市は大気汚染が警戒レベルを超えることがかなりの信頼度で予測される場合には、パリ市への自動車の流入をナンバープレートの奇数／偶数によって規制できる権限を有している。それと同時に規制が宣言された場合には、パリの公共交通機関はすべて無料とする補償措置も配慮されていることは忘れてはならない。

〈歩行と自転車の重視〉

街の活気を取り戻すために、また環境に優しい都市交通を実現するために、歩くことと自転車を都市交通のなかにきちんと位置付ける試みも多くの都市でなされている。歩行に関していえば、一九六〇年代からドイツで始まったモールがこれで

表3-6 人口10万人以上の都市における路面電車の普及状況

	都市数	路面電車を導入したことのある都市数	現在まで存続している都市数	復活した都市数
日本	213	47	19	0
ドイツ	83	69	42	3
フランス	33	32	3	10

（資料提供）和歌山高専　伊藤雅氏

ある。都心から完全に自動車を排除し、広場やストリートファニチャーの整備を併せて行い、まち歩きを、そして買い物を歩いて楽しむことのできる空間を整備したのである。

ＬＲＴと組み合わせたトランジットモールも同時期に最初に米国で導入されるが、その普及はこのモールが世界各都市で導入されたという実績があったがために可能になった側面も否定できないであろう。また、モールの周辺部に駐車場を配置し、自動車によるアクセスも確保することも試みられている。都心の活気を高めるためにあらゆる工夫をしていると言っても過言ではない。日本の歩行者天国も長い歴史を有するが、歩行者天国は交通規制によって車道を一時的に歩行者空間化するという試みであり、即時的な効果を発揮するものの、本格的な都心の改造にはつながらなかったことが欧州の諸都市の都心と日本の都市の都心との今日の差につながったと見るのは独断的すぎるであろうか。

アーケード街や地下街は日本で多く導入されたのであるが、前者は商店の魅力向上努力で成功しているかどうかが決まっている。後者は、大都市や中核都市のターミナルで整備されそれなりの効果を上げている。

自転車空間の整備に関しても同様である。表3–2で見たように、日本のほとんどすべての都市で、通勤交通における徒歩・二輪の分担率が減少している。これと好対照をなすのが例えばオランダである。近年自転車の分担率が急増している。オランダでは、国土が比較的平坦であることもあって、自転車の使いやすい環境が整備されてきた。自転車通行帯を道路内に設置する、自転車専用道路を整備する、自転車用信号機を設置する、屋根付きの自転車置き場を整備することなどである。国土の三分の一が海面下であることもあって地球温暖化防止に極めて積極的であり、二酸化炭素の排出量削減策の一つとして自転車転換を奨励している。これらは具体的には、右記の施策をさらに推進し、自転車通勤者に対して補助金を支給することまで行っている。

〈ロードプライシングなどの経済的施策〉

混雑した都心部に流入する自動車から賦課金を徴収するロードプライシング、例えば通勤交通への自動車の利用を抑制するための時間逓増性の駐車料金政策（これは同時に買い物等の短時間利用のために空き容量を確保するという効果も期待できる）、公共交通の利用を促進するための公共交通料金政策などである。交通の市場メカニズムを利用する考え方であり、シンガポールやノルウェーでの成功を例に引くまでもなく効果的な方法である。

英国においても、プライシングと駐車料金政策の導入を混雑解消、環境問題解決といった観点から計画している都市が多くあるし、そのための法整備も完了している。フランスや米国においても有料道路の交通量を適正化するために時間帯別料金制を導入することなども試みられている。日本においても規模は大きくはないが、首都高と阪神高速において、沿道環境への影響のより少ない湾岸線に料金格差を設け、ＥＴＣを登載した大型車を誘導しようとする環境プライシングが実施されている。

このように、交通政策とマッチした柔軟な料金政策は、効果的であり魅力的な方法であるが、解決すべき課題が存在する。一つは新たな負担増に対する社会的受容性の問題であり、他は料金の徴収技術である。社会的受容性は徴収した料金をどのように使用するかに大きく左右される。ノルウェーでは料金は、他の財源と合わせて対象区域において幹線道路整備、公共交通整備、自転車道整備をうまくパッケージ化した総合交通政策の推進に使用されているし、英国においても一〇年という期限付きながら交通目的に用途を限定している。社会的受容性を獲得するための一つの方向として注目したい。

次に、料金徴収技術に関してはＥＴＣの重要性を指摘しておきたい。ＥＴＣが試行導入されて三年が経過しようとしており、車載器は着実に増加している。ＥＴＣは柔軟な料金政策の実施にとって極めて強力な道具である。現在、高速道路だけに使用が限られているが、路上側施設が安価に量産できれば、混雑したあるいは環境問題の深刻な区域や路線に設置してプライシングを実施することを考えてみればどうであろうか。

3-2-2　二一世紀の都市における新しい交通システムと交流の在り方

賢い自動車の使い方を追求するいろいろな先進的な試みを紹介してきたが、残念ながら日本からの事例は一部にとどまっている。日本での成功例が少ないからである。その理由として特に次の三つを強調したい。

第一は、ハード・インフラの整備が十分でないことである。自転車レーン、バス専用レーンや歩道の整備が日本で十分でないのは、やはり豊かな道路空間が不足していることによるところが大きい。

バスの走行状況を改善してバスの魅力を向上し、自動車からの転換を促すためには、バス専用レーンが相当の長距離に渡りネットワークとして形成されていなければならないが、バス専用レーンが設置できる四車線以上を有する都市内道路がネットワークとして形成されている都市は実は多くはなく、むしろ例外といってもよい。自転車空間の整備についても状況は同様であり、安心して快適な自転車走行を楽しめる状況にはない。

第二に都市社会の変化が急激であったことも指摘できる。日本は都市化の速度も高齢化の速度も欧米諸都市に比べてはるかに大きく、いろいろな矛盾・課題が噴出している。このような中、快適・安全・高質な交通にまで手が回らなかったと言えば、言い過ぎになるであろうか。二〇世紀の負の遺産としてのスプロールによる都市問題・交通問題の解消を、急激な超高齢化の中でどのように図っていくかが問われている。このように様々な制約の中で、選択的かつ重点的な整備を行うためには、またハードインフラの整備とTDMのようなソフトな施策の良いバランスを達成するためには、関係する主体や組織の柔軟な対応や連携が重要であり、そのためにもソフトなインフラの整備が必要である。

ソフトなインフラとは、制度や施策実施の仕組みであり、目指すべき目標の設定や課題認識の共有のための情報交換システムの整備と活用である。しかし日本ではこのための仕組みであるパブリックインボルブメント（ＰＩ）や政策評価はその試みがまだ始まったばかりであり、一部では効果も上げ始めているが、まだ十分とは言えない状況にある。これが第三の理由である。都市型社会がますます進展していく中で、快適で効率的であり安全な交通システムを、環境制約から見ても、財政的負担から見ても、またコミュニティの維持という観点から見ても持続可能な形で、整備・運営していくことが強く求められている。先進事例等を参考にしながら、目指すべき方向と課題について述べたい。

（1） より良い都市環境の実現

道路交通問題の中でも沿道の大気汚染や騒音などの自動車公害についての関心が強く、被害軽減と救済を求める声が強い。都市内の環状高速道路の代表例である東京外郭環状道路（外環）でも、整備中の東側の千葉県区間では掘割構造が採用されているし、PI方式で検討が進められている西側の東京都区間については地下案が提案されている。

沿道への悪影響を最小化し、社会的受容性を高める試みである。しかし、排気ガス問題に終始すると問題を見誤る可能性がある。現在、販売される新型乗用車の多くがいわゆる低公害車である。乗用車に関して言うと二酸化窒素やエンジン起源のSPMなどは、排ガス規制によって、あるいは低公害車に対する優遇税制によってかなりの部分解決済みであると考えて差し支えない。ディーゼル車についても楽観的でありすぎることは許されないが、エンジン規制による排出ガスの軽減には多くが期待できよう。局地沿道型環境問題はかなり緩和されると考えていいと思われる。

しかし、このことは自動車にかかわる環境問題がすべて緩和されるということではない。道路の建設方法や舗装材などについての工夫がなされないと騒音・振動問題は軽減されないだろうし、幹線道路によって、また高架道路によって物理的にコミュニティが分断されてしまうことも多くの実例が示すとおりである。街と一体化した道路や交通システムの整備やデザインの在り方が求められている。半地下構造の高速道路の上空を住宅、商業施設あるいは公園として利用した東京外環や常磐高

金沢市「ふらっとバス」

大垣市「ハリンコ号」

山形市

徳山市「ぐるぐる号」

富士市「ひまわり号」

防府市「ホッピーちゃん」

写真4　中心市街地循環バス

速道路の例は都市内高速道路の都市と調和した整備の在り方について一つの方向性を示すものである。

さらに、空間効率性の高い自動車専用道だけでなく、一般街路の整備にも真の意味での良い環境達成のために工夫を重ねるべき部分が多々存在する。欧米のトランジットモールやモールを引き合いに出すまでもなく、都心商業や都市的土地利用とデザイン上の一体化であり、街を見る場、楽しむ場としての空間整備である。買い物の途中で腰を下ろす、おしゃべりをする、遊ぶといったことのできる空間の確保と良い整備が街を活性化する上で、また、クルマから人の手に街を取り戻すために不可欠であろう。商業や公的施設とのうまい連携も視野に入れながら、「歩いて暮らせる街」の実現に向けてスタートすべきである。

(2) 新しい公共交通の試み

公共交通は大量輸送であるという観念はもはや成立し難いほどに多くの新しい公共交通が提案され、実現されている。一例を挙げると、日本で最近元気なのはコミュニティバスと呼ばれる新しいバスの形である。都心活性化のために中心市街地を巡回するバスの試み、高齢者や障害を持つ人々をはじめすべての人にとって利用しやすい巡回バスの試みも自治体主導で多く試みがなされ、中には経営的にも成立している武蔵野市のムーバスのような例もある。

これらはその多くが、運賃を一〇〇円とするワンコインバスであり、車両も小型化し、デザインにも工夫を凝らしている（写真4）。日本では実現例はないが、ブラジルのクリチバやコロンビアのボゴタでは、大型連接バスを多数投入するとともに、短時間に多数の乗降を可能とする駅施設、そして言うまでもないことであるがバス専用レーンの整備によって、鉄道に迫る輸送能力をもったバスシステムが開発され運用されている。このようにバスシステムは大きくその機能や内容を増加させつつあり、選択の幅が飛躍的に拡大した。

乗用車を共有化しようという試みも実験的にではあるがなされている。クラブ制の電気自動車というシステムが横浜、厚木、京都において試みられている。環境に優しいが航続距離がまだ短いという特性を踏まえた電気自動車を共通に使用しようとする試みである。住宅から駅まで誰かが使用した電気自動車は駅に短時間保管され、その駅に到着した人が今度はそれを目的地まで使用する。現在はいずれも実験段階であり、加入者数も電気自動車台数も少ないため、確実に使えるために予約という面倒な手順を踏まなければならないが、数が増えるとその必要性もなくなる。供用自転車の試みも多くの自治体で行われている。

これらは、個別交通手段の公共化という新しい動きであり、右で述べたコミュニティバスの動きとも連動して、公共交通と私的交通との垣根を低くするものである。

公共交通の魅力向上へのＩＴの効果も忘れるわけにはいかない。バスが来るか来ないかわからずにバス停でいらいらしたことは多くの読者が体験済みであろうが、最近ではＧＰＳ（全地球位置特定システム）による低コストなバスロケーションシステムを導入し、バス接近情報をインターネットと携帯電話から提供するサービスが各地で見られるようになった。バスに限らず、公共交通情報と街情報をワンストップで収集できるインターネット上のサイトも開設されるようになってきている。エムカードのチケットによる料金システムの改善も始まっている。

図3-12　駅前広場の整備状況（首都圏、タイプ分類）

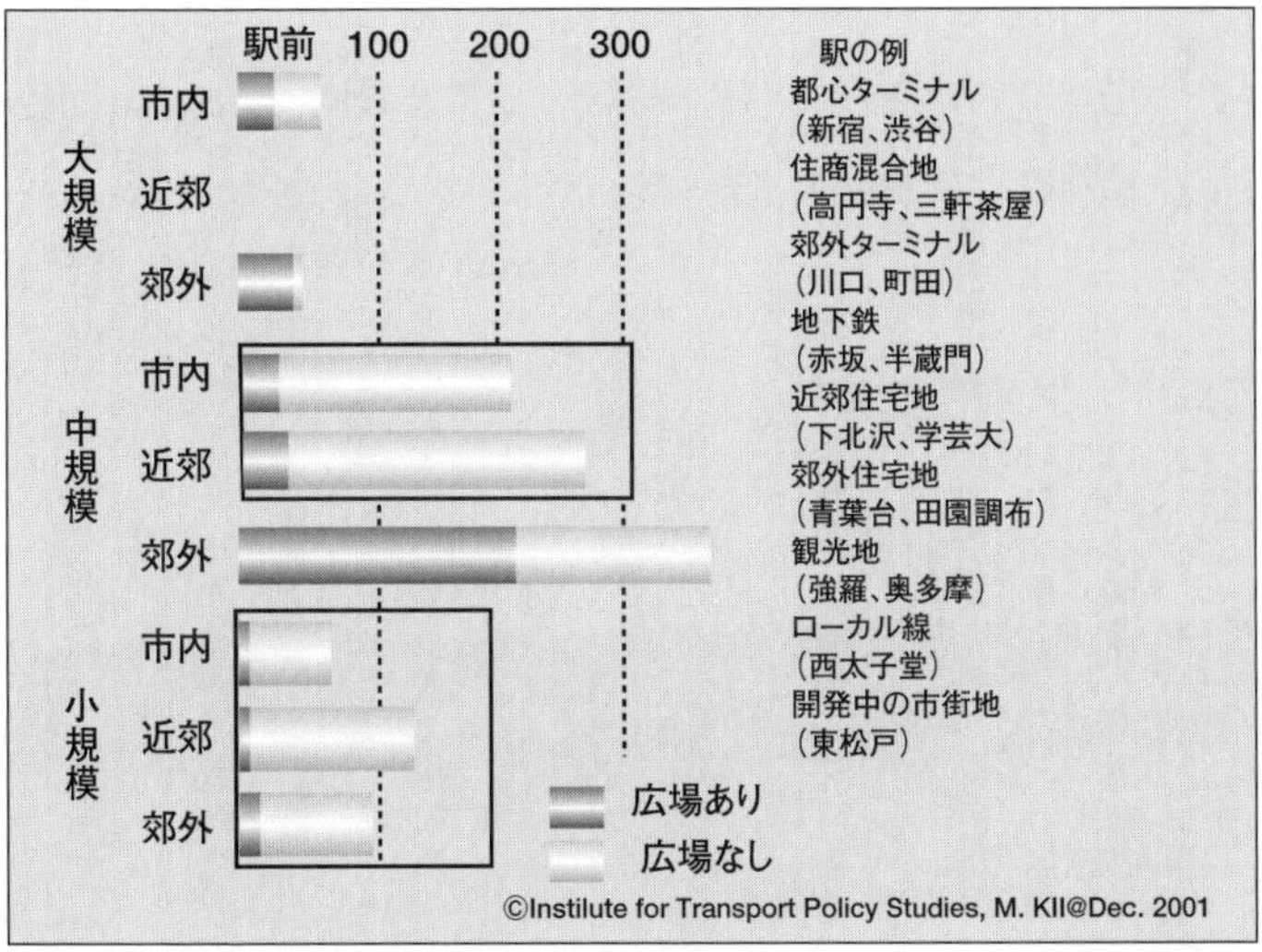

このように公共交通は大きく形を変えようとしていて、これを踏まえて公共交通の果たすべき役割と機能を再整理する必要があろう。

（3） 都心の形成と交通結節点

公共交通の魅力を、自動車に比べて遜色《そんしょく》ないものにするためには、やはりスムーズな乗り継ぎが不可欠である。いわゆるシームレスな交通である。そのために最重要なことが、駅およびその周辺の整備である。

図3―12は首都圏の駅前広場の整備状況を、地域別と駅規模別に整理したものである。小規模な駅において駅前広場はほとんど整備されていないこと、郊外部ではまだ整備率は比較的高いものの全体として整備率は決して高くないことが読みとれる。表現を変えると路線バスが接続できない駅、駐輪スペースがないため放置自転車が氾濫《はんらん》している駅が多い

ということである。スムーズな乗り継ぎと利便性の高い公共交通システム充実のためには交通結節点の改良は焦眉《しょうび》の急を要するものである。以下のような提案をしたい。

〈「えき」への拡大〉

鉄道駅というと誰もが、駅舎、あるいは改札口の中を思い浮かべる。しかし、実際の人々の動きは「駅」だけにとどまらない。恵まれた駅では駅前広場でバスに乗り換える人もいるだろうし、駅前広場のない駅では近くのバス停まで移動してバスに乗る人もいるだろう。あるいはその途中の駅前商店街で買い物をする人がいるかもしれない。駅を狭く捉えるとこのような多様な活動と「えき」の機能を見逃すことになるだけでなく、良い代替案を構築できない可能性も高くなる。「えき」を鉄道駅およびその周辺の駅と密接に関連した区域と捉えなおして考えてみることはどうであろうか。駅前広場の整備は十分でないことは見たとおりであるが、これもＩＴを活用してスマート化することが可能である。

例えば、バス・タクシーの運行制御である。現状では、バスとタクシーは駅前広場内に設置されたバスベイとタクシープールで客待ちをしている。そのために貴重なスペースを割いている。駅前広場をさらに有効に使うために、タクシーやバスの待ちスペースを駅前広場の外に持っていき、乗客が来たときに、あるいは乗客を待たせないために少しの余裕を持って早めに駅前広場に進入するという方式は、通信技術とセンサー技術が発達した最新のテクノロジーを用いると容易に実現できる。複数のバス路線と接続している比較的大規模な駅では、固定的なバス乗降場とするのではなく動的に割り当てることによって、さらに省スペースを実現できるであろう。

このようにして編み出した空間を人のために、あるいは街との連続性を保つために使用するのである。情報端末を設置する場としての活用も可能であろう。このような「えき」の再構築がなされると、それは一人交通システムの改善だけでなく、街の活性化にもつながる。バリアフリー法によって駅およびその周辺を一体化してバリアフリー基本計画を立てる仕組みや、中心市街地活性化計画の一環として駅および周辺を一体的に考慮し、方向性を打ち出す仕組みを活用して、「えき」を再構築することが必要である。

(4) 交通システムのより効率的・効果的な整備・維持方法

これからの都市政策と交通政策は、その目的と任務を、限られた財源で、限られた都市空間の中で、そして限られた資源とエネルギー制約の下で追求するものとなる。そのためには「総合的な交通政策」が言い古された言葉ではあるが、基本的に重要である。総合的で円滑な交通システムの実現には、言うまでもなく国民、納税者、道路利用者のそれぞれに負担と積極的な参画が求められる。交通資本整備のための財源負担やロードプライシング等の金銭的負担だけでなく、自動車の野放図な使い方を環境問題の立場からちょっと我慢するといった負担がそうであるし、渋滞による時間損失といらいら感という心理的負担、さらには地域環境問題による健康被害や地球的規模の環境問題である異常気象による被害なども広義の負担である。

また、交通システムのマネジメントはユーザーの参加なしにはそもそもあり得ないことも認識すべきである。これらの受益と負担の問題を国民、納税者、企業、道路利用者、環境、沿道住民などの様々な利害関係者の間でいかに共有し、議論を深め、コンセンサスを得ながら、積極的参加を演出していくかである。

そのためには、交通サービス、交通問題の現状と総合的な交通システムを目指した政策の効果とが正しくわかりやすく認識できる評価システムの確立が重要である。ここでいう評価システムは、地域の交通の現状と課題を報告するとともに、交通システムマネジメントの様々な施策、都市構造改編・容量拡大といった比較的長い期間にわたる施策から、プライシング・時差出勤などの短時間に効果が期待できるソフト施策までに関して、効果・影響を国民にわかりやすい形で報告するシステムと、報告に対する住民や関係者の評価と判断を的確に把握するためのコミュニケーションシステムから構成されると考えている。

TDM施策について典型的に言えるように、一つひとつのTDM施策の効果は小さく、交通システムのマネジメントに関する良い評価システムの構築は難しいという側面も軽視できない。実際、効果と影響をPublicに正しく、実感を持った形で伝えることは現在の交通予測技術では難しい。このためにも、実際に効果を確認するために試行実験を行うことなども推奨される。

パブリックインボルブメント(PI)も関係者の積極的な参画を演出するための重要な条件の一つである。評価システムによる各種のデータを用いて、あるいは参加者の観測や体験を通じて、地域の交通課題を共通に認識するとともに、有効な施策群をパッケージ化するプロセスである。これには、関係者相互の議論、時には専門家も交えた議論を繰り返すことが重要である。交通システムは多数の交通手段や事業者から構成されているし、道路は地先道路から高速道路まで、規模、機能、影響が千差万別である。

このようにＰＩの対象とすべきPublicも多様である。それに即応して、ＰＩの方法や技術が開発されなければならない。街づくり、コミュニティ道路づくりレベルでの住民参加による実践例は多数存在するが、これらは担当者の努力によってなされているものが多く、その成果・体験・ノウハウが系統的に蓄積されているとは言い難い状況にある。また広域幹線、国土幹線でのＰＩは制度整備も含めてこれからの課題である。

いずれにせよＰＩは開始されたばかりであり、交通システム整備の中で積極的に実施範囲の拡大と実施例の増加、および成果・知見の体系的一元的蓄積を踏まえてＰＩを支える様々な技術・制度を確立することが重要である。

従来の道路や鉄道などの施設整備を中心とした「量の計画論」と異なり、これまで述べてきたことは既存ストックと新規整備の優れた連携で、また運用と施設整備の連携で、多様な主体の協働により総合的で柔軟に、そして賢く交通システムを運用し、「質の計画論：サービスレベルの高度化」を目指すものである。概念的には明快であり異議を唱える人は少ないと考えるが、課題は実践であり、多くの困難が予想される。一歩、一歩の前進が必要である。

（参考文献）
（1）八十島義之助・井上孝共訳『都市の自動車交通』英国のブキャナンレポート　鹿島出版会　一九六五年
（2）ワトキンス調査団『名古屋・神戸高速道路調査報告書』（復刻版）道路経済研究所　二〇〇一年

（3）田崎・中島ほか『国土形成史から見た社会資本整備―道は歴史を運ぶ大地の川』国土技術総合政策研究所資料　N
O．13　二〇〇二年
（4）建部健一『道のはなし』技報堂出版　一九九二年
（5）伊藤雅『都市づくりにおけるLRTの導入条件に関する研究』和歌山工業高等専門学校　二〇〇二年

3　都市の物流システム

稲村　肇

3−3−1　都市の動脈物流の改善

地球はそのものが生き物であり、都市は地球の一部である。都市を生き物にたとえると、道路や鉄道といった交通施設は都市を形づくる骨格である。交通施設の上を流れる物流は細胞に栄養を運び、老廃物を吸収する血液である。地球上の資源が肉や野菜、住宅、家具といった物資に変わり、消費されるまでを動脈物流と呼ぶ。一方、消費された後、物資がゴミや廃棄物となって海や山や大気中に捨てられ、またはリサイクルされる流れを静脈物流と呼ぶ。

日本の国内では毎年、約三〇億トンの物資が流れている。廃棄物を含めると約四〇億トンにのぼり、これは日本人一人当たり三〇トン、一日当たり八〇キログラムという膨大な量である。血液は非常に重要であるが、人々はふだん、体重の七—八%が血液であることを意識しない。これと同様にこの膨大な量の物流も可能であれば意識されない形が望ましい。

都市基盤としての物流システムとは何であろう。荷捌《さば》き施設や交通施設はもちろん物流システムの重要な一部である。備蓄施設や廃棄物処理場も重要な物流施設である。しかし、目に見える施設だけが都市基盤ではなく、その管理、運営、制御のシステム、それを取り巻く制度とその運用、それらすべてが都市のよって立つ物流システムの基盤なのである。そして、一般の人の目には見えない、意識されない、そうした物流システムはどうしたら実現できるのか、そのための課題は何か、それをここでは考えてみる。

東京は世界で最もトラックの交通量が多い都市の一つである。国土交通省の調査によれば、世界の大都市、ニューヨーク、パリ、ロンドンの都心の貨物自動車の割合が一五％前後であるのに対し、東京では約二倍の三〇％程度となっている。諸外国と比較して、日本人の消費物資は品種数が多く、それを少量ずつ消費している。どこでも見かけるコンビニの品種数は一万八〇〇〇点に達している。歯ブラシを一〇本単位で輸送しているのは日本だけであり、弁当や生めんなど品質保持期間が非常に短い商品が豊富な点も日本の特徴である。コンビニではほとんど在庫を持たないため、歯ブラシ一〇本、弁当一〇個でも欠品となればすぐに店舗への小型トラックによる直接輸送が必要となる。東京都心の貨物車の三分の二以上は小型トラックである。

若者を中心とした生活の二四時間化、人々の個性化は少量多品種化を招いた。さらに、情報化の進展による通信販売の増加により、宅配貨物が急激に成長している。そしてそれは今後長期にわたって継続すると考えられている。そのため都市部のトラックはますます増加することになる。

（1）都市内トラック交通量減少の方策

トラック交通の絶対量を減らす最も単純な方法は規制である（石原都知事は大気汚染を理由にディーゼル車の規制を提案している）。規制が様々なコストを生み（規制のための費用、輸送コストの増大による経済競争力の弱体化、等々)、市場を歪め、負の経済効果が生じることは初歩の経済学の教科書にも書いてある。これらのコストが、期待される環境改善等の利点と経済的、社会的に見合うか否かは状況に依存している。トラックの昼間帯における流入規制は世界の多くの都市で行われている。アジアにおいてはソウルやバンコクにその例が見られる。

トラック交通量を減少させる運輸政策として第一に挙げられるのは、都市周辺部への大規模物流センターの設置と共同集配送である。都市部においては同種の商品をA地区からB地区へ、またB地区からA地区へと輸送する、いわゆる交錯輸送が多い。交錯輸送は商品別の大手卸売りの倉庫から小売別配送センター等に輸送され、そこからさらに交錯した地域の消費者に輸送されることから生じる。もし情報システムが完備して、配送センターを経由せず、大手倉庫から消費者に直接輸送されれば、そうしたことは生じない。これを解決しようとするのが大規模流通センターである。

セブン-イレブン、ローソンなどコンビニに並んでいる商品は共通のものが非常に多く、それらの店舗の商品を共同して輸送すればトラックの交通量を著しく減少させることができる。大規模物流センターは共同集配送をやりやすくするだけではない。小口の商品は卸売業の間の取引も多い。したがって、大規模物流センターに倉庫業や卸売業を同時に立地することによって、都市内を輸送していた卸売業間、卸売—倉庫間の物流がセンター内の物流に変わり、結果として都市内交通が減少する。

トラック交通を減少させる第二のカギは膨大な宅配輸送の削減である。宅配の集荷拠点としてのみ利用されているコンビニを配送拠点として利用する提案がある。宅配貨物の多くは個人が容易に運搬できる小口軽量貨物であるため、軽量、少量注文品をコンビニ止めにし、そこへ個人が取りに行くことにより都市内貨物車交通を大幅に削減することができる。この方法により宅配トラックの走る回数が減るだけでなく、留守による繰り返し訪問がなくなり、大きな交通の削減となる。

(2) トラックを目立たなくする方策

東京でトラックが目立つのは交通量が多いだけでなく、人々の活動の時間、活動の場に近く、また長時間、存在することに関係している。

日本の店舗は一般に街路に挟まれた短冊形の区割りとなっている。したがって表通りに面する店舗は表通りで荷捌《さば》きをしなければならない。また、日本の都市構造は小さなブロック単位であるため交差点が多く、路側駐車もできる場所が少ない。このことは店舗の直近に駐車できないことを意味し、手押し車による横持ち荷役の時間が長くなる。

デファンス再開発地区：新凱旋門の上から人工地盤を見る。遠方はパリの中心、凱旋門方面

欧米で主流をなすバックヤードシステムは、店舗の背中合わせの部分にトラックの出入り用の通路と荷捌きのバックヤードを設けている。その結果、表通りからの荷物の搬入、廃棄物の搬出が生じないようになっている。欧米の都市構造は街路単位であるため細く長い短冊になっている。したがって、バックヤードのない既成市街地においても店舗の直近に駐車が可能であり横持ち時間は短い。

欧米では都市内の地下を利用して物流を地下で受け止める方法も行われている。一九六〇年代に始まったパリの再開発にはこの考えが広く取り入れられている。ルーブル美術館の北東にあるレ・アール地区はその一例である。区画は五〇〇メートル×二〇〇メートル（一〇ヘクタール）と大きくはないが、道路ネットワークと駐車場、荷捌き場を地下に配している。大規模ショッピングセンターや各種集客施設があるが、物流トラックは市民の目からは全く見えない。パリの中心街から西へ六キロメートルほど行ったデファンス地区の開発は一〇〇〇メートル×七〇〇メートルと大規模である。物流や交通を地下で捌くという発想は同様であるが、ここでは大規模な人工地盤の形をとっている。地下に入っているのは鉄道と道路の一部であり、物流は地上レベルでなされている。しかし、人工地盤が二階以上の高さであるため、やはり物流は一般市民の目からは非常に遠いところにある。

都市内の街路パターンを変更することは容易でないが、バックヤードシステムの導入や地下空間の利用は日本においても可能であり、特に区画整理や再開発計画がある場合は十分考慮に値するだろう。

（3）新物流システムの導入

デパート、量販店、業務などが集中する都心の商業地区の貨物取り扱いのためには大規模なバックヤードシステムの導入が最も望ましいが、ほとんどの地域ではその余地はない。したがって、次なる手段としてはコンピュータ制御による地下物流システムなどの大規模なハードウエアの整備が考えられる。すなわち、数戸のビルの地下にトラックターミナルを設け、そこからコンテナ、ベルトコンベア等を使って各ビルに配送するのである。

高層ビルにおいては各階への貨物輸送が大きな障害になっている。地下物流システムと垂直方向の物流システムの組み合わせによる、高層ビル街の物流効率化が期待されている。新宿西口地区ではすでにこうしたシステムの導入に向けて、真剣な検討がなされている。こうした新物流システムの導入は物流量をそのものを削減するものではないが、都市内のトラック交通の削減、特に荷捌《さば》き路側駐車による渋滞などに大きな効果が期待できる。

3－3－2　静脈物流システムの構築

人間が生活していくなかで消費する物資は時間の長短はあるにせよいずれはすべて廃棄物になる。また、ガソリンや電気といったエネルギーの消費は大気中に炭酸ガスを放出する。現在大きな問題となっている廃棄物は、生ゴミ、紙、包装・容器、家電、自動車、産業廃棄物、建設廃棄物などである。これらはそれぞれ独自の問題を持っているが、共通する最大の問題はゴミ処理場の不足問題であろう。この問題の解決策は三つの〝R〟、Reuse, Reduce, Recycle すなわち再利用による使用期間の延長、ゴミの削減（モノを無駄にしない）、そしてリサイクルである。ここでは特にリサイクルに焦点を絞って議論しよう。

(1)　リサイクルの重要性と課題

リサイクルは、ゴミ処理問題の解決、新たな産業としてのリサイクル産業の観点から重要である。ゴミ処理場の不足があまり問題とならない米国では多くの制度は持っているが、基本的にリサイクルに対する関心は低い。逆に廃棄物の処理コストの高いドイツや日本では当然リサイクルに関する関心は高い。一般に商品の分解は生産より高度な技術を必要とするためリサイクル産業は近い将来、日本のリーディング産業になる可能性を秘めている。

リサイクル問題で第一の問題は市場の不均衡問題である。通常商品は教科書が言うように価格の変動により需要と一致するように生産・供給がなされる。それに対し、リサイクル財はリサイクル財の需要にかかわりなく廃棄された量が供給となる。したがって、供給が需要を上回れば廃棄物または製品の大量在庫がどこかに生じる。第二の問題は地域間不均衡である。リサイクル財の輸送コスト負担力が低いため地域間不均衡が起こる。この問題の解決のためにはリサイクル財の取引市場の整備と物流システムの確立が不可欠である。

鉄スクラップや古紙はすでに取引市場ができているが、プラスティックや建築廃材の取引市場はほとんど未整備である。リサイクル物資は市場価値が低いため、高価な長距離陸上輸送は引き合わず、効率的な物流システムの形成が急務である。例えば古紙（プレスもの）や鉄スクラップの市場価格は工場渡しでわずかキロ当たり五―一一円程度（一〇トントラック満載で五万円から一一万円）であり、長距離陸上輸送はできない。海上輸送は安価であるため、国内輸送も多く行われ、さらに古紙は四〇万トン（二〇〇〇年実績）、鉄スクラップは七〇〇万トン（二〇〇一年実績）ほどアジア各国に輸出されている。

こうしたリサイクル物資は都市部に多く発生することから、少なくとも分解、圧縮などの一次加工を、都市内あるいは都市近郊で行うことが望ましい。例えば小型ペットボトルはかさ張るが、重量は平均三五グラム程度であり、一次加工で洗浄、粉砕することによって一〇トン車で二〇万本分が輸送できる。長距離輸送は都市部の港湾から海上輸送するのが現実的方法である。港湾は都市内あるいは都市近傍にある貴重な空間である。この空間を先端的なリサイクル産業や処理施設、あるいはリサイクル物資の貯蔵や輸送に活用することは非常に重要であり、またそのための港湾再整備も課題の一つだろう。

(2) リサイクルの改善と問題点

静脈物流においても、動脈物流と同様に、末端部の収集が問題であり、宅配と同様のシステムを導入する必要がある。すなわち、自宅引き取りのゴミ収集、従来のゴミ収集場、およびリサイクル収集施設への収集を適切に組み合わせることにより、リサイクル率やリサイクル効率を大幅に改善することが可能である。

リサイクルとは、例えばペットボトルでは、人が自販機でお茶を買って飲み、その空ボトルが回収され、再生工場に輸送され、洗浄、粉砕、再生され、お茶製造業に輸送され、お茶が詰められ、再び自動販売機に入ることを意味する。ここで注意すべきは、廃棄物問題はエネルギー問題、コスト問題と同時に考えなくてはならないということである。一般に分解プロセスは生産プロセスよりはるかにコストもエネルギーも多く消費するのである。芝浦工業大学の武田教授によれば、回収、輸送に一本当たり二六円、再生に一円、計二七円かかるという。新品の製造コストは七・四円で、その差は実に一九・六円／本となる。ゴミの量は減少するが、この追加費用は誰かが負担しなければならないし、エネルギー、炭酸ガス排出問題でも逆効果である。これらを考慮に入れて、何をどこまでリサイクルするかは社会的選択の問題である。

3―3―3　物流のIT化

（1）eコマースと物流

細々と続いていた通信販売もeコマース（電子商取引）の名の下に最近は急速に発展している。人々が物資を必要とする以上、通信設備を利用して取引し、人が自ら行動して買い物に行かなくなれば、物流需要はますます増大するにちがいない。それではeコマースの進展は都市の物流にどのような影響を与えるのだろうか。

eコマースには様々な形態があり、それによって物流のパターンが異なる。ここでは二つのeコマースを検討しよう。

①米国のシアトルに拠点を置く、アマゾン・ドットコムは一九九五年に書籍部門から始まった。書籍部門は自らは書籍の在庫を持たず、全米の多数の書店と契約を結んでいる。インターネットで本を注文した場合、アマゾン・ドットコムは本の在庫のある書店の中で注文した消費者に最も近い書店を探し出し、そこから本を発送するのである。こうしてアマゾン・ドットコムは物流時間の短縮と物流コストの削減を実現した。この方式は従来型の小売りより地域間物流を削減したが、本人が本屋で買って自ら持ち帰るより都市内の物流を増加させたことになる。

②韓国産のキムチや骨付きカルビは日本の小売店頭でも珍しくはないが、eコマースにより売り上げを伸ばしている。消費者はインターネットで韓国のeコマース業者に注文を出す。しかし、注文した商品は韓国から直送されるわけではない。販売実績に基づく物流拠点が日本国内に既にできており、eコマース業者はそこに発注し、商品はそこから消費者に発送される。この物流形態は従来の卸売り取引のための大規模なハブ・アンド・スポーク型輸送（拠点から自転車の車輪のように放射状に配送を行う）である。配送は日本国内の拠点からの宅配となっているため、物流の観点からの都市内物流に変化は生じない。

(2) ＩＴ技術による物流の合理化

eコマースには、上記の二形態以外にも様々な形態があるが、人が買い物で移動しなければ物流が増加するという単純な原則は保たれ、都市内物流へ大きく影響を与える。

情報化がいくら進展しても、無線やケーブルで物資を輸送できるわけではないので、情報化による物流量の減少は限定的である。しかし、ＩＴ技術により既に空車交通、重複物流、交錯物流が減少している。例えば、インターネット上で空車トラックの情報と貨物の輸送依頼をマッチングさせる求車求貨システムがある。このアイデアは昔からあったが顧客情報の秘密性の確保の点から普及しなかった。しかし、ＩＴ技術の向上によるセキュリティーの向上により最近急速に普及している。

誤配送の多くは読み間違い等のヒューマンエラー（人の間違い）によるものである。賛否や普及には不透明な点も多いが、国民のＩＤ番号が普及した暁にはＩＴ技術の発展と相まって誤配送の大幅な減少が期待される。そのほか、ＩＴ技術は配送の効率化、物流の集約化などの合理化策に大きく寄与することが期待されている。

3－3－4　都市の物流再生ビジョン

美しい都市として知られる米国のシアトルにはアマゾン・ドットコム、マイクロソフト、ボーイングといった情報産業、先端産業が立地している。有名な米国のシリコンバレーやインドのデカン高原のバンガロールも同様である。重厚長大といわれた、製造業の時代は産業立地の要因は労働力、工業用水、エネルギー、安い土地であった。しかし、情報産業、サービス産業などの現代の成長産業の多くは都市型産業であり、都市型産業の最大の立地要因は、都市の利便性、快適性である。日本においてもそうした産業は快適で美しい都市または地区に集中して立地している。したがって、魅力的な都市、美しく便利で快適な都市は都市生活を送る住民の幸せのためだけでなく、国家経済の存立の基盤そのものといえる。

世界の都市間競争に打ち勝つためには美しく安全な都市が不可欠である。残念ながら物資の輸送はいかなる工夫をしても美しくないし安全とはいえない。したがって都市内物流の在り方としては、いかに人間活動と分離し、人間活動から隠すか課題となってくる。

現代の人々の個性化、都市生活の二四時間化に伴い商品の多品種化、多様化、消費の少量化はますます進行している。この傾向は今後もかなり長期にわたって継続すると思われる。これは都市内の小口輸送の需要がさらに増加していくことを意味している。従来のままの都市内物流システムでこうした需要を捌くならば、都市内街路でトラックは交通渋滞を引き起こし、また都市空間は非常に醜いものとなってしまう。実際こうしたことが東京や大阪といった大都市のみならず、政令都市レベルでも生じていることに多くの人は気づいているであろう。

都市という生物は環境に合わせて進化しなければ生きていけない。個性化、多様化といった個人の志向はますます高まるし、二四時間都市も今後ますます加速していくであろう。これに併せて日本の都市が世界の中で勝ち残っていくためには健全な血液（物資）を滞りなく流すシステムを確立しなければならない。

現在の都市は動脈部も静脈部も限界にきており、窒息寸前の状態であるといってよい。動脈部に関しては選択的宅配システム、コンビニ配送システムの早急な確立が求められる。

静脈部に関してはリサイクル物資の市場の形成、輸送・ストックシステムの整備が緊急に求められている。

（参考文献）
（1）土木学会土木計画学研究委員会『社会基盤施設としての都市内物流システム』土木学会　一九九四年
（2）松尾稔、林良嗣『都市の地下空間』鹿島出版会　一九九八年
（3）谷口栄一、根本敏則『シティロジスティックス』森北出版　二〇〇一年
（4）国土交通省「第7回全国貨物純流動調査（物流センサス）」http://www.mlit.go.jp/seisakutokatsu/census/census.html

（5）環境省「リサイクル関連法案」http://www.env.go.jp/recycle/
（6）日本鉄源協会ホームページ：http://www.tetsugen.gol.com/
（7）古紙再生促進センターホームページ：http://www.prpc.or.jp/

4　都市観光

森地　茂

3−4−1　国際観光の意義

欧米諸国及び発展途上国が国家政策として、観光を主要課題としてあげ、都市計画において大きく位置づけてきたの対し、日本では、都市計画の主要な課題として観光が取り上げられるのは、特別な観光都市のみである。

かつては観光は国家政策として重視された。明治二十六（一八九三）年に外国人誘致とその接待を目的とする喜賓会が設立され、さらに明治四十五（一九一二）年に交通公社の前身であるジャパン・ツーリスト・ビューローが発足している。大正五（一九一六）年大隈内閣の時、国際観光に関する答申として国立公園設置が提唱されている。実際に国立公園が誕生したのは昭和九年である。このように、日本も観光政策、特に国際観光政策を拡充してきた歴史を有している。

戦後は国際観光に対応できる宿泊施設の質的向上に金融援助をしていた。また、国内観光だけでも、観光関連産業は多くの地域の主要産業であり、一九六〇年代まで、県内で一人当たり所得の最も多い市町村は、県庁所在地ではなく観光地である県が多かった。したがって、県の計画における観光の重要性は強く認識されていたが、高度成長期に入り、産業政策の中で観光はその相対的位置を下げてきた。

図3-13　日本への出入国数の変遷

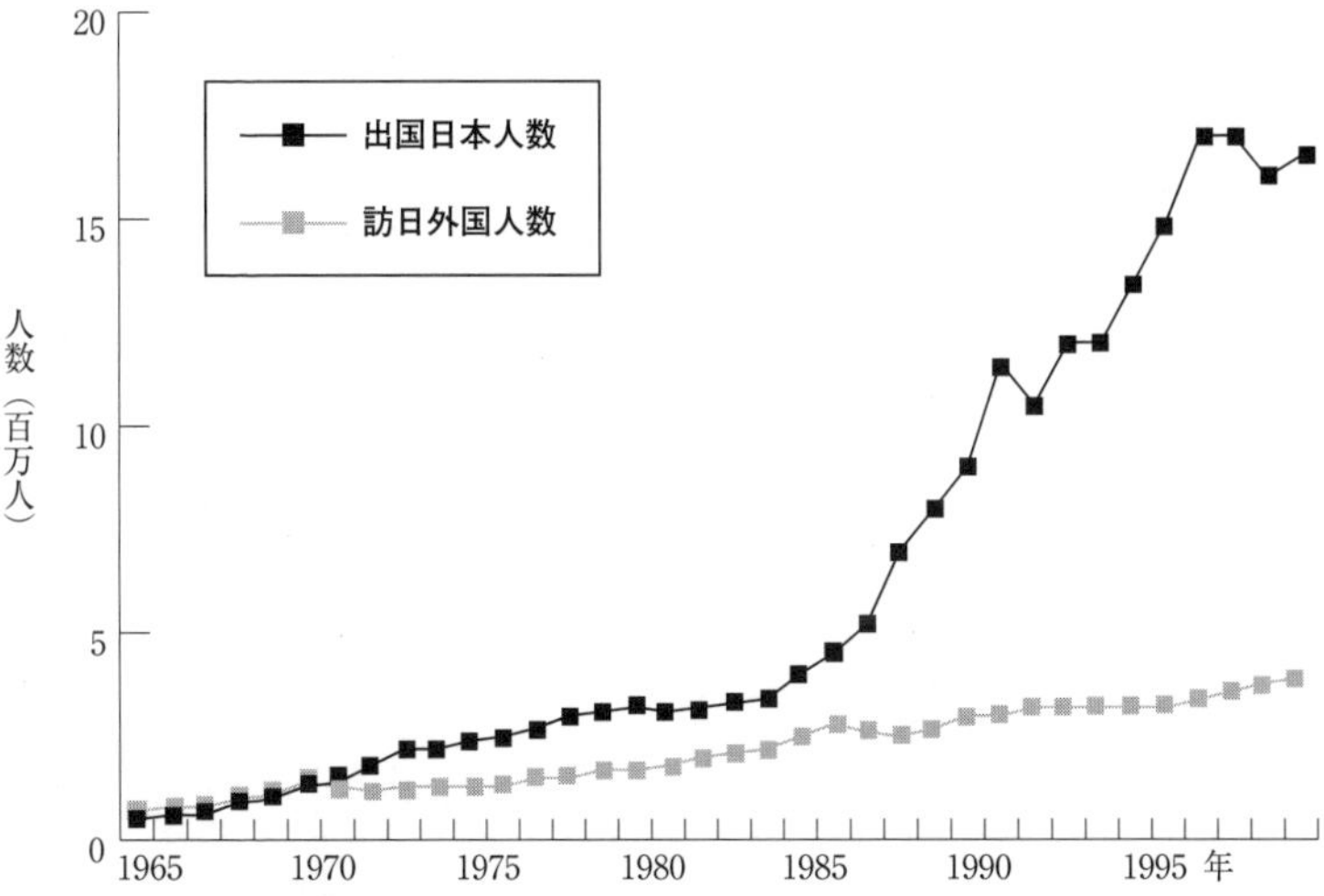

（出所）出入国管理統計調査（法務省）より作成。

高度経済成長期以降日本人の海外旅行が急増し、特に、国際収支の過度の入超対策としての海外旅行奨励策の成功もあって、二〇〇〇年には日本人出国数は一七〇〇万人／年まで増加した。ただ、それに対し外国人来訪者数は四五〇万人／年という世界に例のないアンバランスが生じたのである（図3-13）。

生産施設の海外流出と、九〇年代以降の不況下で、特に地方部の経済にとっての観光の重要性が再認識され、国際観光の振興策が推進されるようになった。九州や北海道への海外旅行者は増加し、地域経済の活性化に貢献している。例えば北海道の観光関連による道民所得は、伝統的基幹産業である農業所得を上回るまでになっている。アジアの経済成長は、国際観光の成長の可能性を開くものである。

そもそもなぜ国際観光の振興策が先進諸国でも、発展途上国でも重視されるのであろうか。

第一に、それが国際収支に貢献することである。第二に、観光消費は交通、観光産業にとどまらず、農水産物をはじめ地場の物産に波及効果が大きく、地域経済や雇用に大きな効果を有することである。第三に、観光に値する地域環境や歴史、文化は、地域住民が誇りを持ち、地域に対する愛着を増進させるのに貢献することである。地域環境の改善は、観光者のみならず、地域住民にとっても快適な生活環境をもたらす。地域の歴史や文化を観光者に理解させる努力は、地域住民にとって当然の存在となっていたり、無意識に放置されている資源を特定し、磨く機会となる。第四に、コンベンションや各種の交流は、地域の観光的魅力によって、誘致が促進され、そのような交流が経済、文化面での国際的活動をさらに増進させる。第五に、外国の人々にその地域が知られることは、より広い意味で国際親善や国際交易の基盤を築くことでもある。また異文化の情報が地域の活性化にも繋がる。以上の国際観光の地域活性効果は、国内の他地域からの観光についても同様の効果があると言え、国際観光地としての魅力向上は、国内観光としても改善されることを意味する。

3—4—2　国際観光振興の要件と都市観光

日本の国際観光振興にとって次の三点が最も重要である。第一は都市観光の魅力向上である。国際観光にとって都市観光の魅力は必須の要件である。日本人が海外旅行に自然や歴史のみを対象とすることは希であり、ほとんどの場合、パリやサンフランシスコや香港、あるいは小さな都市がその国の魅力を左右するのと同様に、海外からの観光者にとって日本の都市の魅力が問われるのである。異文化の集積地として都市が重視されるのは当然である。

しかし、日本では国内旅行に対し、特別の観光都市を除いて、観光が都市計画上の課題として位置づけられることは欧米に比して少なかったことは先に述べた通りである。日本人が宿泊地として都市ではなく、温泉を好むことも都市観光が軽視されてきた理由の一つであろう。都市を観光地として、あるいは国際観光客の宿泊地として見直したとき、あるいは同規模の欧米諸都市と比較して魅力を評価したとき、その課題は明らかになろう。

第二は、広域観光への対応である。日本から欧州へ旅行する時、欧州の広い地域から行き先を選んだり、広く周遊したりする。それに対し近距離の韓国へ旅行するときは、ソールやプサンのみを目的地に選ぶことも多く、少なくとも東アジア全体の周遊の中で韓国を訪問することはない。すなわち、長距離を旅行するときはより広域が目的地として位置づけられるのである。例えば、欧州からの観光者にとっては東アジアが、米国からの観光者にとっては日本、韓国、中国のエリアがひとまとまりの観光地域として意識されることが多いのである。少なくとも、欧米の観光者が東京と京都、福岡を周遊することは普通であるが、日本人はそういう旅行を一度にすることはない。

そのため観光振興策は、町単位や、県単位せいぜい近隣県を単位として考えられてきた。これでは国際観光に対する演出にはならないのである。例えば北海道が京都や沖縄とセットにした観光振興を図ったり、神戸が次回は函館へといった宣伝をするような広域の視点を導入する必要がある。北海道や沖縄が存在するために、日本の観光的魅力は大きくなり、多様化していることが意識され、その資源を有効に活用する方策が追求されるべきである。

第三は、来訪する観光者の居住地や個人属性などそれぞれの受容者に応じた観光のマーケティングの必要性である。それぞれに地域の各年齢層の人々が何を日本の観光に求めているかに応じた振興策がこれまで十分なされてきたとは言い難い。九州の温泉に対する韓国人観光客、北海道の冬季観光に対する台湾の観光客等、それが顕在してから受け入れ態勢の改善を図る、宣伝を強化するといった対応では、新たな市場を開発するには不十分である。

それぞれの顧客層に対し、観光資源やその組み合わせ、文化や景観、レクリエーション活動、宿泊、食事、買い物、その他のサービスとして何が求められているか、来訪者がリピーターになりうるか、友人知人にどんな情報を与えているか、そもそも各国の旅行案内書に自地域がどう扱われているか等に無頓着ではなかったかを問い直す必要があろう。

3―4―3　都市観光から見た都市再生

あらゆる意味でのグローバル化とアジアの時代の到来にいかに対応するかが、都市再生の社会経済的背景である。地方部の経済構造転換という意味でも国際観光の振興が地域活性化の主要課題の一つであり、都市観光から見た都市再生がそのために重要であることは既に述べた。

国際観光のみならず、国内観光の面からも、その効果は同様であり、さらに、高齢人口の増加に伴い、ふるさと志向や日本的環境を好む観光需要を増大させつつある。また国民の価値観の多様化に伴い、多自然居住、ふるさとの町づくり、地域づくりへの関心を持ち、関連するＮＰＯ活動に参画する人口も増えている。陶芸や園芸その他の趣味に関する地域での社会人教育の仕組みも拡充しつつある。

一方大都市においても、東京の臨海副都心が全国的に若者を惹きつけたり、小樽の運河地区開発、福岡のキャナルシティや、横浜のMM地区開発が都市観光として永続的価値をもたらしたことは、国内観光における都市観光の新たな潮流といえよう。より小規模な地方都市でも都市観光活性化に向けての様々な取り組みがあり、成功例、失敗例共に多い。これらの社会の方向性をいかに捉えるかも地域や都市再生の重要な着眼点であり、各地で先進的地域づくりが始まっている。

しかし、多くの観光地では国際、国内の需要の質的変化に十分対応できていない。その課題は以下の通りである。

開発進む東京・臨海副都市

(1) 観光都市としての個性の特定

観光都市としての個性づくりは、その中心テーマの位置付けから始まる。地域や都市のテーマが自然条件である場合、例えば湖畔の都市、川沿いの都市、山の雄姿が展望できる都市において、それをいかに生かすかが、都市の個性と魅力を左右する。河川が防災対象、制御対象であった日本の多くの都市では、緩勾配《こうばい》の河川沿いの欧米諸都市のような水辺の使い方をしてこなかった。ダムで河川の水量の制御がある程度可能となった現在、親水性空間が整備されつつあるが、都市のテーマとして位置付けられるには至っていない。

さらにテーマとして位置付けられたら、それを都市設計にいかに

メルボルンのトランジットモール

取り組むかが課題となる。ワシントンとポトマック川、パリとセーヌ川、ローザンヌとレマン湖、トロントとオンタリオ湖等の関係と、日本の諸都市と河川、湖の生かし方には明らかに差がある。また山の生かし方も、京都が盆地の特性を生かし周りの斜面を保全したり、建築物の設計に借景として生かした例、江戸の街路が富士山や筑波山を展望できるヴィスタ、いわゆる山当てをする設計となっていた例に対し、鹿児島の玄関である駅から桜島が見えないように道路が配置されている例、秩父や伊吹で山頂を石灰岩を採取するために段切りしてしまった例等様々である。

もちろん、明快なテーマ設定とその都市計画への生かし方がされた上で、テーマの多様性が都市の観光価値を高める。自然、歴史、文化、物産、娯楽、風習、産業等々テーマの多様性とそれぞれのテーマについての他地域に対する差別化、言い換えると、観光者にとっての時間の過ごし方、楽しみ方の多様性と魅力をいかに高めるかである。

大都市の場合には、地区ごとの個性の特定とそれを生かしたまちづくりが要求され、その集合としての都市観光上の魅力が規定される。特に都心部の魅力をいかに他と差別化するかは、多数の民間の商業、業務等の土地利用や、その経営方針の集積として地区の性格が規定されるため、その計画や調整が課題となる。多くの場合、歴史的なある種の集積が存在し、それを生かしたまちづくり（例えば、京都、高山）か、大規模開発の導入でその地域の性格を規定したまちづくり（例えば、東京臨海部、恵比寿や、横浜MM地区等）に成功例が多いが、地元関係者が特色ある店舗や住宅を演出し成功した例（小樽、東京代官山地区など）もある。

商業施設で観光的魅力を増進する試みとして、観光地へのアウトレットの導入や、港湾地区のウォーターフロント開発等があるが、その成否は画一化からの脱却と、リピーターの獲得、誘致圏の広がり等にかかっている。東京臨海副都心や横浜MM地区は首都圏という大市場の需要で定常的来訪者を確保し、そのにぎわいの話題性から首都圏以外の需要をも引きつけている。福岡のキャナルシティは、県外や韓国、中国などからの来訪者と地元とで一定需要を確保したのに対し、小樽の大規模商業施設は北海道全域や本州からの観光客でにぎわった後、急速に来訪者を失って失敗した。一定期間市場を拡大し、同時にリピーターを確保し、さらに世代交代で新たな需要層が生み出されるまで、その魅力を保つ、そんな観光地や、観光施設のみが長期的に需要を確保し得るのである。

また、国際化の中での個性は、当然従来の国内における個性ではなく、より広い都市の中での個性を意味する。鈴木忠義が最優価値論と名付けた観光地の特性(2)、すなわち最も優れたもののみが大きな価値を有するという性格から、より広い競争地域の中での優れた個性を要求される。しかも国際化や広域化により需要層の好む個性も従来とは異なってくる。例えば中国の人々は欧米からの観光者ほど京都に興味を示さない。同じ国にでも観光者の価値観は多様化の方向にあることは言うまでもない。各都市固有の個性に対し、どのような地域や国のどんな層を対象とするか、その対象に対しどのような付加的サービスを提供するかのマーケティングの重要性については、前述の通りである。

（2）観光都市としての環境改善

我が国の観光地は、自然的資源、歴史的資源を問わず、その資源の存在する一角のみを観光地として整備し、市民の居住空間については無頓《とん》着な場合が多い。欧米観光地との大きな差異である。観光地としての環境整備をした居住地が市民にとっても快適で、かつ誇りを持てる地域づくりへの努力を引き出せるという認識から、まちづくりに取り組む都市もできている。

京都・石塀小路

居住空間等を含めた環境整備に際し、かって明治十三年にイザベラ・バードが英国の都市計画家に見せたいと記し称賛した日本の都市の美しさが、どのように乱れたかを認識する必要があろう。第一は、戦災復興時に、欧州の都市復興に際し重視された伝統景観の復元に比して、日本では機能面のみが強調され、個性的景観が失われたことが挙げられる。第二は、高度成長期に急速な人口増加が起こった都市における、郊外のスプロール化、山林の宅地造成によるスカイラインや斜面緑地の喪失である。第三は、新たな建材や規格住宅による地域固有の建築様式や色彩環境の変質、屋敷林の喪失である。第四は、流通業界の変革による郊外大規模店舗の出店、郊外幹線道路沿道に立地した全国画一的な自動車関連や各種商業施設の立地、さらにそれらに伴う中心商店街の空洞化等である。

これらの要因から比較的無縁で、戦災を受けず、経済成長期の都市改変からも取り残された小さな町に、日本固有の都市景観が残される結果となっている。そのような都市でも、意識的に景観保存が図られない限り、木造家屋の寿命による建て替えにより、個性と魅力が喪失していく。

この対策として、都市マスタープラン、建築協定、地区計画制度、景観条例、歴史的建築物等活用型再開発事業をはじめ多様な都市計画制度や事業制度が存在している。問題はそれらの活用がきわめて限られた地区でのみ実行され、都市全体あるいは相当まとまった面積での一体的環境再編になっていないことにある。またこれら多様な制度でもカバーできていないのが、スカイラインや斜面の緑地保存のための仕組みである。さらに、異なる土地利用の境界線、例えば工場や住宅地と農地との境界、港湾や道路空間と民地境界等においての改善の余地が大きいが、その対策は制度化されていない。

かつての屋敷林や街路樹及び沿道緑地帯でうまく処理されていたにもかかわらず、現在は明確な対策がないのである。

さらに3－4－2で述べたように、都市観光としての魅力を取り戻すことが必須の要件である。宿泊地として魅力が要求され、宿泊施設と周辺の景観、食事、買い物、エンターテインメント等が必要である。外国人にとっての生活、教育、医療、買い物、情報等の環境が整っていることが、国際観光地としての要件をも満たすこととなる。

（3）交通環境の改善

観光が移動を伴う活動であることから、必然的に交通の魅力が要請される。利便性、快適性に加えて、乗り物、交通施設、周辺環境、景観等自身が観光資源としての魅力を有していることが理想である。特に車社会の中では、どこまで車の利便性を確保し、その乗り入れ規制を行うかが決定的意味を持つ。観光地の自然や、景観、雰囲気は、おのずから魅力を維持するための容量制約を有しており、車や人間の適正規模が存在するのである。

歩くことによりその魅力の感受性を増し、また交通容量を制限することにより、資源を守りうるのである。観光地の交通計画と都市の交通計画の決定的差異は、容量制限の位置づけである。その点を見定めた上で、幹線道路を観光地からどの程度迂回《うかい》させ、駐車場をどう配置するか、また域外からの公共交通のターミナルをどこに配置し、域内の公共交通サービスをいかに確保するかが、規定されなければならない。

その際、施設や交通現象が、観光地の魅力を低下させないように計画とデザインに配慮が求められる。この点は都心や、住宅地の車の扱いとも類似している。もう一つの大きな差異は、演出軸としての交通の意義である。小説がページを追って演出がなされ、演劇は時間を追って演出がなされるのに対し、少なくとも移動を伴う観光では、交通軸に沿って演出がなされるのである。少なくとも観光者はそう感じるのである。一般に都市交通計画では、発生交通量とそれらの行く先別交通量が定まったとき、それを最も効率的に捌《さば》くことが目標とされるのに対し、観光交通では、最も魅力的に鑑賞されるように演出される。しかもその移動自体が観光資源となるのである。

都市交通でも、都心のモール化や、路面電車を快適にしたＬＲＴ、快適なバスや水上交通の活用等観光知的なアイデアが生かされる事例が増えている。

（4）リピーターから滞在型へ

観光が地域の主要産業の一つであるばかりでなく、世界各地の人々への知名度と、好印象は産業展開、文化活動、政治的関係をはじめ、諸活動の展開にとっての地域の財産となる。

乗り物が観光資源：雪上車（上）と人力車（下）

観光産業にとって、一度限りの来訪ではなく、繰り返し来訪する人々が多いことは望ましいにもかかわらず、一見客扱いが絶えない。一度しか来ない客だから、なるべく価格は高く、コストはかけず、利潤を上げようとする行動である。地元の人々に対する価格より高価な観光客価格、地元より東京の店の方が安くいい物が買えるケース等よく経験することである。特別の意図があるわけではないが、来訪者の嗜好《しこう》を無視したサービス提供や情報提供も多い。

観光活動は周遊型から滞在型へと移行する傾向にあるとき、観光地側では、リピーター層にならず滞在型に移行する観光者はいないことに留意するべきである。一回の来訪者から、好印象の情報が広まり別の来訪者が顕在化し、同時にリピーターが増加し、定期的来訪や長期滞在が生まれるのである。

一定規模の来訪者がないと採算がとれない観光施設やサービスにとって、来訪者が広域化し、年齢等広い需要層に広がり、リピーターが増加し、それらの来訪者からの収入でサービスの改善をし、そして一巡した頃に若い新たな世代が顧客となるといった循環を成立させることが重要である。短期で資金回収を行い、店を畳むような事業展開は観光産業が地域にとっての財産であるという意義を損なうものである。

なお、遠くから来る人は広域に周遊したり、広域の観光地から訪問地を決めたりすることは先に述べたが、同時に魅力を提供する側でも広域の連携を図るべきである。博多に来た中国からの観光客に、四国の情報を提供することがリピーターを増やすのである。例えば台湾や南アジアの人々にとって北海道の雄大な風景や、雪は魅力的である。北海道がないときの日本の観光の魅力との比較を考えれば、北海道の価値が他地域にとっても大きいのは明らかである。しかも北海道の価値は日本における北海道の価値にとどまらず、東アジアにとっての宝物として存在するはずである。

そのようなことは日本の各地にとって言え、地元の再認識と、魅力向上のための住民挙げての努力が待たれている。国際観光客のために、空港やその他のインフラの量的質的魅力向上、情報の提供は、まさに市民全員にとっての課題とも言えよう。

（参考文献）

（1）森地茂・伊藤誠・毛塚宏編著『魅力ある観光地と交通』国際交通安全学会編　技報堂出版　一九九八年
（2）鈴木忠義他『観光リクリエーション計画』土木工学大系30　彰国社　一九八四年
（3）国際交通安全学会編『トランジットモールの計画―都心商店街の活性化と公共交通』技報堂出版　一九八八年

5　都市と農村：対立から交流へ

生源寺　眞一

3-5-1　対立の過去と交流の未来

都市空間の在り方と農村空間の在り方は一対のテーマであり、本来ペアの問題として把握され、解かれなければならない。ところが長い間、都市と農村の関係は、専ら土地や水といった国土資源の利用をめぐる競合という文脈で捉えられてきた。人と資源が農村から都市へと一方的に流れるなかで、端的に言って、互いに反目しあう対立の構図が存在したのである。

けれども今、人と資源の流れには、一方向から双方向への転換の兆しが現れている。これを象徴するのが、大都市から地方都市や農村に向かうＵＪＩターンの動きである。様々なタイプの都市農村交流の輪も広がりつつある。こちらはすでに兆しの域を超えている。むしろ、静かなブームの到来と表現すべきかもしれない。

定住性向の変化や都市農村交流の広がりの底流には、人々の価値観の多様化がある。経済的な成果という尺度が専ら幅を利かせていた成長の時代は終わった。高率の経済成長の終焉《しゅうえん》は、同時に都市の成長フェイズの転換を意味している。外延的膨張を基調とした局面から、既存のテリトリー内部の更新と高質化が問われる局面への移行である。このシフトは、都市の内部における農業の在り方や、都市と農村の境界域における土地利用の問題に対しても、新しい視座を要請する。都市と農村は自らの成熟のために、お互いを必要とする時代を迎えている。

3-5-2 都市に息づく農の要素

散在する市街化区域内農地（以下、都市農地）は、都市計画の観点から言えば、過去の失敗を象徴する負のモニュメントである。そもそも市街化区域に農地としての土地利用は予定されていなかった。市街化区域に農地という用途区分はないのである。だからと言って、計画的に市街化が進められたわけでもない。おおむね一〇年以内に市街化を図るという都市計画法の条文は、もはや反古以外のなにものでもない。

相続税支払いの必要性など、専ら所有者側の都合でさみだれ式に転用が行われ、その結果、都市農地はランダムに散在することとなった。加えてこのことは、都市農地が持続性という面で甚だ不安定な存在だったことを意味する。都市計画の側から邪魔者扱いされる理由の一つはここにあった。この点で、生産緑地と宅地化農地を区分した改正生産緑地法（一九九一年）は、都市農地の不安定性の問題に一定の改善をもたらした(1)。同時に、長年の懸案であった農地の宅地並み課税の問題にも終止符が打たれた。今日では、生産緑地指定のない都市農地については宅地並み課税が行われ、相続税や贈与税の猶予・免除の措置も適用されていない。

二つ問題がある。一つは、安定性が高まったとは言え、散在状態はそのままに引き継がれている点である。これは生産緑地の指定要件を面積五〇〇平方メートル以上としたこととも関係している（改正前は二〇〇〇平方メートル以上）。正方区画であれば、一辺二二〇メートル強でよいのである。そもそも所有者の選択次第で土地の用途が決定されてしまう関係は、土地利用計画のアプローチとは相容れない面を持つ。ただ残念ながら、短期的にこの状況を大きく変えることは困難だと言わざるを得ない。そうではあるが、しかし現状のままでよいわけでもない。たとえ散在状態にある狭小な農地であっても、周辺の地域とよくなじみ、所有する農家と都市住民の双方に満足のいく利用形態を考えることはできないものか。この点は将来の都市農地に対するニーズの内容にもかかわっている。

都市農地に対するニーズをどう見るか。これがもう一つの問題である。都市農業を擁護する根拠として強調される点に、新鮮な野菜などの農産物の供給機能と、防災や地下水涵養《かんよう》といったいわゆる農業の多面的機能がある。けれども前者については、市街化区域以外の生産地から鮮度の高い野菜を供給することは可能であり、この根拠だけではいささか説得力に欠ける。

ちなみに、東京都の食料自給率はカロリーベースで一%、金額ベースでも五%にすぎない（農林水産省による二〇〇〇年の試算値）。野菜のように熱量の小さい品目が多いため、金額ベースの自給率が高くなっている）。また後者については、そうした機能を確保するにしても、その土地が必ずしも農地である必要はないとの指摘がある。林地や公園のほうが適しているかもしれないのである(2)。

たしかに緑地やオープンスペースに対するニーズは強い。このことが都市農地を認知した生産緑地法の背景にもある。けれども、いまも触れたとおり、単に作物が栽培されていれば、都市住民の緑地ニーズによく応えているとは言えない(3)。例えば景観形成の面から見ると、近景としての農地はしばしば単調にすぎる。この点で、散策や遊びの空間であれば、公園や社寺林や緑道に軍配が上がるのではないか。しかも、観光農園といった形を別にすれば、そもそも通常の農地に一般の住民がアクセスすることはできない。スペースの公開性と共用性も緑地ニーズに応えるために必要な要素なのである。

他方で、農地には農地ならではの良さがある。それは、そのスポットで植物や動物を育む生命産業が営まれている点である。そこには、一方的に人工が加わる製造業のメイクの世界とはひと味違う、グロウの小宇宙がある(4)。動詞のグロウは自動詞であり、他動詞でもある。農業の対象は自ら育ちゆく生命体であるから、人間の思うままにならないことも多い。ここに農業の驚きがあり、農業の喜びの源泉がある。こうした農的体験をいま最も必要としているのは都会の子供たちであろう。田舎を持たないという意味で土から離れ、集合住宅に住むことでも土から切り離された少なからぬ都市住民とその子供。

近年、学校農園が着実に増加している。このことには、いま述べた都会の子供たちの土離れというはっきりした理由が存在する。例えば、大阪府では小学校の六一％に学童農園が設置されている。ただし、そのうち七八％は学校の敷地内にとどまっている(5)。都市農地が校外に展開した学校農園として機能することがもっとあってよいはずである。幸い、今日まで続いている都市農地には、農の営みをこよなく愛する本物の農家が少なくない。指南役にうってつけの人物にも事欠かない。

これからの街づくりの要諦《ようてい》は、なんと言っても住民の参加にあり、住民相互の対話の積み重ねにある。都市農地の在り方についても例外ではない。農地の所有者たる住民と潜在的なユーザーである住民との間に、保全と利用の形態について、さらに必要とあれば、費用とその負担関係について、率直なコミュニケーションが図られてよい。ときには、地域の学校が対話のきっかけをつくることだって考えられる。街づくりの具体的なプロセスを目の当たりにすること、これも児童や生徒にとっては得難い体験学習となるに違いない。

3―5―3　境界域の土地利用秩序形成

農地と宅地の混在状態は、市街化調整区域に向かって都市的な土地利用がにじみ出したことによっても生み出された。建物の陰になりながら、実に居心地の悪そうな水田。新住民との摩擦から廃業を余儀なくされる畜産農家。非農家住民にしてみれば、堆肥《たいひ》の臭う畜舎は迷惑施設だというわけである。景観という点でも、テキスチュアの異なる農地と建物の混在は、しばしばそれぞれの良さを台なしにする。

本来であれば遠景と近景の仲立ちをしながら、落ち着きのある景観を演出する田園の広がりが、まるでおもちゃ箱をひっくり返したかのように乱雑な様相を呈することになる。パブリック・バッズ(公共悪)としか言いようのない醜悪な建築物も珍しくはない。さらには、貴重な環境資源である里山や平地林の保全にも各地で赤信号が灯っている。

周知のとおり、都市と農村の境界域は都市計画法(一九六八年)と農業振興法(一九六九年)による区域区分によってコントロールされるはずであった。実際には立法から三〇年を経た今、各地にスプロールという名の負のモニュメントが残った。救いがあるとすれば、スプロールの度合いに地域差が大きいことであろう。

だれもが実感できる例を挙げるならば、新幹線の車窓から眺めた境界域の景観の差がある。東海道新幹線の沿線に広がる雑居性の強い土地利用に比べて、東北地方の新幹線では、北に進むにつれて比較的まとまりの保たれた土地利用空間をエンジョイすることができる。

むろん、開発圧力が相対的に小さかった点を考慮する必要がある。加えて、小河川や起伏の多い地形条件を、土地利用の境界区分にうまく利用できた面もある。けれども、すぐのちに紹介するように、こういった条件に必ずしも恵まれていない地域にも、合理的な土地利用秩序の保全に工夫を凝らしている自治体が存在する。と同時に、いったん秩序の崩れた土地利用空間の修復には時間がかかることも覚悟しなければならない。この点で勇気づけられるのは、美しい景観で知られる欧州の農村も、一朝一夕に創り出されたわけではないという事実である。

なかでも日本と同じ敗戦国ドイツの農村は、修復のモデルと見ることができる。過去数十年にわたる意識的な取り組みによって、訪れる人々の心を捉えて離さない今日の景観が形成されているのである。修復のプロセスで重要な役割を果たしたのが、都市と農村をカバーした土地利用計画制度であり、農地整備と集落整備の一体化した農村整備制度であり、さらには四〇年の歴史を誇る「わが村を美しく」コンクールに象徴される村づくり運動の展開であった(6)。

境界域のゾーニングの失敗には、理念の弱さや制度運用の甘さなどの要因を指摘できる。本来ゾーニングは、合理的な土地利用の青写真を描き出し、その実現に向けて一歩一歩近づくための制度である。けれども、都市計画法とこれに対抗するかのように制定された農振法の下で、ゾーニングは開発側と農業側の領土争いの最前線となった。しかも、いったん確保された領土が長期的に守られることもまた希であり、その境界は開発側と農業側のエゴにもみくちゃにされ、しばしば無定見・無秩序に変更されてきたのである。問題は区域区分制度の弱さにとどまらない。

農村には計画白地地域が広く残されており、そこでの用途規制が緩やかなことも、土地利用上の問題を悪化させる要因として作用したのである。周囲との調和に無頓《とん》着な建築物の出現や、里山や平地林の乱開発については、白地地域という要素も見逃せない。このタイプの問題は境界域を超えて、農村の深部にまで及んでいる。

境界域の土地利用に回復すべき要素は、まずは高い計画性である。そもそも都市計画法と農振法が個別の規制法であり続けるかぎり、都市と農村の合理的な接触面を形成するという発想は生まれにくい。そして実効性のある土地利用計画のためには、住民が計画づくりに積極的に参加する回路を構築することがポイントとなる。地域の住民にとって、従来の土地利用計画は別の世界で決まる線引きであった。そのため、住民が一面では当事者でありながら、そこに規範意識が醸成される契機を欠いていたのである。さらに、計画の実効性を高めるうえでは、土地利用計画をPlan-Do-Checkのマネジメント・サイクルを内包した制度とすることが大切である。マネジメント・サイクルが機能するとき、とにもかくにも既成事実をつくってしまえば勝ちという不健全な風土にも、一つの歯止めがかかるはずである。

問題はこうしたあるべき姿と現実のギャップをいかにして埋めるかである。この点で現在最も有望なアプローチは、市町村条例に基づく土地利用計画の立案とその実現である。数こそ少ないものの、すでに注目すべき実践例も現れている。先駆的なケースとしては「掛川市生涯学習まちづくり土地条例」(一九九一年)があり、近年は神戸市の「人と自然との共生ゾーンの指定等に関する条例」(一九九六年)や「穂高町まちづくり条例」(二〇〇〇年)が注目されている。これらの実践例に共通する点は、住民の主体的な参加であり、時間をかけて練り上げた高い計画性である。ただし、条例と個別規制法の関係は微妙である。次のように整理しておくことが適切であろう。

第一に今も述べたように、住民参加型制度として組み立てられている点、また、街づくりとしての総合的な観点からの計画性を獲得している点で、現行の個別規制法の限界を補う役割を果たしていることである。第二に、しかし、条例が個別法に取って代わる制度として機能しているわけではない。たしかに、条例によって農村部にも農用地以外の用途区分の導入を試みるなど、部分的には個別規制法にない手法も取り入れられている。しかしながら、条例によって個別規制法の特定のパーツが不要になったとみるべきではない。あくまでも、個別法を前提としながら、その足らざる要素を補完する役割を果たしているのである。第三に、個別法を個別法としてこのまま放置しておいてよいわけではない。すでに触れたように、個別規制法には個別法であるというまさにその点をはじめとして、克服すべき様々な問題点がある。むしろ、弱点を現実の実践活動のなかからリアルに明らかにし、そのことを通じて、個別規制法の在り方についても具体的な提言を発信する。ここにも、制度改革の先行ランナーとして、土地利用計画条例に期待される役割があると言うべきであろう。

3－5－4　互いに惹きあう都市と農村

多様なライフコースが開かれるなかで、これからの都市空間と農村空間は居住地選択のオプションとなる。人生のある時期には都市住民として、また別の時期には農村に居を構えるといった選択のパターンもあってよい。純農村へのアクセスの容易な地方都市も、居住環境としての魅力を増している。

そして、都市と農村が意味のある選択肢であるためにも、都市は都市らしく、農村はあくまでも農村らしくあってほしいものだ。ひと言で言うならば、コントラストの明瞭な国土形成を目指すべきであり、そのことがそれぞれの地域で自覚されることが大切である。「二一世紀の国土のグランドデザイン」（一九九九年）で提起された多自然居住地域のコンセプトにも、豊かな自然環境を最大限生かすことで農村の魅力を高めるという発想がある。この発想は、新全総以来のステレオタイプで拡散型の国土開発思想とは明らかに異なっている。ここには、かつての開発理念が、都市とも農村ともつかぬ雑居空間をつくり出したことへの反省がある。

都市と農村の明瞭なコントラストは、都市住民と農村住民の持続的な交流の大前提でもある。自分にないものがあるからこそ、互いに惹かれるのである。むろん、純農村にもミニマムの社会資本ストックは必要である。特に地方都市へのアクセス条件の確保は大切である。珍しいレストランや専門的な書籍、さらには高度な医療サービスなどが、手の届く範囲に用意されることになるからである。

高齢者などハンディを負った人々への配慮を忘れてはならないが、徹底して車社会化した農村住民の行動範囲は概して広い。加えて、生活環境の整備が農村らしさを損なう恐れがあるならば、カモフラージュの工夫が考えられてよい。例えば欧州の農村部を訪ねるとき、外観は数百年の歳月を経たクラシックな農家住宅でありながら、一歩内部に入ると、そこには近代的な設備を駆使した快適な空間が整えられていることが少なくないのである。

さて、都市住民に開かれた都市農村交流のメニューは実に多様であり、関連する情報も豊富に提供されている。都市では希少化した様々な要素、それが都市住民を農村に惹きつける交流の引力なのであるが、そうした要素が多彩であるのに応じて、交流のスタイルもまた多様なのである。産直活動や地産地消運動による都市住民と農家の結びつき、教育ファームやセカンドスクールを通じた体験学習型の交流、棚田オーナー制度や保全トラストといった運動への参加などを挙げることができる。交流の広がりと深まりのなかで、農業と農村も変わる。ひと言で言うならば、農村の資源を多面的に活用しながら、じかに人と接するサービス産業としての農村ビジネスの活性化である。

もっとも、都市の住民が農村に求めているのは、変わることのない農村でもある。例えば田舎ならではの新鮮な食材であり、日本人の原風景としての水田景観である。さらには、農村の人々の行動の底を流れるエトスに触れることも、しばしば価値ある体験だと認識されている。農村社会の行動様式は日本人の行動様式の原型であると言ってよいのであるが、これも都市では希少化しつつある要素である。したがって、農村社会のエトスも都会の人々を惹きつける引力となるのである。交流が景観や食を楽しむ表層のレベルから、お互いに心の通う深層に及ぶにつれて、はじめてくみ取ることのできる農村の特質であると言ってよい。

農村の思考に共通する特色の一つは、長い時間的視野にある。ムラの社会でものごとが決定される場面において、必ずしも明示的ではないにせよ、子や孫の代への影響が考慮されることは少なくない。例えば、農地や農道の整備に関する意思決定は一般に地域の農家の合議によってなされるが、整備されたストックの耐用年数は次世代以降に及ぶことが多い。しかも、次世代に負担を残さないため、現世代が費用の一切を負担するといった事例も存在する(7)。あるいは、神楽などの伝承に各地で注がれているエネルギーも、明日の見返りを求めてのものではない。個人の行動のなかにも長いタイムスパンのものが含まれている。環境保全型農業で知られるある酪農家は、さらに長期の時間視野を自覚するために、農場に木を植えることを実践している(8)。植林と言えば、山村の生業であった林業の時間軸のいかに長いことか。

長い時間的視野は、農村がもともと定住性の高い社会であったことに由来する。同じ居住地において子も孫も住み続けることが、当然の前提だったのである(9)。人口流出が続いた戦後の農村において、実際に子に引き継がれ、孫に引き継がれたかと言えば、むろんそうではなかったケースも多い。けれども、定住を続けることを当然とする規範意識は、いまなお引き継がれている。ひるがえって、都市の街づくりにありがちなウィークポイントは、定住性の低さからくる長期の時間的視野の不足である。ここには農村の思考に学ぶべき点がある。

農村の行動様式を特徴づけるもう一つの要素は、地域の共有ストックをベースに育まれた共同性である。さすがに入会地が機能している農村は少数となった。けれども、どこにでもある農業用の水路は、いまなお農村住民の生活とは切っても切れない共有ストックである。農業の営みはあくまでも私的な経済行為である。しかしながら、こうした私的な営みは地域の共同の要素によって支えられ、逆に、共有ストックは地域住民の参加によって維持管理されているのである。

この意味において、農業用水は今日の日本の農村にも普遍的に生きているコモンズであると言ってよい。水田地帯に展開する農業用水は、私的な営みと共同の営みの接点をシンボリックに表している。このことは都市の街づくりに対しても示唆的である。私的な領域と共同の領域の境界をいかに巧みにデザインするか。ここが街づくりの一つの急所だからである。

(注1) 生産緑地指定を受けた農地では、原則三〇年の営農が想定されている。
(注2) 東正則「環境資源としての都市農業の課題」都市・農業共生空間研究会編『これからの国土・定住地域圏づくり』鹿島出版会、二〇〇二年による。このほかに都市農地の問題点を幅広い角度から論じている文献としては、石田頼房『都市農業と土地利用計画』日本経済評論社、一九九〇年と、岩田規久男ほか『都市と土地の理論』ぎょうせい、一九九二年がいまなお示唆に富む。
(注3) 東前掲論文は、「行政側からみた都市農業の保全は」「行政的負担をしなくてすむ『農地の空地性からくる緑地的機能』を期待しているにすぎない」と手厳しい。
(注4) メイク=工業とグロウの対比は、林良博「刊行のことば」東京大学大学院農業生命科学研究科編『農学・21世紀への挑戦』世界文化社、二〇〇〇年による。
(注5) 安藤光義「〝農的営み〟の多様な展開」都市・農業共生空間研究会編『前掲書』による。原データは大阪府農業会議の実施した一九九九年の調査結果。
(注6) 荏開津典生・生源寺眞一『こころ豊かなれ日本農業新論』家の光協会、一九九五年の第5章を参照されたい。
(注7) 生源寺眞一『現代農業政策の経済分析』東京大学出版会、一九九八年の第5章を参照されたい。
(注8) 三友盛行『マイペース酪農』農山漁村文化協会、二〇〇〇年。
(注9) このことは、都市生活の一つの特色である匿名性を断念しなければならないことを意味する。これを長所とみるか否かは、むろん個人の生活信条の問題である。

4

まちづくりの仕組みと制度

1　参加型まちづくりの仕組み

高野　公男

4―1―1　まちづくりの発見とその展開

いま、地域の住民がまちづくりにかかわる機会が増え、その動きは年々活発化している。商店街の振興から、住環境の改善、景観や街並みの保全、福祉、防災など様々なテーマで取り組む市民の姿が見られている。行政セクターにおいても、政策立案過程や事業プロジェクトに住民の参画や連携を求めるようになり、市町村の総合計画や都市計画マスタープランをはじめ広場や街路、河川などのハード化事業まで、市民参加の展開が見られるようになった。昨今の環境問題や地域活性、地域福祉に対する関心の高まりとともに、住民自らがまちづくりにかかわる必要性がより切実に意識されてきているということだろう。新しい市民社会の到来である。

「まちづくり」という言葉は一九七〇年代頃に生まれた。それまでは、都市やまちをつくる仕事はお上（役所）の仕事であり、住民はそのお上の計画に従うべきものという風潮があった。まちづくりという言葉が幅広い意味を伴って広まったのは、公害反対運動や公共事業に対する異議申し立て、日照権紛争、街並み保存運動などの住民運動が盛んであった一九六〇年代後半からであろう。この時代の告発・抵抗・要求型の住民運動が、オイルショックを経て、自分たちの土地に根ざし、自分たちの手でまちをよくしていこうという姿勢に脱皮した過程で「まちづくり」は必然の帰結であったと言える。

「まちづくり」には、「まち」という住民の生活に即した都市のイメージや、「つくる」という住民自らが関与するセルフエイド（自助・共助）のニュアンスがある。この言葉が急速に普及していったのは、この大和言葉に込められた多義的なニュアンスが日本人の心の琴線に触れ、都市に住む人々の共感を呼んだからであろう。また、それまでの都市づくりが、必ずしもこのような観点から進められていなかったことの表明であったとも言える。

参加型まちづくりについてそのルーツをたどれば、その一つに組合施行による土地区画整理事業や再開発事業、商店街近代化事業などが挙げられる。もう一つのルーツを挙げると、大都市自治体の住環境整備事業を中心とした修復型の地区まちづくりであろう。地区まちづくりは不良住宅地区改良事業などの流れをくむが、その事業の特徴は住民自らが計画や事業に関与する自主性や自助性を前提とした環境改善事業であった。

そこでとられた手法は、まちづくりにかかわる諸問題や課題を住民自身が把握し、まちの将来ビジョンを描き、目標や方針を設定し事業プログラムをつくって進めていくやり方であった。東京区部の住環境整備事業や防災まちづくりを丁寧に見ていくと、昭和四十年代の区長公選制を背景に区の職員が力を付け、また住民の自立意識や参加意識も次第に高まり、それらが発展して「まちづくり条例」が制定されたという経緯が見られる。そして一九八〇年代になると、創意工夫を凝らしたチャレンジ精神旺盛なまちづくり実践が試みられるようになり、それらの実践を通して様々なノウハウが蓄積され、住民と行政が連携するまちづくりの土壌がつくられていった。

最近、「協働のまちづくり」が唱えられるようになり、行政と住民のパートナーシップという観点が重視されるようになった。この「協働のまちづくり」は、参加型まちづくりがさらに発展・進化したものといえよう。今後、地方分権の進展に伴い、参加や協働はまちづくりの必須のスタイルになっていくと思われる。しかし、参加や協働のまちづくりがことさら強調されるのは、総じてまだ旧態依然とした「行政の壁」が存在し、地域づくりにおける住民と行政の好ましい関係が確立されていないという現状があるからだろう。

また、行政と住民の役割分担が明確でなく、住民も協議・協働といった「公共への参画」に慣れておらず、合意形成の手法も十分なものが確立されていないという状況も認められる。参加のまちづくりを進めるためには、なによりも「開かれた行政」を進めることが前提となる。そのためには徹底した情報公開や、行政職員の自覚、意識改革が必要となろう。そして、住民自身も様々な参画の機会を通してまちづくりへのセンスと力を養う必要があるのではないだろうか。

4-1-2 パブリックコミュニケーションと合意形成手法

人間は蚊帳の外におかれては真剣に関与しようとする気持ちにならないし、納得できなければ反発もし、積極的に参加しないという心理がある。まちづくりに参加が求められるのは、このような人間原理を踏まえてのことではないだろうか。その意味で、参加あるいは協働という作業そのものがすでに合意形成のプロセスと言えるものである。参加のまちづくりを進める手法として、現在多彩なものが試行されている。

米国の環境デザイナー、L・ハルプリンが提案した「ワークショップ」は、その先駆けとなった一つであるが、この手法は一九七〇年代後半に日本に導入され、全国各地の地区まちづくりや公共施設の設計計画などで試用されるようになった。そして、一九九二年に都市計画マスタープランの市民参加が制度化されるようになると、ワークショップを計画策定のプロセスに取り込んだ実践例が次々に報告されるようになった。現在、ワークショップ手法としてオリエンテーリング、デザインゲーム、景観シミュレーション、社会ゲームなどのゲーミング手法が導入されている。これらは、まちづくりの教育、研修などの場面や、種々のまちづくり計画、広場づくり、街路整備計画、河川整備計画などでも多用されるようになっている。

PI手法が導入された東京外郭環状道路

ワークショップは参加者相互の意識啓発や、情報交流を図るだけでなく、問題発見、課題抽出、意見集約、イメージづくりなど具体的な計画づくりにおいても有効な手法である。住民発意による優れたアイデアがとりいれられるケースも少なくない。今後もパブリックコミュニケーションの手法として、また公共参画へのトレーニングツールとして活用されていくだろう。

パブリックインボルブメント（ＰＩ）は、

政策立案や公共事業の計画段階で行政サイドから地域住民に対するアプローチ、いわゆるパブリックアクセスから始まった合意形成プロセスの手法の一つである。欧米では以前から試みられていたものであるが、日本では八〇年代頃からＰＩの考え方が導入され、まちづくりのプロジェクトなどの現場で使われていた。ＰＩの本格的な導入は、九〇年代中ごろに旧建設省が道路整備五カ年計画を策定するに当たって、広く国民から意見を聞くため、「キックオフ・レポート」というパンフレットをつくり、新聞、テレビ、インターネットなどの多様なメディアを使って意見交換したのが始まりで、その後、ＰＩは東京外郭環状道路（写真参照）や地方の高規格道路のルート選定などに導入されている。

国土交通省が二〇〇一年に設置した「道路計画合意形成研究会」は、欧米諸国の計画策定プロセスなどを参考に検討を重ねながら提言をまとめている。そこでは、従来の都市計画や環境アセスメントの手続きは、計画策定が行政内部で行われ、そこで固まった計画が住民に開示されるというプロセスをとっていたのに対し、新たな計画決定プロセスとして、構想段階から計画原案を示し、地域住民や関係機関からの意見を把握し、第三者機関の審議を経て計画を決定するというプロセスを提案している（図4-1）。

筆者も、いくつかの道路整備計画や廃棄物処理施設建設計画などの地域協議の現場を経験しているが、ケースによって必ずしも円滑に進んでいるとは言えない状況も見られている。ほかの事例も調べていくと、合意形成プロセスにおける硬直的な対応が住民感情を損ない、事態が混迷する結果を招いているというケースが少なくない。

立地選定の段階から実施計画の段階まで住民が納得できる手続きを踏まないと途中で不要な紛糾を

図4-1　構想段階におけるPIプロセスの構成

基本計画決定までの手続きの透明性、客観性、公正さを確保するため、PIプロセスを必要な手段として位置づける。

周　知	関係行政機関による基本計画原案（代替案も含む）提示、意見把握のための具体的なP手法や進め方の周知
意見把握	関係行政機関／第三者機関による市民等の意見把握の実施
公　表	関係行政機関／第三者機関により提出された市民等の意見について公表
審　議	第三者機関が、市民等の意見を踏まえ、計画の必要性、基本計画原案（代替案含む）等について審議
報　告	第三者機関が市民等の意見を整理・分析し、道路管理者が基本計画を決定するにあたって基本方針等を関係行政機関へ報告

構想段階におけるPIプロセスの対象等

新たな計画決定プロセスの適用事業	・原則として、一定規模以上の道路事業の内、様々な利害が対立し、早い段階から合意形成が必要な事業。 ・当面は、構想段階にあるすべての高規格幹線道路事業を対象とするが、このプロセスの適用が必要と認めた事業についても準用。 ・都市計画決定されているが、事業化に至っていない大規模事業について、再度合意形成が必要なものについても本プロセスを適用。
PIの対象となる市民等の範囲	・計画沿線の市民等を中心に、影響の及ぶすべてを対象。 ・道路特性に応じ、より幅広い市民等の意見把握に努めることも必要。
PIプロセスの実施機関	・当面は半年から1年間を目安。 ・今後、PIプロセスの諸制度の充実等により4～5カ月程度に短縮。

（出所）道路計画合意形成研究会。

構想段階におけるPIプロセスの対象等

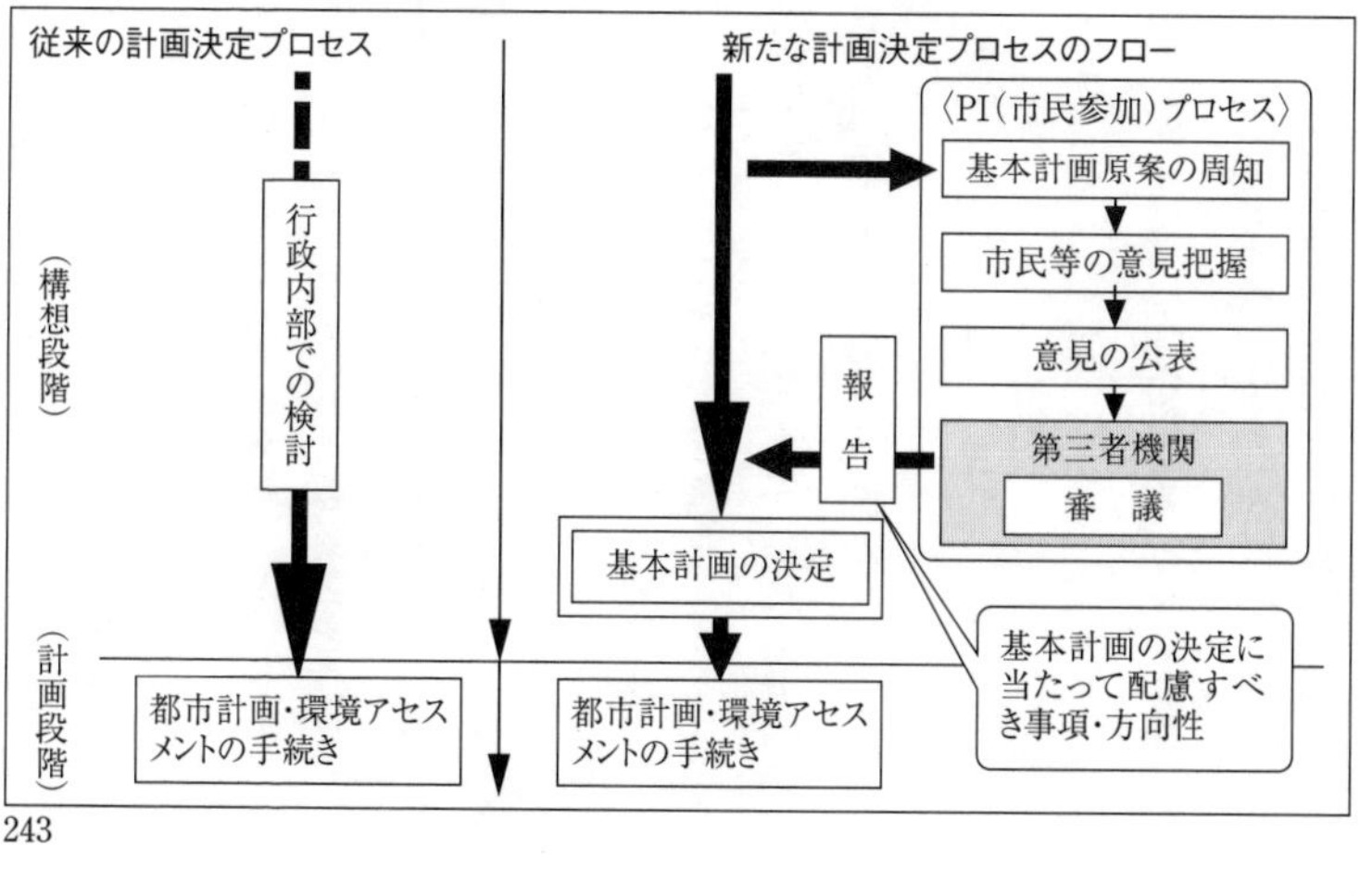

招くことにもなる。オルターナティブがなく、決まった計画を押しつけるという上意下達のやり方では地域合意はとれない。したがって、構想段階から情報を開示し、広く意見を求めるＰＩの手法は、計画の妥当性を検証し、地域住民の意見を反映させるうえで民主的で合理的な手法と言える。

筆者がかかわった地域高規格道路の計画（新庄古口道路・国土交通省山形工事事務所）を参考例として紹介すると、この計画では、関係地域の首長、専門家、有識者によって構成される委員会を設置し、公開で審議する方法がとられた。そこでは三案の候補路線が提示され、地域振興、環境影響評価、費用対効果などの評価軸により総合的に検討された。自治体の広報、住民説明会、インターネットなどのチャンネルを通して情報交流が行われ、地域の意向が収集された。厳しい意見も見られたが、丁寧な事前調査と情報開示によってこのＰＩ方式による路線選定は地域住民におおむね支持されたようである。公共事業や計画づくりには対話が重要であるが、ＰＩはそのプロセスデザインの手法である。ＰＩ手法の応用範囲は広い。計画の妥当性を検証し、透明性を確保するうえでもこのようなＰＩ手法に磨きをかけていく必要があろう。また、これからの公共事業は、合意形成にかける時間とコストが重要であることも改めて指摘しておきたい。

4―1―3　まちづくりのルールとシステム

最近、まちづくり条例を制定し、住民参加やまちづくりの手法を制度の枠組みに組み入れる自治体が多く見られるようになった。まちづくり条例は、おおむね以下ような趣旨の下につくられている。

①都市計画法などわが国の土地利用規制は、民間の開発にとってきわめて緩やかな制度になっている。

このため、そのままだとマンション建設など開発計画をめぐる相隣紛争があちこちで発生し、無秩序な開発によって乱脈な市街地が形成されるおそれがある。都市の環境を保全し、好ましい都市空間を形成するためには、詳細なルールや手続きを定めて土地利用規制をより適正化する必要がある（土地利用の適正化）。②また、まちづくりを推進するためには、まちづくりに対する住民の主体的な取り組みが欠かせない。様々な制度を設けて住民の自主的なまちづくりを支援することも重要となる（自主的なまちづくりの推進）。

まちづくり条例の発端は、一九八〇年に創設された地区計画制度にあり、神戸市（一九八一年）や世田谷区（一九八二年）が地区計画を補完する制度として制定したのが始まりである。その後、豊中市や京都市、掛川市などの自治体で導入され、そこでは「まちづくり協議会方式」や「まちづくり支援制度」などの住民まちづくりを推進する工夫が施されている。

最近の例では、真鶴町（神奈川県）が策定したまちづくり条例は、「美の基準」などのユニークなまちづくりビジョンを示し、民主的な開発協議の手続きを定めて話題となった。二〇〇〇年に金沢市が制定した「まちづくり条例」も興味深い。この条例では、「市民参画条例」と「土地利用適正化条例」の二つがセットとなっており、「市民参画条例」で位置づける住民協定は、自由なルールを地元住民が主体になって策定し、市長と協定を結ぶというもので、そこでは従来の地区計画の形態規制の範囲を超えて、暮らしのマナーまで規定できることになっている。住民感覚になじむ一歩進んだ条例と言えるだろう。

まちづくり条例は、自治体がつくるまちづくりのルールであり、まちづくりのシステムである。分権化に伴い、さらに工夫を凝らしたまちづくり条例が策定されていくだろう。しかし、条例をつくったからといってまちづくりが進むわけではない。住民が動かなければまちづくりは進まないのだ。まちづくりの主役はやはり住民なのである。肝心なことは、まちづくりにかかわる住民意識をどう啓発し、自主性をどう助長していくかということであろう。

まちづくりの実践論として重要なことは、機会を捉え、チャンスを生かしてまちづくりの土壌を拓いていくことであろう。まちづくりにはタイムリーなパフォーマンスが必要なのだ。国立市のマンション紛争など、現場的な実践例はすでに多く報告されているところであるが、ここでは筆者の知る身近な例を挙げておきたい。

数年前、筆者が勤める大学のある山形市で都市景観保全問題が起こった。その「事件」は、象徴的な歴史的建造物が立地する都心地区に高層マンションの建設計画が進められ、その開発の是非をめぐっての景観問題であった。この建設計画が実現するとスカイラインが阻害され都市の美観が損なわれる。事件とは、このことを危惧《きぐ》した市民による景観保全運動であった。

このマンション計画は市の景観条例にも抵触せず、合法的な建設計画であったが、景観保全を求める世論が高まり、結果として開発企業と住民、関係機関の協議によって高さを下げるという経緯をたどった。水面下のいわば「政治的解決」で決着したわけであるが、あらかじめ地区計画や建築協定でルールが定められていれば、このような事態は起こらなかったはずである。問題が生じてはじめて、事の大きさに気づき、ルールづくりの必要性が認識されることとなった。このような経緯があって、その後この地区では住民が協定を結び景観の保全を図っている。「雨降って地固まる」のケースである。

もう一つ事例を挙げたい。東京の下町地域（墨田区向島）に百花園という庭園がある。この地区ではここ十数年来、庭園と周辺に計画されるマンション開発をめぐって景観保全問題が頻発している。この庭園には江戸時代から続く月見の行事があり、夜空が貴重な景観資源であった。景観保全問題が起こるのは、マンションが建つとそのシルエットによって景観が阻害され、鑑賞の対象となる月が見えなくなり、「観月」という伝統的な行事が継続できなくなるためである。そこで、マンション計画が持ち上がると、庭園サイドは月の運行図をベースに景観シミュレーションを行い、観月行為にどのような影響が出るかをチェックすることになる。そして不都合があれば交渉して建設用地を行政で買い取ってもらったり、地権者や開発企業にお願いして階数を下げてもらうなど、その場その場の対応でしのぐことになる。

今のところ、関係者の善意や協力で環境は保全されているが、いつどの場所で景観を阻害する建設計画が発生するか予断を許さない状況におかれている。伝統的な月見の名所という公益的価値を認めればこの地区の環境は保全されるべきであろう。地域合意をはかり、地区計画やまちづくり協定などによるルールづくりが必要な地区と言える。良き伝統や文化を守るために「観月地区」という風流な都市計画もあって良いと思う。日本の都市計画の力量が試されているケースと言えよう。

4―1―4　地域の知的活力と住民活動のインパクト

まちは人によってつくられる。したがって、まちづくりを進めるには、住民自身も力をつけていか

心意気のまちづくり・墨田区向島
戦災で焼け残った木造密集市街地が連担する向島地区では20数年来パートナーシップのまちづくりが進められ成果を上げている。住民が主催する「向島博覧会」…福祉、防災からアートまで全方位、同時多発のまちづくりイベントは話題を呼んだ。

ねばならない。とりわけ重要なことは、まちづくりを進めるリーダー層の力や地域社会の知的活力と言えるものではないだろうか。江戸期に見る村や町は、日本の住民自治（まちづくり）の原型と言えるが、そのまちづくりで中心的な役割を果たしていたのは、町衆であった。町衆たちは公的役割を担い、街並みや暮らしにかかわるルールをつくり、まちの秩序を維持していた。

伝統的な集落や町家の街並みが美しく、また合理的であったのは、こうしたリーダー層の知的活力（知識、教養、美的センス、知恵、ライフスタイル、経済力）に負うところが大であったと考えられる。現在でも、地方都市の中心市街地では、町衆文化の名残を残すところが見られるが、日本のまちづくりを考える場合、このような歴史的モデルにも注目しておく必要があるだろう。

現代の日本の地域社会は、自治会や町会、商店会、まちづくり協議会などの地域団体が基礎的な住民組織として存在し、コミュニティを支える活動母体となっている。このような伝統的な住民組織のリーダーたちは現代の町衆といえよう。また、最近活発化してきたＮＰＯも現代の町衆といえるだろう。

ＮＰＯの取り組みには、地域活性、まちづくり、住まいづくり、環境保全、福祉、防災、リサイクル、子供、子育て、女性、教育、文化、国際交流など様々なテーマが見られ、その活動範囲も広域的である。ところで、成果を上げている事例として紹介されるまちづくりには、NPO的な活動が発展していったものが多い。よく知られている湯布院や長浜の株式会社黒壁はNPO的な活動として発足しているし、最近話題になる各地のまちづくりもNPO的な活動で成果を上げている。

筆者が身近に知る範囲だけでも、函館のカラートラスト、青森市新町商店街のTMC、石巻市の株式会社街づくりまんぼう、長井市のレインボープラン、東京文京区の地域誌「谷根千」や谷中学校の活動、墨田区向島のまちづくり（写真参照）、世田谷太子堂のまちづくり──等々があり枚挙に暇がない。

地域によって十人十色であるが、これらの地域活動に共通することは、魅力的なリーダーが存在し、メンバーが志を共にしていること、それぞれが枠にはまらない独自のサロン的でネットワーク型の共同学習のシステムを持ち、そこから優れた企画や提案、また現場的な行動力が生まれていることである。そしてそこには、五年、一〇年、二〇年の継続的な学習とサイクリックな実践活動があり、そのなかで「住民地域学」というべき豊かな地域情報や、まちづくりに関する多様多彩なノウハウが蓄積されているということである。さらに注目したいことは、多くの場合、この「パルチザン」のような活動を地域社会が支持し、行政や既存の住民団体、専門家ともしなやかな連携がとれているということである。自治会や商店会、まちづくり協議会など既存の住民組織がまちづくりの「正規軍」、あるいは「守備隊」であるとすれば、新勢力のNPO活動は、まちづくりの「特殊工作部隊」であり、まちづくりのダイナミズムを創りだすイノベーターであると言っていいだろう。

これらを踏まえると、現代のまちづくりには柔軟な発想と機動性が必要であり、親睦活動や調整活動の延長線からだけでは必ずしも発展的なまちづくりはできないということである。これからのまちづくりは、これらのローカルコミュニティ（伝統的な住民組織）とテーマコミュニティ（NPOなど）がお互いに刺激しあい、しなやかな連携をとりながら進めていくことが重要となるのではないだろうか。もはや古典的な市民像でまちづくりを語ることはできない時代に入っているといえるだろう。

専門家の役割について、都市はあらゆる分野のあらゆる専門領域にまたがっているので、様々な側面から情報を提供する専門家は重要な存在である。そのなかでも都市計画や地域づくりのプランナーは、その中核をなす専門家であり、まちづくりに欠かせない存在である。日本の都市計画のプランナーは、戦後の都市をめぐる様々な状況のなかで、官公庁、自治体、大学、民間などの各セクターで様々なタイプ・職能のプランナーが生まれ育ってきた。これからのまちづくりに求められる専門家像があるとすれば、それは地域に密着し、地域文化や住民感情を理解し、豊かな構想力と実践力を持ったプランナーであろう。これからの専門家は、他領域の専門家や住民とともに学習し、パートナーとしてしかるべき専門情報を提供し、まちづくりのオルガナイザーやプロモーター、コーディネーターの役割を演じうるものでなければならない。殊に、行政と住民との橋渡しをする民間プランナーの役割は、今後も一層重要になっていくのではないだろうか。

4―1―5　日本型都市づくりに向けて

二〇世紀から二一世紀にかけて、世紀末論や新ミレニアム論が賑やかに展開されたが、「明日の都市」に向けて必ずしも明確な方向が見いだせた段階とはいえない。これらの議論のなかで、戦後の日本の都市計画について様々な批判や反省すべき問題が多々指摘されたが、しかし評価すべき成果もある。その一つは「まちづくり」という手法であろう。「まちづくり」は、これまでの都市計画の制度や都市計画専門職域の枠組みを超えて、動かしがたい都市づくりの潮流として出現してきている。

「まちづくり」という言葉が生まれて三〇年近くになるが、単なるプロパガンダではなく、様々な実践を通して成果を上げ、その手法も十分とはいえないまでも多彩なものが蓄積されてきている。これからの日本の都市計画、都市をつくる日本型のソフトというものがあるとすれば、その一つは「まちづくり」という多元的で統合的な実践手法であろう。少子高齢化の進行など、社会状況が大きくまた複雑に変化する中で、人々の生活を取り巻く環境はさらに新たな課題を抱えていくことが予想される。「まちづくり」は、それらの課題に全方位に対応する都市計画の手法として、さらに一層磨きをかけていかねばならない。

（参考文献）
（1）日本都市計画学会誌『特集・市民まちづくりとＮＰＯ』都市計画№１９４　一九九五年
（2）西岡正次『タウンマネージメントと都市居住』都市住宅学№２５　一九九九年
（3）佐藤滋編著『まちづくりの科学』鹿島出版会　一九九九年
（4）高野公男『公民教育と地域づくり／地域づくりの原点を探る』東北の広場４　東北芸術工科大学東北文化研究センター　二〇〇一年

(5) 高野公男『地方中小都市における住民活動のインパクト』地域開発 二〇〇一年三月号
(6) 木谷弘司『金沢市郊外部における条例主体のまちづくりの現状とあり方』二〇〇二年度日本建築学会大会(北陸)農村計画委員会/都市計画委員会/地球環境委員会共催 研究懇談会資料
(7) 野口和雄『まちづくり条例のつくり方』自治体研究社 二〇〇二年二月
(8) 落合明美『福祉対応型商店街を理念に掲げ、挑戦を続ける青森市新町商店街』高齢者住宅財団ニュース Vol.49 二〇〇二年七月
(9) 新都市基盤研究会意見広告『特集都市の未来7 都市づくりにおける知識と情報の共有』日本経済新聞(夕刊) 二〇〇二年三月二十八日

2　地方分権とまちづくり

小幡　純子

4―2―1　はじめに

まちづくりは、本来的には、それぞれの地方で自然発生的になされる営みであり、地域によっては伝統的に様々な特徴ある街並みが形成されてきたところである。その後、都市部においては、近代的な都市づくりが行われるようになり、戦後日本でも都市計画によって機能的な都市の形成が試みられてきたが、二〇世紀末には、従来、中央集権的に進められてきたいわば官製の都市計画に対して、分権型まちづくりを目指して地方分権改革が行われた。

このように最近行われた地方分権改革は、地方自治制度全体に及ぶ大掛かりな制度改革であったが、本稿では、地方主体のまちづくりをどのように進めていくことが可能であるかについて、地方分権の制度改革を見ながら検討することにしたい。

4―2―2　二〇世紀末の地方分権改革

歴史的には、日本では、明治以来、都市計画は国の任務とされ、国の中央集権的な取り組みの下で、近代国家の都市としての発達が進められてきた。明治政府がまず取り組んだのは、近代国家建設を目標にした首都の建設であり、そこでは、主として国家による国益の確保が目指されていたということができよう。一九一九年に制定された旧都市計画法においては、都市計画は国の事務とされ、内務大臣（戦後は建設大臣）が決定するものとされた。近代的な都市を建設するうえで、国が主導的な役割を果たすことが予定されていたと言えよう。

このような中央主導の都市づくりは、日本が次第に先進諸国に近づき、戦後の復興を遂げると、新しい時代へと移行する。一九六八年に制定された都市計画法では、現行の都市計画制度がほぼ整備されたが、そこでは、従来は国が定めていた都市計画が地方へと権限委譲された。ただし、主要な都市計画は、国の機関委任事務として、都道府県知事が行うこととされていたため、中央主導が強い状況が継続していた。

そのようななかで一九九〇年代後半から行われた地方分権改革は、日本において真の地方分権を実現するため、国と地方の役割分担を定め、国の役割を本来果たすべき役割に限定するとともに、従来の機関委任事務を廃止することによって国と地方との関係を対等のものにすることを目指した国全体の制度改革であった。都市計画の分野では、このような地方分権推進委員会の審議と並行して、都市計画中央審議会で審議が行われ、中央集権的都市づくりから地方主導へと改革の方向が打ち出された。

具体的な制度改革としては、機関委任事務の廃止による自治事務化、市町村への権限委譲（一九九八年十一月に分権一括法に先行して施行）が大きな柱となり、二〇〇〇年の通常国会で都市計画法が改正された（二〇〇一年に施行）。そもそも都市計画の分野では、地方主導のまちづくりを目指して、国から地方への権限委譲を進める制度改革の最中であったため、国全体の地方分権改革の動きと相まって、かなり進んだ分権化がなされたと言われている。

機関委任事務制度は、地方の首長が行う仕事でありながら、国の事務であって、国の下級機関として主務大臣の指揮監督の下に置かれるため、全国統一の中央集権支配を実現するための仕組みであったとも言えよう。都市計画の分野でも、従来は、主要な都市計画は都道府県知事が機関委任事務として決定することとされ、国の通達によってその原案は市町村が作成することとされていた。このような機関委任事務の仕組みの下では、地方公共団体が独自の都市計画を定めていくことには制約が大きく、中央主導の都市づくりの制度であったと言うことができよう。

分権改革によって、地方公共団体の行う事務が機関委任事務から自治事務となったことは、国の通達等による中央集権支配を排し、地方自治体が自らの事務として自主的に決定する余地を拡大したことになる（機関委任事務の中で、自治事務とされなかったものは、国の関与が強い法定受託事務という新しい類型になった）。また、都市計画については、住民により身近な地方公共団体である市町村が決定するのが望ましいという観点から、具体的に市町村への権限委譲が進められることになった。

例えば、地域地区（用途地域等）の決定は、原則として市町村が行うこととなり（首都圏・近畿圏・中部圏の大都市部を除く）、都市施設の決定も、知事決定は、市町村道で四車線以上、公園・緑地で一〇ヘクタール以上などに限定され、開発許可の権限についても、人口一〇万人以上の市に権限委譲されるとともに、人口一〇万人未満の市町村に対しても、都道府県の条例で事務（開発審査会に関する事務を除く）の委譲を行うことが可能とされた。また、開発許可の技術基準についても、地方公共団体の条例で強化あるいは緩和していくことができるようになった。

以上のように、今次の分権改革によって、都市計画決定の多くの部分について、市町村が決定できる範囲が広がり、市町村は、中央に主導されることなく、自らまちづくりを主体的に行っていくことが可能となった。

また、国と都道府県、都道府県と市町村との計画間調整が必要である場合について、従来は建設大臣ないし都道府県知事の許可・承認という上下関係の仕組みの下で調整が行われてきたが、地方分権改革の結果、調整を要する範囲が縮減されるとともに、調整の方法についても、同意を要する協議へと変更されることになった。同意を要する協議は、国・都道府県・市町村間が対等協力の関係であることを前提として行われる本来の「調整」であって、協議の観点としては、「国の利害との調整を図る観点」あるいは、「一の市町村の区域を超える広域調整を図る観点又は都道府県が定める都市計画との適合を図る観点」と明示され、従来の後見的監督は含まれないことが明確にされた。

なお、機関委任事務ではなく、自治事務となったことは、地方が自らの事務として自主的に処理することができることを意味するが、自治事務についても、国の法令が詳細な規定をおくならば、結局各地方公共団体は、法令の定めに拘束され、本来の自主性を発揮することが困難となる。その点は、新地方自治法第二条第一項第一二号、第一三号において、立法原則・解釈原理として地方自治の本旨の尊重が明定されていることにも鑑み、地方自治体が自主的に決定することができる余地を広げておくような配慮が必要とされよう。

4-2-3 まちづくりにおける地方分権の意味

(1) 土地所有権と法規制

まちづくりは、各地方の特性・個性を醸し出し、そこに住む住民にとってきわめて重要な生活の基盤を形成するものであるが、土地利用の在り方に直接かかわっているために、各人の土地所有権との関係を無視することはできない。日本は、国土の中で、人口が集中していることもあって、従前から土地所有権についての権利意識が強いと言われているが、各土地所有者の財産権との関係について検討しておく必要があろう。

日本の憲法は、私有財産の保障について規定を置き、財産権不可侵を定めている。憲法第二九条は、第一項で、財産権はこれを侵してはならないと定め、第二項で、財産権の内容は公共の福祉に適合するように法律でこれを定めること、第三項で、私有財産は正当な補償の下にこれを公共のために用いることができる旨を規定している。また、民法第二〇六条は、所有者は法令の制限内において自由にその所有権の使用、収益及び処分を為す権利を有する旨定め、民法第二〇七条は、土地の所有権は法令の制限内においてその土地の上下に及ぶことを規定している。

このように、法文上は、財産権あるいは所有権に法令の制限が及ぶことは想定されているが、日本においては、明治期から土地所有権の絶対性が広く受け入れられ、自らが所有する土地をどのように利用し、どのような建築をするかは本来自由であるとする建築自由の原則も広く行き渡っていた。

例えば、民法に定める相隣関係上の規定は、境界線から五〇センチメートルの離隔距離を定める

（民法第二三四条）程度であり、都市部においてそれと別途の建築規制を行う場合に、民法が当初想定していた枠組みとは別の次元で捉える必要が存した。公法分野では、財産権に対する公共のための制限については、憲法第二九条第三項の補償の要否が問題となるため、土地の利用について制限が加えられる場合に、果たして補償が不要であるかどうかが問題とされることになる。

この点に関しては、例えば、古都保存の目的で、私人の土地の現状変更が禁止される場合には補償を要することは認められているが（古都保存法等）、都市計画上の土地利用規制については、総じて都市における社会生活上の互譲、相隣関係上の原則による、社会通念上受忍すべき制約の範囲内であるとして、補償の問題は生じないとする考え方で整理されてきたということができよう。ただし、まちづくりにおいても、強度の土地利用規制、建築規制を課そうとする場合には、常に「財産権に対する侵害」という側面への配慮が必要とされてきたことには留意する必要がある。

なお、平成元年に制定された土地基本法は、第二条で「土地は、現在及び将来における国民のための限られた貴重な資源であること、国民の諸活動にとって不可欠の基盤であること、その利用が他の土地の利用と密接な関係を有するものであること……等公共の利害に関係する特性を有していることに鑑み、土地については、公共の福祉を優先させるものである」と定め、第三条第二項は「土地は、適正かつ合理的な土地利用を図るため策定された土地利用に関する計画に従って利用されるものとする」として、土地の計画的利用について、特に規定している。ここでの土地基本法の捉え方は、一般の財産と比べ、「土地」が特段の公共性を有し、その限りでは私人の土地にかかわる財産権の保障も絶対的なものではないことを明らかにしたものと言えよう。

このような土地基本法の理念とも相まって、最近では、日本においても、財産権の不可侵、土地所有権の絶対性という古典的考え方もやや変容しているのではないかと思われるが、さらに、二一世紀のまちづくりを考えるうえでは、地方分権の考え方を前面に押し出し、地方の自己決定を軸に新たな制度を構築していくことが有益であろう。

(2)　条例による土地利用規制の可能性

前述の憲法第二九条第二項は、財産権の内容は「法律」で定めると規定しており、「条例」で定めることができるかについては明らかにしていない。「法律」は言うまでもなく、国会の定める国法であるが、「条例」は各地方公共団体の地方議会が制定する地方の自主法である。

古典的判例はため池の堤とう部分に、農作物等を植栽、あるいは工作物を設置する行為を禁止する奈良県ため池条例が問題とされた事件について、二審の大阪高裁（昭和三十六年七月十三日判決）が、条例をもって私有財産権の内容に規制を加えることは、憲法第二九条第二項に違反するとしたのに対して、最高裁判所（昭和三十八年六月二十六日判決）は、ため池の堤とうの破損、決壊の原因となるため池の堤とうの使用行為は、憲法、民法の保障する財産権の行使の埒《らち》外にあるので、これら行為を条例で禁止することは違憲・違法ではないとした。条例による財産権規制の可否については、否定的見解も存し、否定説は、憲法第二九条第二項の文言上、条例は含まれず、法律に限ると解すべきであり、財産権は全国的な取引の対象となりうることから、その内容や制限は全国統一的に法律で定めるのが妥当であるとするが、他方、肯定説は、条例は地方議会という民主的基盤に立って制定されるものであり実質的には法律と差異がないとし、また、公共の福祉による権利の制限が自由権の場合でさえ認められるのに、財産権について条例による規制を認めないのは均衡を失するとするものである(市原昌三郎『憲法判例百選Ⅰ』(第二版)一六四頁)。

憲法の全体の構造を見るならば、一方では、第九二条以下で地方自治の保障が定められており、地方公共団体の自主立法権も保障されていることから、地域ごとの自主立法である条例の重要性が大きいことは明らかである。まちづくりが、地域の個性・自主性が発揮するための最も適切な場面であることに鑑みるならば、法律による全国統一ルールではなく、地方の自主ルールのために条例による財産権規制を認めることは当然許されるべきであろう。

なお、一九九九年改正前の地方自治法第二条第三項第一八号では、「法律の定めるところにより、建築物の構造、設備、敷地及び周密度、空地地区、住居、商業、工業その他住民の業態に基く地域等に関し制限を設けること」との地方公共団体の事務の例示が存在していた。このような条文から、建築規制・土地利用制限については法律によって行う必要があると解し、法律によらない条例での規制が可能であるかを疑問視する意見も見られたが、地方主体のまちづくりの必要性に鑑み、旧法下でも条例による規制は有効と考えられてきた。

今回の分権改革による地方自治法改正によって当該条項は削除されたため、法律に基づかず、条例によって土地利用規制がなしうることが明確にされることになった。地方自治の保障の観点からは当然のことではあるが、まちづくり条例の自由な展開が条文上も保障されたことは、意義深いことと言えよう。

（3） 全国共通ルールと地方ルール

このように、まちづくりの分野では、憲法の解釈・法律の文言上も、全国共通ルールによらない地方の自主ルールの制定が可能であると考えられるが、さらに、その地域のみに妥当する自主ルールによる規制として位置付けることは、日本の土地所有権の絶対性の意識を打破する可能性を有する意味できわめて重要である。

自分の所有する土地はどのように利用しても、どのような建築をしても自由であるという土地所有者としての権利意識は、自らの地域で自ら決定したルールであるから従うという身近な地域での基本的な民主主義のルールによって変容されうるものである。特に日本では、従来、敷地規模、厳しい建築物の形態制限などの制約には抵抗感が強かったが、地区計画（都市計画法第一二条の四）、建築協定（建築基準法第六九条）等の制度を用いて、まち並みづくりを意識した詳細な土地利用の在り方を地権者が合意して地域ルールとして定めることも徐々に見られるようになってきている。今後は、市町村マスタープラン（一九九二年法で創設）の策定・活用により、より積極的なまちづくりが試みられることが期待されよう。合意形成に至る過程は容易ではないが、自らの住む地域の有り様を真剣に話し合って、自己決定していくことは、住民自治の本来の姿として望ましいものであって、まちづくりを通して地域の自治意識が高まることも期待できることは有益である。

（4） 景観等を含めたまちづくり

日本では、これまで、まち街みの統一的景観づくりには無関心で、所有地上の建築物は個人の自由であるという認識の下で、それぞれ個性豊かな形・色とりどりの建物を造って競うような面も見られた。一部の歴史的建造物保存によるまち並みづくりで見られるものは別として、地域全体の景観の個性を強く出すことは、一般的にはそれほど盛んでなかったということができよう。

もちろん、景観や緑の保全がまちづくりの重要な要素であることは、従来から認識されており、各地域でそれなりの取り組みはなされてきたところである。法律上の制度としては、早くから、都市計画法に基づく美観地区・風致地区の制度が設けられていたが、都市に限らず、地域の空間環境として視覚的側面が重要な要素となることが認識されるにつれて、歴史景観・都市景観・自然景観などを包含する「景観」という捉え方が各地方のまちづくりの要素となって組み込まれることになった。

歴史的伝統的建造物については、金沢市の「伝統的環境保存条例」(一九七三年)、倉敷市の「伝統美観保存条例」(一九七三年)が制定され、地方自治体が先導的に歴史的街並みの保存を目指した。その後、周囲の環境と一体をなしている伝統的な建築物群をその周辺環境として保存する制度として、一九七五年の文化財保護法・都市計画法の改正によって、伝統的建造物群保存地区の制度が設けられている。伝統的建造物群保存地区は、重点的・局所的に厳格な現状凍結的な規制が課されるという意味で、都市景観全体の中では、かなり限局された制度として位置付けられることになろう(なお、倉敷市では、二〇〇〇年から、周辺部についても「美観地区景観条例」を制定し、白壁の街並み保存を目的とする法規制を行っている)。

都市の景観については、本来は、戦前の市街地建築物法時代から存在していた都市計画法上の美観地区が市街地の美観維持のために活用されてしかるべきであるが、現実にはその活用例は全国的にきわめてわずかである。都市景観としてのあるべき姿が客観的に一義的に明確である場合はなかなか想定されえないため、むしろ、各地方自治体で都市景観条例等を制定して、景観の形成自体を市民主導で考えていくことが試みられている。

景観等アメニティの分野では、地域ごとにいかなる景観を呈していくべきか自体がきわめて多種多様で、そこに住む人々の合意を得ることがより困難であるため、地域住民が十分に話し合ってその有り様を決めていくことが一層必要とされるということができる。そこでは、地区計画、建築協定等のツール以外にも、様々なまちづくり協定がありうるところであり、条例による何らかの法的根拠を求めつつ、契約方式等も混入させるなど多彩な仕組みづくりも考案されるべきであろう。

(5) 自治体間の良き競争へ

まちづくりは、本来的には、それぞれの地域の歴史的・社会的背景の下に培われた個性の下に展開されるべきである。このような十分な個性を発揮できるような土台づくりとして地方分権は不可欠であるが、他方で、地方自治体がそれぞれ自ら自由にまちづくりを行っていく過程では、自治体間の様々な競争が生じうる。各地方自治体が、住民にとってより住みやすいまちをつくるよう競い合うというのは、それ自体としては良い競争として歓迎すべきであろう。

ただし、例えば、建設されようとする道路を隣接自治体で取り合ったり、競って豪華なハコモノを隣り合ってつくったり、悪しき競争に陥る懸念も存する。悪しき競争に陥らないためには、計画プロセスでのＰＩを通じて、首長・議会だけでなく、住民も参加して、負担と受益について十分検討したうえで、自己決定していくことが必要であり、また、隣接する自治体間の狭い視野にとらわれず、全国的・国際的な見地からまちづくりを考えるための情報を十分に得ることが有益であろう。

4−2−4　今後の課題

自由なまちづくりを可能にするのは、地域住民の自由な発想から生まれる自主ルールを優先させる地方分権社会の構築である。都市計画全体を考えるならば、今回の分権改革で、機関委任事務が廃止され、市町村への権限委譲が進んだとはいえ、地方の行う地域の事務についていまだ国の法令で定めている事項が多いこと、首都圏・近畿圏など大都市部で用途地域等の決定が市町村へ委譲されていないことなど、地方の自主性を十分発揮するためには課題も多い。とりわけ、前者については、地方公共団体の定める条例は「法令に違反しない限り」制定できることとされているため（地方自治法第一四条第一項）、法律（それに基づく政省令を含む）がすでに規定している場合に、条例でそれと異なる定めをおくことができるか否かが、法律と条例の関係の問題として重要な論点となる。

判例・学説上は、法律の規定が、同一事項についての条例による異なる規制を許さない趣旨の全国一律規制の性質であるか、あるいは最低の基準を法律で定めるのみで、条例による上乗せ等の規制を許す趣旨の最低基準規制の性質のものであるかを分けて、前者と解釈されれば、条例で法令と異なる規制を定めることは困難と解されている。

ただし、まちづくりの分野は、とりわけ、地域の自主性を尊重すべき場面が大きいと考えられるため、法律の規定を解釈するに当たっては、「地方自治の本旨」の理念に則って解釈することが必要となろう。立法においても、法律の規定で基準を詳細に定めすぎると、地方の自主性を損なうことにもつながるため、国法レベルでは、制度の仕組みを提示し、様々なメニューを例示するにとどめるなど、分権化社会でのまちづくりへの配慮が必要である。

日本でも、次第に、様々な住民参加が活発になってきており、住民投票などの具体的施行もすでに行われている。住民が自らの地域のまちづくりの有り様を話し合って、十分な討議の過程を経て自己決定していくには、実際には様々な困難が伴うが、地方分権の時代は、国からの押し着せでなく、地方が自ら自立して決定していくことに意義がある。地方が自主的なまちづくりを進めていくための障壁を取り除き、様々な支援システムを整備していくことが法分野でも必要とされよう。

〈参考文献〉

（1）小早川光郎編『分権改革と地域空間管理』ぎょうせい　二〇〇〇年
（2）小早川光郎・小幡純子編『あたらしい地方自治・地方分権』有斐閣　二〇〇〇年

3　都市財政と受益者負担の明確化

井堀　利宏

4－3－1　都市財政の現状

(1)　地方財政の現状

〈借金の増加〉

一九九〇年代に入って、日本経済全体が低迷するなかで、多くの地域経済も困難に直面している。その結果、地方自治体の国への依存体質が強くなっている。

財政面でも、地方自治体の財政危機が表面化している。二〇〇二年では、地方政府全体で通常収入において一〇兆六〇〇〇億円の大幅な財源不足が見込まれるほか、恒久的な減税の実施による減収額も三兆五〇〇〇億円あり、その不足を補塡するため地方債を一四兆円程度も発行する予定である。そして、地方財政全体の借入金残高も二〇〇二年度末で一九五兆円に達する見込みになっている。なお、地方財政の現状については、総務省〔二〇〇二〕が有益である。

〈地方自治体の破綻〉

全国にはいろいろな規模の地方自治体がある。東京などの大都市圏から人口数百人の過疎の村まで、日本には三三〇〇以上の地方自治体がある。そうした地方政府間での経済力の格差は大きい。地域間格差是正のための支出には、①国からの使途制限のない地方交付税、②経済合理性の観点から国税によって徴収・配分される地方道路譲与税等の地方譲与税、そして、③国から使途を指定された国庫支出金がある。これらのうち、地域間の財源過不足を調整する役割を担う地方交付税は、地方税収に対する比率で五割弱程度を占めており、その再配分としての役割は大きい。

それでも、地方政府間での財政調整は完全ではない。ある地方自治体の財政が悪化し続けると、最終的には財政破綻に直面する。日本では地方自治体が財政危機に直面すると、国から「財政再建団体」に指定される。そうなると、国の監視下で財政運営を行い、人件費削減など細かい指導を受ける。都道府県の場合、財政規模の五%以上の実質収支「赤字」になると地方債を発行できず、財政再建団体となる。実質収支が赤字ということは、当該年度に支出を決めたものについて、その財源となる収入が不足していて、そのままでは支払いが滞ることを意味する。東京都や大阪府など、大都市の自治体で財政再建団体へ転落する危機が現実のものとなっている。

(2) 都市財政の特徴と問題点

〈都市財政の危機〉

一九九〇年当時では、地方自治体を総計すると、あまり赤字を出していなかった。むしろ、大都市圏で黒字の時期もあった。これに対して一九九〇年以降、地方自治体の財政状況は急速に悪化している。なかでも、大阪府、神奈川県、東京都など大都市圏およびその周辺地域で自治体の赤字が深刻である。九〇年代に日本経済は低迷を続けた。総じて過疎の地方ほど経済停滞の影響は深刻なはずである。それにもかかわらず、自治体の財政状況を見る限り、過疎の自治体よりも大都市部の自治体がより深刻である。

八〇年代後半の「バブル期」に、都市部の自治体を中心に積極的な（あるいは放漫な）財政運営を行ったことが裏目に出ている面もある。しかし、こうした自治体経営の失敗は地方でも生じている。リゾート開発の名目で、巨大な施設が全国至る所に建設され、現在はそれが不良債権化している。

都市部の自治体で集中的に財政危機が生じた一つの原因は、その税収構造にある。都道府県レベルでは、法人からの事業税に依存する割合が高い。法人の経営環境が順調な好況期には、法人事業税収も大幅に増加する。八〇年代後半のバブル期も法人事業税が好調であり、都市部の自治体で積極的な開発投資や福祉対策が行われた。逆に、九〇年代以降法人事業税からの税収が大きく落ち込んだ大都市部の自治体では、その分だけ財政危機も深刻になってきた。

さらに、都市部で財政危機が深刻化したもう一つの背景には、日本における政府間財政制度の特異性がある。右でも説明したように、税金は国税の形で徴収し、その一部を交付税や補助金として地方に配分している。「国土の均衡ある発展」という大義名分のために、不必要なサービスまで、国の財源で行われている。国が交付税の配分を決定することで、地域間の対立を表面化させないで、総務省を中心とする国の指導・誘導を有効にする効果がある。

〈都市財政の最適規模〉

都市の大きな特徴は、人口の集積である。集積のメリットは経済効果としてもいろいろ注目されているが、財政面では固定費用を住民全体で負担することで、一人当たりの負担コストを節約できる効果が大きい。例えば、小中学校で義務教育のサービスを提供する場合、一定の規模の校舎を建設する必要があるから、生徒の数が増えたからといって、比例的に費用が増加するわけではない。消防、保健、福祉のような生活関連の公共サービスでも、公民館や生活道路のようなインフラでも同様である。これが、財政面での集積のメリットである。実際のデータで見ても、自治体の経常的な公共サービスの費用を一人当たりで見ると、人口とともに低下する傾向がある。ただし、人口が多くなればなるほど、集積のメリットも増加するわけでもない。ある程度の規模になれば、それ以上人口が集積しても、財政面での節約費用は発揮されない。日本のデータでは人口三〇万人程度が一つの基準となっている。すなわち、人口三〇人万人以下であれば、より人口が増加することで、集積のメリットが期待できる。しかし、すでに人口が三〇万人以上の都市であれば、それ以上人口が増加しても、さらなる集積のメリットはあまり期待できない。例えば、林〔一九九九〕を参照されたい。

4─3─2　受益と負担の乖離

(1) 受益と負担のギャップ

自治体の規模別に、住民の支払う税負担と住民の受け取る公的サービスからの便益がどの程度乖離しているのかを見ておこう。公的サービスの大きさは、その自治体の歳出額（あるいは歳入額）に対応している。公共サービスに集積のメリットを認めれば、便益の指標としてもっともらしいのは歳入総額になるが、人口三〇万人以上では集積のメリットが期待できないから、それ以上の都市においては人口一人当たりの金額の方がもっともらしい。これに対して、住民の支払う税負担は住民税で代表される。表4―1、4―2は、それぞれ都市部、町村部における規模別自治体の地方税の構造を示している。人口の多い自治体ほど、地方税収が全体の収入に占める割合も増加する。例えば、人口二三万以上の都市では四割以上を住民の地方税に求めているが、人口三五〇〇人以下の町村では住民の地方税負担は全収入の一割にも満たない。その分だけ、規模の小さな自治体では受益と負担のギャップが大きく乖離している。

第1節で述べたように、日本における地方財政支援のもっとも重要な制度は、地方交付税制度である。交付税の割合も対照的である。人口二三万以上の都市では交付税収入は一割程度にすぎないが、人口三五〇〇人以下の町村では交付税収はは全収入の四割を超えている。税負担と政府支出の両面で、地方交付税などの結果により、地域間偏在が大きく、それが過疎地域の既得権となっている。特に、都市部で負担超過、過疎地で受益超過になっている。

(2) 護送船団方式の弊害

〈財政規律の欠如〉

国が地方交付税などの財源補償制度を通じて、すべての自治体を保護・監督することで、自治体の活力が失われて、「悪平等」の弊害が生じている。一つの帰結は、地方自治体の財政規律が緩んでいることである。都道府県を見ると予算の四〇%近くが基準財政需要額となり、それは、必要最低限というミニマムな行政サービスの範囲を超えている。また、景気対策などを反映して、近年はさらに増大を続け、地方の公共事業に対する補助金的な役割も果たしている。これはまた、地方の借入の元利償還を後年度に交付税で支払うなど、財政負担の先送りという問題も引き起こしている。

その結果、地方団体の財政努力は、地方財政措置（交付税による財政援助）や国からの直接的な補助金（国庫支出金）の獲得に向けられている。また、近隣自治体の補助金が増加すると、それに刺激されて、その周囲の自治体が同じような補助金獲得競争に精を出す。これが、際限のない「ハコモノ」への投資を引き起こしている。

表4-1　都市における規模別地方税の構造（%）

人口	地方税	地方交付税	地方譲与税	一般財源の割合
23－43万人	41.0	11.3	4.9	57.2
13－23万人	35.7	13.4	4.8	53.9
8－13万人	36.5	16.1	5.1	57.7
5.5－8万人	31.2	20.9	4.5	56.6
3.5－5.5万人	27.5	26.3	4.3	57.1
3.5万人未満	22.3	31.4	4.2	57.9

表4-2　町村における規模別の地方税の構造（%）

人口	地方税	地方交付税	地方譲与税	一般財源の割合
35千人以上	43.1	15.7	6.3	65.1
28－35千人	37.9	21.1	5.7	64.4
23－28千人	32.8	24.5	5.7	63.0
18－23千人以上	32.8	24.5	4.7	62.4
13－18千人	28.1	29.0	5.3	59.6
8－13千人	28.1	29.0	5.3	60.6
5.5－8千人	16.5	38.1	3.7	58.3
3.5－5.5千人	14.1	42.1	2.9	59.1
3.5千人未満	9.9	42.8	2.0	54.7

〈やる気の欠如〉

もう一つの弊害は、地方団体の財政改善努力に与える負の効果である。基準財政収入額の算入係数は都道府県では地方税の八〇％、市町村では七五％であり、地方交付税を受けることと引き換えに、地方は自前の収入の多くを失う。例えば、交付団体にとって一〇億円の税収増加があれば、都道府県であれば八億円、市町村であれば七・五億五千万円に及ぶ交付税の受取額の減額が生じる。これは、住民へのサービスの増大を自前の税によって調達するコストをきわめて大きくさせる。交付税をひとたび受けるようになると、その状態から脱することが困難となる。

さらに、東京都のような不交付団体が交付税から抜け落ちているのも、問題である。交付税は国から補助金をもらうことに専念する。国対地方の問題にすり替わることで、交付税特別会計での赤字構造が累積してしまう。

〈無駄な歳出〉

受益と負担の乖離が住民にコスト意識を希薄にさせて、歳出に無駄が生じている。特に、国に陳情すれば、何とか予算をつけてくれるだろうという国頼みの行動が、地方財政におけるコスト意識を欠如させて、無駄な支出を助長する。地元住民の税負担を伴わなくて、予算の財源が得られるから、大して必要と思われないものに無駄遣いをする。全国どの自治体にも、コンサートホールなどの「ハコモノ」があふれているのも、その建設コストを地元住民が負担していないからである。

さらに、地方自治体が多く支出している公共事業にも、無駄は多い。公共投資の便益は一九八〇年代以降次第に低下してきた。また、地域別や目的別の配分で見ると、地方の農業関連公共投資の生産性が特に低下している。公共事業は景気対策の中心として既得権化していった。とにかく、公的需要を追加するのが、景気対策では最大の政策目標である。しかも、未消化がないように、使いやすい項目で、かつ、量的な水準を最優先に執行されるため、どうしても無駄なものが多くなる。この点の実証分析としては、吉野・中島〔一九九九〕がある。

近年、個性的で魅力ある地域づくりを積極的に推進するため、総事業費が五〇〇〇万円以上の公共設備整備事業に地域総合整備事業債が発行されている。その元利償還費のうち、三〇―五五％は交付税の形をとって最終的に国が面倒をみている。たしかに、地域環境が魅力的になれば、近隣に居住する人も多少はメリットを受けるが、多くの便益は当該地域の住民に帰属する。地元住民がそのコストをきちんと負担しない事業では、国や当該自治体の行政がよほどしっかりとしたプランを提示しない限り、効率的な成果は得られないだろう。

4―3―3　明確化への道筋

（1）交付税の改革

〈改革の理念〉

受益と負担を明確化する一つの道筋は、交付税を通じた政府間財政制度の改革である。ここで重要な点は、財源の移し方である。二〇〇二年現在、地方分権の基本的な方向として議論されているのは、分権委員会の最終報告書（二〇〇一年六月）が主張するように、ひも付きの補助金を削減して、その分だけ一般財源である交付税や地方税を充実させるものである。これは、地方自治体にとって制約の多い補助金を少なくして、自由に使える財源である交付税や地方税を充実した方が、その地方の実態にあった財政運営が効率的にできるという考え方に基づいている。

しかし、地方税と交付税はどちらも同じ一般財源であっても、地方分権における役割は決定的に異なる。交付税の財源は国からの補助金であり、当該自治体の住民の税負担とは無縁である。したがって、交付税の負担感を当該住民はもたない。コスト意識がないときに、財政規律を求めても、有効には機能しない。むしろ、国が地方に補助金を出す以上は、国がきちんとその使い道を監視・モニターすべきである。必要最小限のひも付き補助金は残すとともに、ひも付きでない交付税は廃止して、その分だけ当該住民が負担する税を充実させることが、あるべき地方分権の姿である。

小泉内閣の「聖域なき構造改革」でも、交付税改革は重点項目の一つに挙げられてきた。総務省は基準財政需要を見直すとともに、地方税収を基準財政収入に算入する比率を現在の七五—八〇%から少し引き下げる方向で検討している。しかし、どのような理念でどのような方向を目指して改革するのかが明確でないままに、交付税制度を微調整しても、有益な成果は期待できない。

地方交付税改革の理念は、地方分権を推進して、地域経済の活性化を実現することである。地方分権を推進するには、困ったときには国が手助けしてくれるという、甘い期待を断ち切る必要がある。同時に、現在の厳しいマクロ経済環境のなかで、過疎地の自治体に当面はそれなりの財政支援も必要である。

〈改革の条件と方法〉

地方分権と両立可能な改革は、以下の四点を同時に満たす必要がある。第一に、できるだけ単純でわかりやすく、透明度の高い制度に改革する。第二に、改革後の姿を明確にする。現状からの微調整に終始すると、最終的にどのような制度になるのかが不透明であり、地方住民は過度に不安感をもつ。第三に、後戻りできない改革にする。改革を行っても、あとで元に戻る可能性が高いときに、地方自治体は本気で自助努力しない。第四に、当面は過疎地を手厚く優遇する。現状で経済環境が厳しいのは過疎の自治体であるから、当面はそちらに財源面で十分な配慮をする。

これら四つの条件を同時に満たす一つの改革案が、「二〇〇二年現在で総額約四七兆円の基準財政需要を、二〇〇二年度現在での六五歳以上老人一人当たりで算定する方式に変更する」というものである。つまり、四七兆円／二三〇〇万人＝一人当たり約二〇〇万円で各自治体の基準財政需要額を算定する。しかも、この二〇〇万円の水準を今後は固定する。

すなわち、二〇〇三年以降に新たに六五歳になる老人は、基準財政需要の算定対象にしないのが、この改革案の意図である。

一九三六年以前に生まれた老人の人数に二〇〇万円を掛けた金額が、その自治体の基準財政需要額になる。一方、基準財政収入は現行制度のままで変更しないで、その差額として交付税の配分額を決定する。条件の第一を満たすきわめて透明性の高い配分方式である。この改革案では、当面は、高齢化比率の高い過疎地での交付額が現行制度よりも大きくなる。条件の第四点を満たす。しかし、次第に一九三六年以前生まれの人口が確実に減っていくので、やがては交付税額総額が減少し、二〇年から三〇年後には交付税がなくなる。その間に、過疎地では活性化の自助努力をせざるを得なくなる。第二、第三の点も満たしている。

現在六五歳以上の老人に対しては最後まで面倒をみる。しかし、これから新しく老人になる世代には面倒をみないというメッセージも同時に発信する。たとえ三〇年後に現在の公共事業の耐用年数がきても、安易に更新しないという決意（コミットメント）を今から示すことで、移動できる若い世代は実際に移動する。

ただし、基準財政需要が一九三六年以前生まれの老年世代人口を基準に算定されるといっても、その財源をすべて老人対策に充てる必要はない。義務教育など若い世代に対するサービスも地方自治体の重要な仕事である。こうしたナショナルミニマムとしての公共サービスが地方自治体できちんと提供されるように、国は法的な規制を加える必要がある。交付税改革については、井堀〔二〇〇一〕も参照されたい。

表4-3　1人当たりの地方税収

規　模	税　収
市町村合計	151.3千円
大都市	261.3千円
中核市	167.4千円
中都市	158.8千円
小都市	133.3千円
町村	106.8千円

（出所）総務省『地方財政白書』（平成12年度）。

（2）住民の参加

〈住民の圧力〉

交付税が最終的に廃止される長期の目標として、地元住民の税負担で地方公共サービスが賄えるように、人口三〇万人程度を目途として行政区域を整理統合し、地方税を充実することが重要である。地方税の基本は住民税と固定資産税である。均等割りの住民税を大幅に引き上げれば、ほとんどの地方自治体で自前の税源は確保できる。表4-3を見ると、一人当たりの地方税負担は規模別にそれほど大きく乖離していない。受益と負担の対応した地方分権が実現すると、財政赤字の削減に効果があるのみならず、財政資金は効率的に配分される。

各地方政府間での評価・比較を住民が容易に行える点から、地方分権システムのメリットは大きい。ほかの自治体のサービスと負担の関係を観察することで、自分たちの地域での同じようなサービスがより安い負担が供給可能であるかどうか、判断できる。その結果、当該自治体の首長や議員が本当に住民の厚生を考えて政策決定しているのかどうかも、判断できる。そのためにも、一つの地方政府のなかで税負担と公共サービスの便益がある程度対応している、自立した財政的基盤の整備が必要である。

本来、地方分権のメリットは、住民が自分の税負担と行政サービスとの対応関係を容易に理解することで、当該地域の行政に関心を持ち、地方自治体間での競争も進むことにある。そのためには、受益者負担の原則に合致した地方税の拡充が不可欠である。東京都の銀行新税のように、東京都民に税負担を直接感じさせない限定された企業課税は、地方分権のメリットを最も発揮させにくい課税方法である。

したがって、地方税の自主性、自主課税権の尊重・強化という面でも有効であるとは思われないし、むしろ、安易な「税の輸出」を招く点で、地方分権の理念に逆行している。地方税収を長期的な視点で安定的に増大させたければ、住民税や固定資産税など、地方税の税率を上昇させる方が有益である。

〈納税者投票〉

住民が地方税を納税する際に、同時に、その使途もある程度特定化できるという納税者投票は、特に、地方自治体で有力な監視メカニズムになる。例えば、地方自治体は、教育や福祉、公共事業などいくつかの目的別に、独立した行政組織を設立する。その組織の財源として、納税者投票で指定された税金の配分を用いる。そうすれば、その地域で多くの住民が期待している行政サービスが実際に供給される。

また、こうした柔軟な財源調達は、NPOへの財政的な支援とよく似ている。有能であるけれでも、その能力を地域経済社会に十分に貢献していない人が多く存在する。そうした人は、必要な場が与えられれば、「社会的に貢献したい、自分の能力や働きを評価されたい」と感じている。

潜在的な人材をうまく活用するには、NPOの財政基盤を整備することが不可欠である。納税者投票と独立行政組織とが連結することで、効果的で強力なサービスが提供できる。そうなれば、都市も活性化する。

これからの都市を活性化するのに最も重要な資源は、有能な人材である。NPOと競い合う形で、地方自治体のサービス供給が多様化すれば、住民が納税者としてそれに積極的に関与する道も開けてくる。住民の関心と監視があってはじめて、有能な人材も育成される。そうした方向を支援するように、国と地方の政府間財政制度も改革すべきである。

〈参考文献〉

（1）井堀利宏『財政再建は先送りできない』岩波書店　二〇〇一年
（2）林宜嗣『地方財政』有斐閣　一九九九年
（3）吉野直行・中島隆信編『公共投資の経済効果』日本評論社　一九九九年
（4）総務省『地方財政の状況』（平成十四年度版）二〇〇二年

4　開発事業と規制のシステム

中井　検裕

4－4－1　事業と規制の環境変化

私達が今、生活し、様々な活動を行っている都市空間は、そのほとんどが第二次大戦後六〇年近い都市づくりの結果出来上がったものである。

都心の高層オフィスビル群から郊外の戸建て住宅地、近隣の駅前商店街、ウォーターフロントの工場地帯など、都市には様々な空間がある。これらの空間は、行政、民間事業者、市民、住民などそれぞれの主体が、税金や民間の資金を用いて行ってきた個々の建設活動が集合した結果であるが、個々の建設活動が都市空間を形成していく過程には、法律のように厳格なものから商慣習のようにさほど厳格ではないものまで含めて、都市空間を創り出す様々な社会的な仕組みが存在している。この社会的な仕組みを都市づくりのシステムと呼ぶことにすると、戦後六〇年近く私達の都市を創り出してきた都市づくりのシステムは、二一世紀を迎えた現在、大きな見直しの時期にきている。

都市づくりのシステムのうち、その中心にあるのは法定の都市計画制度である。そして戦後の日本の都市計画制度の特徴を列挙すれば、以下のようになろう。

(1) 地方や地域によるバリエーションをほとんど認めない、国が定めた一律的な制度であること

(2) 都市空間の建設者である行政、民間事業者に比較して、利用者である市民、住民の意向に冷淡

な制度であること

（3）私権である土地所有権を制約することになる土地利用規制に比較して、都市を積極的に建設する行為である事業を重視した制度であること

本章1の「参加型まちづくりの仕組み」は右記（2）に対する見直しであり、本章2の「地方分権」および3の「地方財政」は上記（1）に対する見直し論と位置付けることができる。

これに対してここでは、主として右記（3）を論じようとするものであるが、規制に比べて事業が重視される背景には、(i)人口が成長し、したがって都市は物理的に拡大する、(ii)地価は常に上昇するものである、(iii)都市の全体的機能を向上させることが様々な産業を発展させ、よって人々の都市生活も向上する、という三つの前提があったと考えられる。

しかし、いまやこれら三つの前提はすべて成り立たなくなった。国立社会保障・人口問題研究所の二〇〇二年一月推計によれば、日本の総人口は二〇〇六年にピークを迎え、以降は緩やかに人口が減少していく過程に入る。都市は成長どころか縮小の過程に入るとまで言われている。地価は一九九一年をピークに下落に転じ、現在でも依然として下落傾向が続いている。地価は上昇するばかりでなく、下落することもあるということが今や一般的認識となった。戦後日本都市の成長を支えた製造業は、七二年のオイルショックを契機として、まず鉄鋼、造船などのいわゆる重厚長大型製造業が力を失い、次いでそれに取って代わった半導体に代表される軽薄短小型の製造業も、九〇年代に入り、グローバルマーケットの中でより低コストを追求し、人件費が極めて廉価な東アジア諸国へと生産拠点を流出させている。昨今の不況はさておくとしても、かつてのような産業の成長は期待できず、経済はよく

ても安定成長が常識化したと言ってもいいだろう。

このように規制と事業の関係を取り巻く環境は大きく変化しており、当然、事業と規制のシステムも見直さねばならない。

4-4-2　開発事業システムの直面する課題と将来への手掛かり

成長する都市を前提とした二〇世紀の都市づくりでは、事業の果たしてきた役割は極めて大きかった。法定の都市づくりの仕組みの中心である都市計画制度においても、「規制」に比べて「事業」に大きな重心がかけられていることは既に述べたとおりである。

さて、「事業」には、道路や公園、下水道といった都市の基盤施設を建設する事業と、基盤施設整備も含みつつ都市を面的に整備する開発事業の二種類がある。基盤施設の建設事業は財政難のなかでやはり大きな課題ではあるが、本章3の「地方財政」においても多少の議論はなされているので、以下、ここでは都市の開発事業に限って論じたい。

都市の開発事業ということでは、郊外においては土地区画整理事業、既成市街地においては都市再開発事業（法定の場合は市街地再開発事業）が中心である。しかしこれらの事業システムは、先に述べた三つの事業環境の前提が成立しなくなった現在、極めて困難な状況下にある。

（1）土地区画整理事業の行き詰まり

土地区画整理事業は「都市計画の母」と呼ばれるように、日本の計画的市街地の形成に大きな役割を果たしてきた。二〇〇一年度末での施行実績は、換地処分が完了したものだけでも九四五五地区、三〇万ヘクタールに及び、これは日本のＤＩＤ地区面積の約四分の一にも当たる。しかしその一方で、施行中で換地処分まで達していないものが一九六九地区、七万九〇〇〇ヘクタールあることには注意しなければならない。これらはそのほとんどが組合施行または公共団体施行であるが、極めて厳しい事業環境にあることが指摘されている。

そもそも区画整理が事業として成立するためのカギは、区画整理を行うことによって地価が上昇することにあり、その理由は言うまでもなく、道路、公園などの公共施設の整備が地価を上昇させるからである。しかし、ただこの理由だけではこれほど多くの区画整理事業は行われなかっただろう。土地区画整理事業が日本でこれほどの実績を残したのは、地価の全般的な上昇傾向が、区画整理の事業環境を良好にする作用を有していたからに他ならない。

その理由は、まず第一に、区画整理によって宅地化される土地を有する地権者自身が、地価の上昇期には大きなキャピタルゲインを期待することができる。第二に、区画整理事業の主たる財源である保留地に関しても、大きなキャピタルゲインを期待できるから、その分減歩率を下げることが可能となり、これも地権者が区画整理を行おうとする動機となる。そして、第三に何よりも、地価が上昇しているということは土地の供給に対して需要が旺盛《おうせい》に存在するということであり、保留地が円滑に処分できることを意味しているからである。

バブルの崩壊による地価の下落は、区画整理の事業環境を一変させた。土地需要の減退から保留地が処分できないばかりか、公共施設の整備による地価上昇さえ相殺される状況になっている。

そしてさらに人口が減少過程に入る今後を見据えれば、区画整理事業はより根本的な課題を抱えている。そもそもの区画整理事業の成立原理である公共施設整備による地価の上昇は、もともと公共施設の存在しないところでの効果が最も大きい。言い換えれば、非都市的土地利用がなされている場所である。都市人口の成長期にあっては、まさにそのような場所である大都市の縁辺部に旺盛な土地需要が期待でき、実際、土地区画整理事業の主たる舞台は大都市の縁辺部だった。

しかしながら都市人口の成長が期待できない二一世紀においては、大都市周辺に残された貴重な自然環境の保全の観点からも、そのような郊外の大規模な新規開発は好ましい都市開発の形態ではなくなってきている。おのずと土地区画整理事業は新たな対象地として既成市街地内に目を向けざるを得ないわけだが、既に公共施設がある程度は整備された既成市街地においては、公共施設整備による大幅な地価上昇を見込むことができないのである。

(2) 都市再開発事業の行き詰まり

郊外開発の中心的手法であった区画整理が大きな課題を抱えているのと同様に、既成市街地内の開発事業である都市再開発事業も、事業手法の点から見て大きな問題に直面している。

法定事業であれ任意事業であれ、日本の再開発事業の特徴は、事業後の総床から従前地権者に帰属する権利床を差し引いた保留床の処分が、再開発の採算性を左右する大きな要素となることである。したがって、できるだけ大きな保留床を可能な限り高額で処分できること、これが再開発事業を成功させるための前提となっている。

事業によって生み出される保留床の量を決定する大きな要素が、事業前後の容積であることは言うまでもない。一般に事業後の容積は大きければ大きいほど、保留床は大きく取れる。また容積が大きければそれだけ床の単価を引き下げることができるので、権利床の部分もそうでない時に比べて相対的に大きくすることができ、地権者の合意を得やすくする方向に作用する。

一方、事業前の容積、つまり現況容積は小さければ小さいほど有利である。言い換えれば、高い容積が指定（予定）されているにもかかわらず、現況利用容積が小さい場所、これが再開発事業の成立条件の一つということになる。

成立条件の第二は、このようにしてできるだけ大きく確保した保留床が、確実に処分できるだけの需要を持つ立地でなければならないということである。大量の保留床が確保できても、処分できなければ事業として成立しないからである。

このような条件をもともと備えた立地場所を都市の中に探すと、さほど多くないことは明らかである。典型的には市街地中心部の駅前ということになり、川上〔文献1〕の言葉を借りれば、日本の再開発事業は、必要性よりもむしろこの事業成立の可能性の制約に従って行われてきたのである。

しかしながら、再開発事業成立の二つの条件である①事業前後の容積増、②保留床処分の可能性はいずれも、一九九〇年代に入って困難に直面しつつある。

まず、事業前後の容積という観点からは、そのような条件を満たす場所が徐々に少なくなりつつある。そのため、再開発事業は事業前後で容積の大幅増加を見込めない地区にも目を向けざるを得ないわけだが、そのような地区とは、現況利用容積は小さいが事業後に想定される容積もさほど高くない

（中容積程度）地区か、事業後に想定される容積は高容積だが現況で既にその大部分を使っている地区、ということになる。前者の地区の代表例は密集市街地である。典型的な密集市街地である東京の中野区を例にとると、現況容積は平均で一二〇％程度と低いが、平均指定容積率も二二〇％と決して高くない。容積充足率約六〇％というのがその平均的な姿である。一方、後者の事業後に想定される容積は高容積だが現況で既にその大部分を使っている地区としては、再開発が行われた地区の再開発（すなわち再々開発）やマンションの建て替えがこれに相当しよう。再々開発の問題は、現時点ではまだあまり顕在化していないが、将来に向けて問題となることが十分に予想されるし、マンションの建て替え問題は大きな問題となることが既に確実視されている。

もう一方の保留床処分の可能性も、非常に厳しくなっている。保留床を利用する核施設と言えば、商業施設と業務施設が一般的であるが、流通業が不振の昨今の経済状況では、大規模店舗に期待することは難しい。むしろ地方の再開発事業では、核施設として入居した大規模店舗が撤退し、多くの空き床を抱えている再開発ビルの方が目立つくらいである。業務床についてはオフィスの情報化の進展による床需要もあり、流通業に比較すると期待できる側面はあるが、とは言え大量の新規需要を期待することは難しいだろう。仮にもしそのような床需要が実現したとしても、それは既存オフィスからの移転であり、このことはまた、大量の空きオフィスビルの発生という新たな問題を生み出すことになる。東京都心において大量の新規オフィス床が供給されるいわゆる二〇〇三年問題では、新規の大量供給床ではなく、むしろ新規のオフィス床への移転による周辺オフィスの空き床が問題になると予想されている。

（3）将来への手掛かり

このように現在、極めて困難な事業環境下に置かれている開発事業システムであるが、多少の変化はあれ、高度成長期に前提としていたような事業環境が再度成立する可能性は将来的にも低いと言わねばならない。しかし一方で、区画整理にしろ、再開発にしろ、日本の開発事業システムは、欧米諸国にはない優れた特徴を備えたシステムであることも事実である。例えば区画整理事業は、欧米の都市計画制度が導入を試み、ことごとく失敗した開発利益の公共還元の理念を、事業参加者が公共施設に無償で土地を提供する仕組み（減歩）によって、ある程度実現したものである。

また欧米の都市再開発事業では、全面買収により従前地権者が地区外に転出させられるスクラップ・アンド・ビルドが一般的であるが、日本の都市再開発事業は、一般的には従前地権者が事業後も残留することを前提としており、特に法定の市街地再開発事業では、従前地権者が希望すれば事業地区への残留が保証されている。このような評価すべき点を有した開発事業システムを、新たな事業環境に適合させるために、考えられる手掛かりをいくつか述べてみたい。

まず区画整理事業である。確かにかつての都市の成長期のような旺盛な宅地需要が、大都市の周縁部に再び見られる可能性は低い。しかし近年の都心回帰ブームが永続する保証もない。人口増が望めない一方で、世帯数で見るとそのピークは二〇一五年であり、特に大都市の近郊を中心に、まだしばらくの間は世帯は増加し続けることになる。

問題は、住宅需要として期待できる世帯増のほとんどが高齢者世帯である点であるが、内閣総理大臣官房広報室が全国二〇歳以上の者に対して高齢期に住みたい場所を聞いた調査（一九九四年）によれば、大都市圏、地方圏とも「住み慣れたところに引き続き住みたい」が最大であるものの、大都市圏では特に「自然環境の良い所」（一八％）、「生活上便利なところ」（一二％）に移り住みたいが相対的に多くなっている。前者は郊外、後者は都心指向と考えていいだろう。

また、住宅・都市整備公団が現在都心から約三〇分の郊外に居住するプレ高齢者（四五─六四歳）に対して行った調査（一九九九年）では、高齢時の居住地として、現在の場所六割、都心一割、都心から六〇分二割、都心から九〇分（一九九九年）一割という結果が出ている。

確かに都心は高齢者にとって便利ではあるが、だからといって必ずしも高齢者の都心回帰指向が進んでいるわけではなく、夫婦のいずれかが要介護になった場合は別として、郊外指向は根強い低流として存在し続けると考える方がよさそうなのである。人々の居住に対する価値観は多様化しており、田園居住や帰緑生活も有力な選択肢の一つとなる可能性は小さくない。

このような状況を考えれば、大都市の周縁部では確かに大規模な新規住宅開発の必要性は高くないが、依然として小規模な宅地開発であれば必ずしも需要を否定できないことになる。小規模な事業は大規模な事業に比較するとリスクは小さいから、この意味では小規模事業は好ましい。しかしもともと公共施設整備によって地価を上げなければならない区画整理事業は、大規模なほど有利となる性格を有していることも事実である。

そこで考えられる一つのアイデアとしては、既に公共施設がある程度整備された既存の住宅地を含む形での区画整理事業である。郊外の古い住宅地は、高齢化の進行も早い。老朽化が進行し、買い替えの需要があまり見込めない郊外住宅地の再編が大きな課題となりつつあるが、このような住宅地の再編に、その周辺部の小規模な新規開発を取り込んだ形で区画整理事業を応用できないだろうか。

多様化する住宅への価値観の下で、郊外の住宅地開発はますますテーマ性が重要となる。角野は著書『郊外の20世紀』〔文献2〕の中で、戦前の郊外住宅地を貫くテーマは「健康」であったのに対して、近い将来考えられる住宅地のテーマとして、第一に「農村文化や中山間地域の自然と生活文化を見据えた、多自然居住型郊外住宅地」、第二に「海浜居住をテーマとした住宅地開発」、第三に「環境共生というテーマを、よりわかりやすく具体的に展開した住宅地」の三つを挙げ、またもっと小さなテーマ設定の例として、「趣味やコミュニティビジネスの活動の場となるようなテーマ設定」を挙げている。

既存の古い住宅地に対して、このような新たなテーマ設定を行い、一方で既存住宅地から予想される転出者の敷地と新たな区画整理事業地をテーマ性の創出に利用し、他方で居住の継続を希望する住宅をテーマ性に沿った形で再配置するのに区画整理事業を用いることができれば、区画整理事業は二一世紀に予想される縮小型の郊外再編においても有力な手法となりうるだろう。

そしてそのためには、保留地処分に全面的に頼らなくともよい事業資金調達方法の開発はもちろんのこと、区画整理の事業システム自体の柔軟性を高める必要がある。例えば、従来の区画整理では、求められる公共施設の技術水準もかなり高く、地区内には最低でも六メートル幅員を有する街路が張り巡らされる。

また、いわゆる「換地照応の原則」は保留地や公園の自由な配置を妨げてきた。その結果、区画整理がなされた住宅地の風景は全国どこでも似たようなものとなり、住宅地としての個性が失われている。多自然居住にしろ環境共生にしろ、住宅地にテーマ性を求めるならば、柔軟な公共施設水準の設定、申し出換地などを活用した公共施設、保留地の自由な配置を通じて、住宅地の設計における個性を高めねばならない。

一方、既に公共施設が一定程度整備された既成市街地内における区画整理事業に対しては、まず第一に、公共団体や公団といった公的機関があらかじめかなりの用地を先買いすることによって減歩率をできるだけ下げる方法、第二に、敷地整除型区画整理や街区再編型区画整理といった公共施設整備を最低限に抑えるいわゆるミニ区画整理事業が既に導入されている。こういった手法は、バブル期の地上げの結果、虫食い状に低未利用地が放置されているような地区においては、ある程度は有効な手法と考えられるが、既成市街地内における一般解となることは難しいと思われる。

一般の既成市街地では既に建物がかなり存在しており、しかもその多くが決して大きな敷地規模でないということを考えればどのような手法にせよ単に土地のみを操作する区画整理だけでは不十分であり、用途の集約や建物の共同化といった上モノ整備と一体的に行われる必要がある。

この意味では、土地区画整理事業と市街地再開発事業の一体施行や、類似の事業制度である住宅街区整備事業に期待することができよう。また、次に述べる再開発事業の将来への手掛かりとも共通するところが少なくない。

再開発事業の将来への手掛かりの第一は、再開発にかかる時間の短縮である。これまで再開発は極めて長期間にわたることが多く、このことが再開発事業のリスクを高めている一つの要因ともなっている。時間のかかる要素としては、関係者の合意形成と役所の許認可が挙げられるが、後者については、手続きの効率化が望まれることは言うまでもない。
一つの事業認可を得るために、役所の数十カ所でハンコをもらわなければならない状況や、協議相手として市町村と都道府県の二つがあることから発生する協議の重複や矛盾調整などは、窓口の一本化、行政間の事前調整などにより改善されることが望まれる。

一方、前者の合意形成については、建築物の更新を伴う再開発では、必然的に多くの住民の居住、営業が直接的に関係するため、ある程度の時間がかかるのはやむを得ない側面がある。しかし、ごく少数者の反対が事業をストップさせるようなことはやはり好ましくない。もともと法定の再開発である市街地再開発事業の場合には、都市再開発法は全員同意ではなく三分の二の同意で合意を形成したとみなす旨が定められているが、実態としては三分の二ではなく、大多数の合意がなければ事業認可がなされないという現実がある。

もちろん全員の同意がなされればそれに越したことはないが、法が全員同意でなく三分の二の同意をもって組合の設立を認めているということは、再開発事業がそれだけ公益性の高いものであるということを認めているわけであり、また反対者に対しては転出の申し出や補償の措置が用意されていることを考えれば、例えば三年といった一定の期間を経てなお大多数の合意が得られない場合には、法の趣旨に立ち戻り、三分の二の同意で事業を開始するといった運用を考えてもよい時期にきていると思われる。

手掛かりの第二は、容積移転制度の活用である。二〇〇一年に創設された特例容積率適用区域制度は、商業地域内で一定の区域を指定し、その区域内であれば隣接しない敷地間での大規模な容積の移転を可能にする制度である。国土交通省の『都市計画運用指針』〔文献3〕によれば、容積の出し地としては、「伝統的な建造物や文化的環境の維持創出のため必要な施設が存する敷地、あるいは都市環境の向上のため低度利用となっている敷地」を想定しており、米国の開発権移転制度（TDR）を参考にしたものと考えてもいいだろう。

実際の運用において、区域指定の基準がかなり厳しいという問題点はあるものの、既存の貴重な都市環境を保全しながら、事業環境を改善する仕組みとして、再開発事業の促進には期待できる。

また容積移転は、木造密集市街地の再生にも有効である。隣接する敷地間で小規模な事実上の容積移転を可能とする制度である連担建築物設計制度が、木造密集市街地の建て替えにうまく利用できる可能性があることは、様々なケーススタディで報告されている。密集市街地の整備については、阪神淡路大震災後の一九九七年に施行された「密集市街地における防災街区の整備の促進に関する法律」（通称、密集法）による防災街区整備地区計画が期待されてきたところであるが、現在までにわずか四地区（東京三地区、神戸一地区）でしか実績がない。これは防災街区整備地区計画があくまで規制の強化を中心とした計画制度であって、事業の仕組みをほとんど伴っていないこと、地権者へのインセンティブに乏しいことなどが、なかなか利用されない理由と考えられる。

密集市街地には接道不良からそのままでは住宅を建て替えることができない敷地、あるいは建て替えられたとしても指定容積を使い切ることができない敷地が多い。連担建築物設計制度を用いれば、このような敷地でも建て替えのインセンティブが生ずる。また、日端〔文献4〕が指摘するように、隣接しない敷地間でも容積の移転を行うことができる特例容積率適用区域が木造密集地でも利用可能となれば、さらに大きなインセンティブとなろう。

木造密集市街地の再開発は喫緊の課題でもある。上で述べたような容積移転制度の活用に加えて、定期借地権の活用、事業の種地としての公共団体によるまちづくり用地の先買いのほか、高齢者が多く居住する密集市街地では生活安定策としてのリバース・モーゲージの導入といった、ハードである空間の改善のみならず、生活の継続策に代表されるソフトを組み合わせることが、再開発の推進には必要である。

4−4−3　規制緩和を通じた開発事業促進

(1)　都市計画の意義と規制緩和

都市計画による規制や建築規制は、事業、特に民間による建築活動である開発事業に対して、容積率規制、形態制限などを通じて空間の供給量を制限している。したがって、基本的には民間の市場原理が適用される開発事業に対して規制は制約として作用し、この意味では都市計画による規制や建築規制は経済的規制の一種である。

しかし、開発事業に対するこのような規制は、開発事業が一般的に有する社会に対する負の影響を排除するために必要な規制でもある。例えば、大規模な開発事業は周辺に交通混雑を発生させるだろうし、低層住宅地に高層ビルを建築すれば、周辺の住宅の日照条件は悪化する。このような社会に対する負の影響のことを経済学では「負の外部性」と呼んでいる、都市計画による規制や建築規制は、インフラとの整合性、防災上の安全性や日照、ひいては不特定多数の人が利用する都市内空間の質の確保など、「負の外部性」をコントロールするための社会的規制でもある。

都市計画による規制や建築規制の緩和は、経済的規制の緩和であると同時に社会的規制の緩和でもある。前者の意味からは、開発事業に対する制約が弱まるので、経済活動の活性化には寄与する。しかし一方で後者の意味からは、社会にとってのマイナスである「負の外部性」のコントロールも弱まることには注意しなければならない。

もちろん規制の中には、多分に官僚的発想でつくられた不必要な規制もあるし、社会の価値観の変化により、かつては負の外部性と思われていたものでいまやそうでなくなっているようなものもある。このような規制の撤廃・緩和は当然としても、近年のようにあからさまに経済活性化のための手段として規制緩和が叫ばれている状況では、もう一方の社会的規制の側面が緩和によってどのような影響があるか、より注意深くあらねばならないことは言うまでもない。

（2）都市周縁部の規制緩和

現行の一九六八年都市計画法のもともとの大きな目的の一つは都市周縁部の無秩序な開発の抑制であり、そのために市街化区域と市街化調整区域の区域区分制度（いわゆる線引き）と開発規制が導入された。当初の経緯で市街化区域が大きく指定されすぎていることや、調整区域内での様々な救済措置によって、線引きは必ずしも一九六八年法が意図したようには都市周縁部の無秩序な開発を抑制することはできなかったが、それでも宅地化の拡散には一定の効果を上げてきた。

二〇〇〇年に行われた都市計画法の改正は、都市の周縁部にも大きな影響を与える内容である。まず第一に、線引き制度が都道府県による選択制となった。ただし、三大都市圏には選択制は適用されないので、むしろ三大都市圏の周縁部での影響が大きいのは、第二の、これまで既存宅地制度として市街化調整区域内の個別建築を認めていた仕組みが、条例によって調整区域内の地域を指定し、その中での開発行為を許可制とされた点である。既存宅地制度は、調整区域内に建築行為を散在させる大きな原因として指摘されてきたところであるが、この改正は、いわば調整区域内に第二の市街化区域を誕生させるものといわれている。

一方では、線引きされていない都市計画区域内で用途地域が指定されていない地域（いわゆる未線引き白地地域）に、特定用途制限区域として新たな規制を行うことができるようにされたり、都市計画区域外にも準都市計画区域として一定の用途制限を行うことができるようになったなど、規制が充実された側面もあるが、全体としては都市周縁部で開発を行うことができる区域を画期的に拡大させるという意味では、緩和と考えてもいいだろう。

既に述べたように、都市の周縁部に対する宅地需要は、かつてほどの大規模ではないにしろ、小規模なものは今後ともしばらくの間は継続するものと思われる。実際、都市の広がりを示す全国の人口集中地区面積は、バブルの後の二〇〇〇年においても調査開始以来一貫して増大し続けており、人口集積の厚みを示す人口集中地区の人口密度は、一貫して減少しつづけている。

こういった状況を考えれば、開発可能区域の単純な拡大は、小規模な郊外の新規開発の散発的な発生に繋がることが予想され、都市の拡散と都心の空洞化に拍車をかけることになろう。都市の周縁部では古い住宅地の再編が叫ばれているなか、今回の改正は、それに逆行するものであることは明らかである。

都市の周縁部で規制緩和が必要だとすれば、それは単なる開発可能区域の拡大ではなく、既に述べたように、優れてテーマ性の高い住宅地を創り出すための規制緩和である。そしてそれを既存の住宅地の再編へと繋げるためには、開発可能区域の拡大よりはむしろ縮小が必要とされている。こういった土地利用規制の強化は、しばしば郊外の新規開発を全否定するものとして捉えられがちであるが、英国でまさにグリーンベルトという開発規制の強化と、計画的新規開発であるニュータウンが表裏一体であったように、郊外の新規開発にとって土地利用規制の強化は、それが計画的開発である限りは、限られた新規開発の価値をより一層高めるためのパッケージとして理解すべきなのである。

(3) 既成市街地内の規制緩和

既成市街地内の規制緩和は、そのほぼすべてが開発に許容される容積を操作する規制緩和に帰着する。容積の緩和は近年始まったわけではなく、地域地区の一種である高度利用地区や特定街区のほか、総合設計などかなり以前から用意されている。いずれもその特徴は、街路、広場などの公共（的）施設などの提供と引き換えに容積の緩和が行われる点であり、この系統の容積緩和制度としては、近年では再開発地区計画（一九八八年）がある。

一九九〇年代には、これに加えて、都心部で住宅の供給に対する容積の緩和制度が次々と創設された。用途別容積型地区計画、高層住居誘導地区、市街地住宅総合設計などである。バブル期には、都心の住宅がオフィスに蹂躙《じゅうりん》されることによって都心部の夜間人口が減少し、これに対して都市政策の重要な柱に都心への人口引き戻しが位置付けられた。

このいわゆる「都心居住」推進という背景に、住宅と業務を比較すれば、住宅の方が都市のインフラへの負荷が低いから住宅用途に限って容積を緩和してもよいという論理が加わってつくられたのが、この種の容積緩和制度である。

このような容積緩和と都心居住の二つを組み合わせた九〇年代の典型例は、工場跡地の再開発である。一九九〇年代にバブルの崩壊と産業構造転換により発生した多くの工場跡地は、再開発地区計画に市街地住宅総合設計などを組み合わせ、できるだけ事業後の容積を巨大にすることで巨大マンションを建設し、都心回帰のブームに乗じてそれを事業採算に乗せてきたといえよう。

さらにこの流れでは二〇〇二年に、従来、許可制であった総合設計が、敷地内に広場を五〇%以上設ける条件で、建物の全部を住宅とすれば既存の容積率規制の一・五倍まで建築確認によって認められるように変更されている。またその究極のものは、都市再生にかかる緊急整備地域において事業者側からの提案によって可能となる都市再生特別区域、いわゆる都市再生特区である。特区では、容積率規制も含め、既存の都市計画規制はすべていったん白紙の状態として、自由に都市計画を新たに決めることができる。

こういった容積緩和は、再開発事業の成立の可能性を高めるという意味では効果的であるが、弊害も少なくない。

そもそも本来、これら個別プロジェクトに適用される単発的な容積ボーナス制度は、もう少し広域的な視点から都市を見た場合の「計画」との整合性に常に配慮される必要があることは言うまでもない。工場跡地がいかに大規模な完結型敷地が多いとはいえ、近い将来には、単発的な容積増が許される可能性も、計画という視点からは使い果たしてしまう可能性が高い。

二〇〇二年の総合設計の一般建築確認化は、単純に言えば、既存の用途地域による容積率規制を押しなべて一・五倍にすることを認めたものにほかならない。実際には敷地規模の制限や、自治体による制度を適用しない地域の指定によりそうはならないが、これではもともとの用途地域指定の意味を問わざるを得ない。

第二に、現行容積ボーナス制度で取引される公共施設の代表は広場と道路であり、積み増しされた容積を使い切らなければならないという制約と公共施設の制約は、再開発事業の空間形態として、必然的にタワー・アンド・オープンスペースをますます助長することになる。もちろんタワー・アンド・オープンスペース型の空間像が、すべて悪いわけではない。臨海副都心のような埋立地や、都心・副都心の一部の地区ではそのような空間像もさほど違和感はなかろう。問題はそれが、どこででも可能となることである。

都市、とりわけ既成市街地には、それぞれの地区ごとに長い年月をかけて形成された独自の文脈(コンテクスト)がある。そしてそのような文脈は、単にそこで現在居住している人々の生活環境を代表しているだけでなく、実は都市や地域のもつ独自の魅力に繋がっている場合も少なくない。基本的に近代米国の空間像であるタワー・アンド・オープンスペースは、日本の文脈では異質のものとして突出した存在となりがちである。

そしてタワー・アンド・オープンスペースは、その空間像としての強い影響力ゆえに、貴重な魅力の資源であるコンテクストを破壊しかねない危険性を有している。実際、この種の空間像は都市の歴史が古い欧州で忌避されているばかりか、今や発祥国米国でもニュー・アーバニズムの台頭が示すように、疑問に感じられ始めている。

都市計画による規制や建築規制が必要な理由が、負の外部性の解消にあることは既に述べた。しかし外部性の中には、長い時間をかけて生じるものや、人々の価値観、社会経済状況が変化することによって生ずる外部性もある。タワー・アンド・オープンスペースの空間像は、日本の都市にとって貴重な資源と引き換えに実現されがちであるという意味で、短期的には測ることのできない負の外部性を有しているのではないかと感じるのである。

第三の問題は、これらの容積緩和制度は、大都市も地方もなく、全国一律に適用される場合が多い点にある。東京や大阪のような大都市では確かに容積率規制が事業の制約となっている側面があることは否定できないが、その一方で地方都市では、都心部においてさえ現況で許容されている容積を使い切れていない状況がある。そのような状況下で、全国一律的な容積緩和制度を導入すれば、結果はおのずと明らかであり、地方都市に比べて大都市を利することになる。近年の経済状況、都市の活性状況を見れば、地方都市に比較すると大都市はまだしも恵まれている。現在行われているような容積の規制緩和は、大都市と地方都市の格差を助長しかねない。

再開発事業について、事業前後の容積という観点から適地が徐々に少なくなりつつあることは既に述べた。このことは実は、日本の再開発事業がようやく可能性よりは必要性に目を向けざるを得ない時期にきたということも意味しており、再開発事業の都市にとっての重要性は、むしろ増していると言ってもいい。そのようななかで、個別事業に対する容積緩和は、専ら必要性には目をつむり、失われつつある可能性を回復しようとする試みにほかならない。求められるべきは、都市における二〇世紀の負の遺産と言ってもよいマンションの建て替えと密集市街地の再生など、真に必要性の高い領域における規制の改革と言うべきであろう。

4-4-4 開発事業の資金調達システム

これまで本節では、開発事業を取り巻く制度システムについて述べてきた。この項では、開発事業にかかわるもう一つの重要なシステムである資金調達システムについて述べることとしよう。

いうまでもなく、一般に開発事業には巨額の資金が必要である。これまでの都市開発事業では、コーポレート・ファイナンスと呼ばれる、事業者の経営状態や事業実行能力に対する評価による資金調達が中心だった。これに対して近年、事業者ではなく、事業そのものの収益に着目した資金調達方法であるプロジェクト・ファイナンスが注目されている。

プロジェクト・ファイナンスの一つである証券化は、特定の開発事業や不動産経営に特化した会社である特別目的会社（SPC）への投融資という形で実現され、ノン（リミテッド）・リコース・ファイナンスで行われる。

プロジェクト・ファイナンスは、開発事業の収益性そのものを評価する資金調達の手法であり、収益性の観点から優良なプロジェクトには資金が集まり、優良でないプロジェクトには資金が集まらないという意味では、より好ましい資金調達方法であることは確かである。特に、従来の担保融資に見られる地価の動向を重視することではなく、リスクと収益性評価を適切に評価する必要がある証券化手法は、少なくとも民間による都市開発事業においては評価すべき面は多い。また、不動産投資信託（いわゆるＪ―ＲＥＩＴ）が新規開発事業をも対象として行われるようになれば、資金調達の小口化もある程度は可能になり、民間による都市開発事業の活性化に寄与するものと予想される。

しかし残念なことに、これまで不動産の証券化が行われたのは、そのほとんどが既に収益性の面からリスクが低いことが確実視される既存の優良物件がほとんどであって、新規開発・再開発に証券化が適用された例は極めて少なく、そのような場合でも確実な信用補完があってはじめてスキームが成立しているのが通例である。その理由としては、一般に都市の開発事業は少なくとも五年、一〇年という中長期にわたるのが普通であるのに対して、投資家の行動パターンは比較的短期的な視点からの収益性に大きく左右される傾向があるからであろう。

都市の開発事業の結果出来上がった建物は、その後も何十年にわたって都市空間を形成するストックとなる。また、法定の市街地再開発事業のような公的な関与がなされる開発では、純粋な収益原理のみならず、都市の防災性の向上といった必ずしも収益に直結しない重要な役割がある。既に述べた許認可の効率化などを通じて事業の短縮化をはかると同時に、公共性の高い開発事業に対しては何らかの公的な支援措置を講ずるなど、民間資金がプロジェクト・ファイナンスの下でも都市にとって優良なプロジェクトに流れ込む環境を整備することが重要であろう。

4―4―5　二一世紀の都市づくりに向けて

成長しない経済と成長しない都市は、日本の都市づくりの考え方に根本的な変革を迫っている。そもそも、地域に大量の新しい宅地と床をつくり出す都市開発事業において、宅地と床に対する需要が存在し、処分できるということは、地域全体の経済が拡大していることを意味している。高度成長期のすべてが右肩上がりの時期には、他地域、他都市との競争を考えないでもそれが期待できた。

しかしながら、もはや低成長、場合によってはマイナスの成長が当たり前となりつつある今日では、一般的に地域経済の拡大を期待することは以前と比べてはるかに難しいし、期待できたとしてもそれは数少ない経済拡大のチャンスを、多数の地域、都市間との競争のうえに勝ち取らなければならないことを意味しているのである。

戦後の日本の都市計画の役割は、潑剌《はつらつ》とした土地市場において最低限の都市環境を確保することだった。しかし二一世紀の都市計画は、市場において「都市」や「地域」の魅力を高めることが大きな役割となるだろう。都市の魅力を高めることによって開発事業の価値も高まるのであり、規制緩和により個別の開発事業の採算性をよくすることが都市自体の魅力を失わせているとすれば、それは本末転倒である。

一例を挙げれば、欧州の各都市で行われているような都市内の眺望保全の試みや歴史的な文化を体現する空間づくりのように、地域独自の魅力である風景や文化の価値を高めるような規制がある。このような規制は、確かに個別の開発事業にとっては制約以外の何ものでもない。しかし、このような規制があることによって、その都市は他の都市とは異なる魅力を強調し、競争力を高めた結果、開発事業の価値も上昇している。

規制システムや事業システムの改革は、地域の自発的創造性を高め、そのことが都市や地域の競争力の向上に繋がるようなものでなければならない。日本でも、二〇〇一年の法改正によって、住民やまちづくり協議会などのNPOが、地権者の三分の二の同意をもって、都市計画の変更案を提案できるようになった。地域の自発的創造性を高めるという意味では、このような改革は望ましい。この制度も、都市再生特区も、無節操な容積の緩和にのみ利用されるのであれば、既に述べたように批判されるべき制度でしかないが、大都市の密集市街地や、あるいは地方都市において、民間の自発的創意を高める制度として利用されるのであれば、決して悪いことではない。この意味で民間に地域の空間のあり方を委ねる提案型制度は、二一世紀の私達の都市づくりの方向性を、民間に、そして私達自身に問いかけているのである。

（参考文献）
（1）川上秀光「再開発の必要性と可能性」『巨大都市東京の計画論』彰国社　一九九〇年
（2）角野幸博『郊外の20世紀』学芸出版社　二〇〇〇年
（3）日端康雄編著『建築空間の容積移転とその活用』清文社　二〇〇二年
（4）国土交通省『都市計画運用指針』http://www.mlit.go.jp/crd/city/singikai/sn140426.htm

5　都市再生への胎動
――知識集約産業を生み出す海外事例

森野　美徳

1　バイオ集積都市サンフランシスコ、ベイエリアの挑戦

二一世紀の知識情報社会を迎え、世界の都市はそれぞれの歴史、文化、自然環境を生かしながら、知識、情報、先端技術を牽引《けんいん》車に都市の再活性化に取り組んでいる。日本でも政府の都市再生本部が中心となって、東京などの大都市圏から稚内《わっかない》、石垣までの地方都市にまたがる都市再生が本格的に展開されている。第3章で指摘したように、日本の都市は海外の都市に対する憧憬《どうけい》や模倣からの発想を脱却すべき時代に差し掛かっていることも確かだが、知識集約型経済にふさわしい都市づくりに挑戦している欧米都市には学ぶべき点もある。ここでは都市再生にかかわる海外事例を紹介し、これからの都市政策の進むべき方向を考える材料としたい。

5―1―1　バイオをめぐる世界競争

米国におけるバイオ産業はサンフランシスコ、シリコンバレーを含むベイエリアを筆頭に、マサチューセッツ工科大学（MIT）などの大学・研究機関が集積しているボストン周辺、国立衛生研究所などの政府関係機関が集積するワシントンDC周辺などのバイオクラスターを中心に発展を遂げている。これらの地域では大学、研究機関を中心とする産学連携から技術移転、ベンチャー企業の育成・成長といった好循環を繰り返すことを通じて、バイオ産業の集積が新たな集積を引き起こす構図が出

来上がった。そこに共通するのは、①核となる大学や研究機関の存在②ベンチャーキャピタルとのアクセス③成功企業からのスピンオフによるベンチャー企業群の形成——の三点である。

一九九〇年代のＩＴ（情報技術）ブームの牽引車となった米国サンフランシスコからシリコンバレーに至るベイエリア地域は、二一世紀の成長産業と期待されるバイオテクノロジー分野でも米国バイオ企業の約三分の一が集積する全米最大のバイオクラスターを形成している。同地域はＩＴ革命の時代に大学、研究機関を中心に産学連携→技術移転→ベンチャー企業育成→企業の成長→スピンオフの連鎖の中から新たな産業集積を築き上げる「シリコンバレーモデル」で世界に名を知られるようになった。ＩＴバブルが弾けた九〇年代末以降、同地域では従来のシリコンバレーモデルをより発展させ、バイオ産業においてコンピューターを駆使して膨大な遺伝子情報の解析を行うなど、バイオ・インフォマティクスといった新しい産業分野への展開を目指している。

バイオテクノロジーは、二〇〇〇年四月に米国のベンチャー企業セレーラ社がヒトの遺伝子（ヒトゲノム）の一次解析を終了したと発表したのを機に、二一世紀の新しい成長産業として世界的に脚光を浴びるようになった。この遺伝子情報は創薬開発に革新的な潜在力を持つほか、化学、食品、農業、環境など広範な分野への応用が期待され、日米欧の各国が世界規模の競争を繰り広げている。

なかでもベイエリアはバイオ産業の分野でも老舗のジェネンティック社をはじめ上場企業七六社（二〇〇〇年）を数え、雇用者数は二万六〇〇〇人を超える。この地域が米国最大のバイオ産業集積に成功した要因は、スタンフォード大学、ＵＣＳＦ（カリフォルニア州立大学サンフランシスコ校）など有力な大学・研究機関の存在、ベンチャーキャピタルの集積、バイオ産業をサポートする弁護士、会計士などの人材など有形・無形のネットワークの存在が大きい。

例えばジェネンティック社からスピンアウトした人材の多くが同地域にバイオベンチャー企業を創設したほか、大学や研究機関で開発されたシーズをもとにマネジメントチームがつくられ、ベンチャーキャピタル、コンサルタント、弁護士、会計事務所といったバックアップ体制を整えてバイオベンチャー企業の立ち上げを支援している。ベイエリアではバイオ産業の分野でも優れた知識、情報を持った人材が流動化しやすい環境のなかで豊富なベンチャー資金が提供されるなど、知識と人材、資金を有効に活用して最も効率的な方法で事業化を図るためのシステムがビルトインされている。これはIT時代に構築された「シリコンバレーモデル」がバイオクラスター構築に発展したものと位置付けることもできる。

5―1―2　バイオインフォマティクスに融合

最近の動きで注目されるのは、コンピュータを利用して膨大な遺伝子情報を解析するバイオインフォマティクスのように従来の研究分野、産業分野を融合する状況が出てきたこと。こうした動きに対応するため、サンフランシスコ湾に面した地区にUCSFの新キャンパスを建設するとともに、周辺にバイオ関連企業を集積させるバイオリサーチパークを建設する計画(ミッションベイプロジェクト)も動き出した。

UCSFの新キャンパスは既存学部の移転ではなく、学部横断的に結成されたプロジェクトチームごとの研究内容を評価したうえで、スペースや資金、人材が割り当てられる仕組みを導入した具体的なプログラムは、①大学とベンチャーキャピタルの資金を合わせたシードファンド設立、②大学の研究成果の技術評価からマーケティング、事業化までを取り仕切るマネジメントサービスの提供、③ベンチャー企業を軌道に乗せるためのインキュベーター設置、④UCSFの教授、学生を対象とする起業家養成講座の設定――などが予定されている。今後の融合的な研究・産業分野にダイナミックに対応できる研究環境の提供と、学内で生み出された新産業のシーズがインキュベーターを経由してバイオリサーチパークで事業化されるというプロセスを確立することによって起業化までの時間を短縮することを狙いとしている。

スタンフォード大学では、バイオ分野で学部の専門領域を超えた研究を進めるための交流スペースとなる「クラークセンター」を建設中である。このプロジェクトでは学際的な研究のハブをつくることで、バイオなどの融合的分野の研究効率を高めることのほか、教授や学生の研究リソースの共有と既存研究テーマの活性化、バイオ分野における世界的レベルの研究者を集める最先端の研究施設、環境整備を目指している。

2 コンテスト方式が生んだドイツのバイオ集積

一九九六年に行われた連邦科学技術省の「ビオ・レギオ」(BioRegio, バイオ地域)コンテストを契機にドイツのバイオ集積が始まった。バイオテクノロジー分野において米国に追いつくことを目的とした地域間競争方式の助成プログラムで、特別モデル地域に選定された三地域、ハイデルベルク市を含むライン・ネッカー三角地帯、ベルリン市、ミュンヘン市にはそれぞれ五〇〇〇万DMの補助金（一〇〇〇万DMを五年均等）が提供された。

都市のデザインについてのコンテストは各種の事例があり、都市間の開発競争プログラムとしては、英国のLTP（ローカル・トランスポーテーション・プラン（第6章参照））があるが、ドイツのこのような機能集積を図るためのコンテスト方式は世界最初の事例である。

さらに興味深いのは、コンテストに選ばれなかったレーゲンスブルクは、これを機会に地元での努力が積み重ねられ、いまでは大きな集積を実現している。また同じくコンテストでは選ばれなかった旧東ドイツの小都市イエナは特別賞を授与されたことから、コンテストの翌年以降、州、市、大学、民間財団などが協力して、バイオセンターの具体化が図られることになった。

5−2−1　ハイデルベルクのテクノロジーパークづくり

コンテストへの応募のために、当時ベーリンガー・マンハイム（Behringer Mannheim）社の重役だったアプスハーゲン教授が中心的役割を果たした。教授は地元の産業界、学界、官界から尊敬を受けた人物で、その存在が人的ネットワークの構築に大いに貢献した。教授はバイオ・ライフサイエンス企業のスタート支援のためにハイデルベルク・イノベーション社を設立し、現在同社の会長を務めている。

コンテストの特別モデル地域に選定されたことを契機に、八〇年代から始めていたテクノロジーパークの第二期工事に着手、九八年に建物が完成している。現在この地域には二八社が立地し、八〇〇人が勤務している。二〇〇二年には第三期工事が完成しており、五〇社（一五〇〇—二〇〇〇人）が入居している。

非営利団体（NPO）であるバイオ地域・ライン・ネッカー三角地帯協会が当地域の産官学協働活動のプラットフォームとして機能している。ハイデルベルクの起業家はこのプラットフォームを通じて良質な人的ネットワーク情報を入手でき、さらに起業家を支援するために設立されているハイデルベルク・イノベーション社によるスタートアップ支援が受けられる仕組みになっている。さらにテクノロジーパーク・ハイデルベルク社に認められれば必要なだけのスペースを確保することができる。二万七〇〇〇人の学生を擁するハイデルベルク大学もテクノロジーパークの成功に大きく貢献していることは言うまでもない。

5—2—2　レーゲンスブルクのバイオパークづくり

ドナウ河畔の古都、人口一四万人のレーゲンスブルク市は一九世紀初頭までバイエルン国の首都であったが、その後、工業化からは取り残され地元資本の育成ができなかった。

バイオパークづくりに着手した契機はコンテストの一九九六年、ブリストル—マイヤー・スクイーブ社が当地の工場を閉鎖し五〇〇人が失職したことである。市長がレーゲンスブルク大学に働きかけ、コンテストへの応募を推進した。同大学は六二年創立で歴史は浅いものの、広範なバイオテクノロジーの分野であれば世界的に競争力が持てるかを検討した。それがバイオアナリシス研究分野であった。

レーゲンスブルクにはインフラも整っておらず、バイオ企業の集積も進んでいなかったため、地域選定からは漏れた。コンテスト後、市の努力に対してバイエルン州が協力し、同大学の付属研究所にするはずであった建物をバイオセンターに転用することを決定、二〇〇〇年に完成させた。九八年にはスタートアップ企業を支援するため、市によってバイオパーク・レーゲンスブルク社が設立され、市は欧州のみならず米国やアジアでも積極的に企業誘致活動を進め、サンフランシスコのツラーリック（Tularik）社やソウルのC-TRI社等のバイオ関連企業誘致に成功した。九五年以前は五社に過ぎなかったバイオテクノロジー関連企業は、現在二七社に増加している。バイオパークの第二期工事計画も本格化しており、市はさらに世界的な人的ネットワークの構築を続けている。

5―2―3　イエナのサイエンスパークづくり

一六世紀からの大学都市イエナ市（人口一〇万人）は、一九世紀半ばにカール・ツアイス（Carl Zeiss）が精密機器・光学工場を建設してからドイツ有数の工業都市として発展した。しかし、第二次世界大戦で市の大部分が破壊され、その後も旧東ドイツの下で技術的進展は停滞した。東西ドイツ統合以降、旧東ドイツの各都市のインフラ整備が進められているが、イエナのような地方小都市は後回しにされがちであった。

東西ドイツが統合された一九九〇年に、立地企業の再建と新たな企業立地を支援するため、テクノロジー・イノベーションパークが建設され、連邦、州、市、地区を通して手厚い助成がなされてきた。

その結果、マイクロシステム、ＩＴ、医薬、環境技術等幅広い分野にわたる企業が現在四五社入居している。バイオに関しては、コンテストが契機であり、九六年バイオ地域イエナ協会が設立され、コンテストに応募した結果、地域選定からは漏れたものの特別賞を授与された。これを契機に九七年以降、州、市、大学、カール・ツアイスグループ（Ernst-Abbe 財団）等が協力して、バイオ・インスツルメント・センターの具体化がはかられ、二〇〇〇年には第一期工事が完了した。現在一二社のバイオ関連企業が入居している。

イエナの仕組みはハイデルベルクと類似しており、地域内の人材を幅広くネットワーク化することでバイオ関連の地元企業の育成をはかっている。その成功の背景には、戦後四〇年、東ドイツ時代も人口一〇万の小都市の企業や大学から人材が流出しなかったことが大きな意味を持っている。

核となる大学は学生数一万六〇〇〇人のイエナ大学と学生数三五〇〇人のイエナ先端科学専門大学であり、そのほかフラウンホーファー、マックス・プランク等三〇以上の研究機関が大きな役割を果たしている。

3 映像情報都市ハリウッドの再興とデジタルコースト

映画の都・ハリウッドを擁するロサンゼルス市は、映画、音楽などエンターテインメント関連のソフト、コンテンツをインターネットやコンピューターグラフィック（ＣＧ）などのＩＴ（情報技術）

と結びつけたマルチメディア産業集積「デジタルコースト」の形成に取り組んでいる。ロサンゼルスは一九八〇年代後半から九〇年代初頭にかけて冷戦終結や国防費の削減による航空・防衛産業の不振によって戦後最悪の不況に陥ったが、同分野で失われた雇用を補ったのは地元の映画、音楽などのコンテンツを生かしたIT関連産業だったことから、同市は九八年にこの地域を「デジタルコースト」と命名して、その分野に的を絞ったIT産業集積を促進する政策を展開している。

5―3―1　航空・宇宙産業から派生

デジタルコーストは狭義にはハリウッドの映画・音楽と直接に結びつくロサンゼルス市を中心にサンタモニカ、カルバーシティー、バーバンクなどを含めた地域を指しているが、この地域のIT産業集積は、ワイヤレス関連産業が集積するサンディエゴやアーバインから、ソフトウエア企業の集積が進むサンタバーバラまでをカバーした広大な地域と結びついている。このため、これらが相互に連携した南カリフォルニア経済圏全体を広義のデジタルコーストと捉えることができる。

ロサンゼルス周辺地域のIT集積はハリウッドで制作された映像・音楽などのコンテンツの存在と航空・宇宙・防衛産業の流れをくむ技術的な蓄積があったことが大きな背景となっている。ロサンゼルスのマルチメディア関連の企業数は約二万社で、大半が中小企業で成り立っている。雇用者数は約一三万人でニューヨークとシリコンバレーを足し合わせた数よりも大きく、全米第一位の規模を誇る。産業分類ではコンテンツから技術系まで幅広く分布しているが、ハリウッドの映画・音楽関連のコンテンツ系が主力となっている。

映画・テレビ番組制作会社の立地はロサンゼルス市内のハリウッドから郊外のサンタモニカ市、バーバンク市周辺に集積しており、ディズニー、FOX、ユニバーサル、ワーナーブロス、ソニーなどの大手スタジオのほか、独立系スタジオの大半がこの地域に本社を構えている。

5−3−2　高い専門性と分業体制

映画産業は、①資金調達などの企画開発、②製作前の準備段階、③撮影、④編集、⑤流通――といった五段階のプロセスから成り立っている。それぞれの工程ごとに分業化が極度に進んでおり、専門分野に特化した中小企業がそれぞれの能力を生かして独立して存在しているのはそのためでもある。近年は製作会社と配給会社との分離も進み、配給会社は依然として大企業が中心であるのに対して、製作会社は系理化されない中小企業も多い。最近では人件費のコスト高から、映画撮影の大半はカナダやオーストラリアで行われるようになり、「ハリウッドの空洞化」も一部で指摘されているが、CGなどデジタル技術の導入によって画面上でヒトの数を増やしたり、ヘリコプターを飛ばしたりすることが簡単にできるようになり、映画製作コストは大幅に削減できるうえ、予想以上にヒットした場合はオンラインで映画館に作品を送ることもできるようになってきた。CGハウスの質が格段に高いうえ、CGを使った編集工程は顔を突き合わせてのミーティングが重要となる。さらにロサンゼルスには監督志望の人材の大きな市場があり、プロデューサーも資金調達面で同地域に立地する大手スタジオとの結びつきを密にせざるを得ない。こうしたことからもハリウッドの優位性は揺るがないと見られている。

ハリウッドのコンテンツとマルチメディア産業を結びつける接点となったのは、映像をデジタル化してコンピューター上で様々な画像処理を施すビジュアル効果技術の導入だった。もともと軍事目的で開発されたCG応用技術だったが、軍事産業からスピンアウトした技術者等によって「スターウォーズ」「タイタニック」など一般映画に広く利用されるようになった。これらの企業はサンタモニカやハリウッド周辺、バーバンク、カルバーシティー周辺に集積している。

このようなデジタルエンターテインメント産業では、複合的な関連企業が一体となって一つのプロジェクトを立ち上げるだけの集積が求められるのに加えて、技術とアートの双方を備えた人材の重要になる。しかも映画製作の多様なニーズに応えるためには、極めて細分化された工程に携わる人々が密接に連絡を取り合い、フレキシブルに対応できるような近接性が決定的に重要な要素になっている。

5―3―3　広域的な産業集積とネットワーク

ロサンゼルス市の「デジタルコースト」構想に対する具体的な支援策としては、マルチメディア産業に対する減税、建築許可の簡素化や各種情報提供などのサービスに限られているが、IT産業の集積のためには人材、資金、情報のトータルなバックアップが不可欠となり、広域的に点在するITクラスターの相互連携を図って相乗効果を高めるような大学、研究所、インキュベーター、ベンチャーキャピタル、NPOなどの役割が大きい。とりわけ公共交通機関がほとんどなく、自動車での移動に依存する同地域では大学、研究所、インキュベーターなどのリソースを各クラスターが共有することの意義は大きく、広域ネットワーク型のIT集積として他地域とは異なる展開を見せている。

4　臨海工業地帯再開発と環境技術の国際競争力強化
――ストックホルム、ハンマルビー・ショースタッド

当地区は、ストックホルムの中心部から南東四キロメートルに位置し、広さ約二〇〇ヘクタールである。一九二九年にハンマルビー運河が完成し、翌年LUMA社の電球製造工場が建設された後、工業・港湾地区として発展してきた。最近では産業構造の変化により工場、倉庫等の空きが目立つようになっていた。九一年に当地区を住宅、オフィス街として再開発する基本計画が定められ、その後、各地区の詳細開発計画が策定されてきた。

工事は一九九三年より始まり、工場、倉庫の跡地を再開発した北岸では住宅開発が完了し、一二五〇戸の住宅、学校が立地している。南岸は現在なお工場が操業を続けており、今後一〇年から一五年の間に開発が進められ、最終的には八〇〇〇戸の住宅、人口一万五〇〇〇人、就業人口一万人の都市が誕生することとなる。

5―4―1　先進的持続可能都市の開発

本再開発の最も特徴的なことは、生活様式の見直し、最新技術の開発、総合的な視野に立つ計画立案と遂行により持続可能な都市、すなわち地球環境に配慮した都市計画、建設の世界最先端のモデルを目指している。同時にスウェーデン企業の環境技術分野における国際競争力強化に貢献することを

意図している。

ストックホルム市は一九九八年現在、人口七三万六〇〇〇人で、年間約八〇〇〇人のペースで増加を続けている。これに対応して、年間約二〇〇〇戸の住宅供給が必要であり、また雇用についても、年間三五〇〇〜七〇〇〇人の増加が今後数十年間続くと想定されている。

かつて工場等が立地していた都心の水辺地区は、公共交通機関へのアクセス性や環境条件からオフィス、住宅、公園への転換が求められている。一方、郊外はニュータウンとして開発されてきたが、都心の住宅開発の結果、住宅地としての魅力が相対的に低下するため、教育、研究、文化施設の建設を進め、ライトレールを導入して環境改善が進められている。

5—4—2 環境プログラム

当地区は、ストックホルム市が二〇〇四年オリンピック開催地として立候補した際に、選手村として提案された。その際、地球環境問題への取り組みの先進性をアピールしたのである。結果的に二〇〇四年オリンピックは開催地としてアテネが選ばれたものの、当地区の再開発は地球環境保護がキーコンセプトとなった。

地区の開発には、住宅、オフィスの混在した多用途開発が実践されている。眺めの良い運河沿いには住宅が、道路を隔てた内陸側にはオフィスビルが配置され、一つの建物についても、一階には商店やオフィス、二階以上は住宅という混合型の開発である。

交通についても、自動車利用の削減を目指し、自動車の流入規制をする一方、ライトレールなど公共交通機関を整備している。また地区内にはカシの森の保護地区や道路により分断される「けもの道」確保などの配慮もなされている。

具体的な環境目標は以下の通りである。

・自然サイクルを可能な限り地区ベースで完結させる
・天然資源の消費を最低限に抑える
・全エネルギー消費量を削減するとともに、エネルギーの利用効率を上げる
・エネルギーは再生可能、かつなるべく当地区で入手可能なものから生産する
・汚れていない水の消費を減らす
・下水道はエネルギーの抽出に有効利用し、栄養塩は農地で利用する
・建材は再利用でき、かつ環境・健康に悪影響を極力与えないものを使用する
・住民が危険にさらされることのないよう、土壌汚染問題を解決する
・湖を復元する
・交通の必要性を低減させる
・これらすべての解決策に地元住民の協力を得るため、住民参加方式をとる
・当地区で取得された知識、経験、技術が他の地区の開発に活用されるよう努める

5−4−3　計画実現に向けての過程

（組織づくり）

環境上の目標を達成するためには、市役所、地主、建設業者、住民等、あらゆる関係者の関与が欠かせない。計画の初期段階では、市役所ならびに地主の役割が重要であるが、実施段階に移行した後は建設業者の責任が増大し、完成後は管理主体、住民、立地企業の貢献が重要になる。これら関係者の合意形成のため、プロジェクトの実施組織の中に特別な作業グループを設立し、情報の収集と伝達を図っている。

〈作業手法〉

作業手法については、技術導入、調査、モノ・エネルギーの流れ、契約の四つの分野から検討されている。

技術導入については、最新技術の導入とその効果を極大化するための試験プロジェクトや新しい標準の構築がなされている。調査については、大規模な事業であるため、広範な分野についての実務、技術面での解決手法、地域外の開発や保全とも関連づけた分析、様々な関係者の協力、役割分担等が進められている。

モノ・エネルギーの流れに関しては、当地区の環境に最も大きな影響を与えるものである。開発計画、開発の推進から完成後の住まい方まで環境影響を考えたデザインがなされている。契約については、開発期間中の環境技術の進展を考慮してなされ、また市と地主の開発契約、市と建設業者の開発・調達契約についても最善の環境を実現する工夫がなされている。

〈資金調達と負担〉

全体のコストが最小になるような整備順序が計画され、資金調達の支障がないよう、国、地方自治体、地元企業の負担が規定されている。

本地区の都市開発事業では、所有者が土壌汚染対策を施した用地を市が購入し、市自らが開発した。また、工場や倉庫の所有者の協力を得て、環境上必要な緑地等を確保するため、官民の協力と費用分担の考え方を導入している。

5 知識集約都市ボストンの高速道路地下化とＩＴＳ

ボストンの都心部で約一〇年間にわたって工事が続けられてきた中央幹線道路の地下化事業「ビッグ・ディッグ（大掘削）」がようやく完成に近づいてきた。都心部を南北に貫くインターステートハイウエー（州間高速道路）93号線の渋滞が著しいうえ、高架によって都心部とウオーターフロントが分断されている現状を打開するため、高速道路を地下化して拡幅するとともに、地上空間を公園などの歩行者空間として整備するものである。この道路は海底トンネルを通じてローガン国際空港までつながり、都心に流入する交通量を抑制する効果が期待されている。二〇〇二年秋には北行きトンネルが完成、二〇〇四年までに既存高架道路の撤去、地上部の公園整備などが完了する予定である。

この道路計画のためと完成後の交通管制システムのために、ＭＩＴＳＩＭと呼ばれるＩＴＳ（高度道路交通システム）支援システムの開発が進められてきた。

5―5―1　人材定着に欠かせない都市環境

米国建国の地、ボストン市とハーバード大学やＭＩＴ（マサチューセッツ工科大学）を擁するケンブリッジ市が一体となったグレーターボストン都市圏は、米国における学術の中心都市である。ボストンは英国植民地時代に良港を生かした貿易拠点として始まり、建国後も港湾建設と埋め立てによって米国有数の工業・貿易都市として発展した。一九世紀末から二〇世紀前半にかけて地下鉄、空港、道路、港湾などのインフラが充実して産業都市の顔が出来上がった。一九六〇年代から八〇年代にかけて歴史的建造物の改修、整備が進められる一方、都心部に金融機関や公的部門の高層ビルが相次いで建設され、ウォーターフロントの整備やかつての市場「クインシーマーケット」の復活などによって、歴史と近代の調和がとれた街並みが出来上がった。

ボストン経済は一九九〇年代に入ると、それまでの長い低迷から力強く立ち直り、所得水準、失業率、オフィス空室率などの経済指標で見ても、米国で最も好調な地域の一つになった。その復活を支えたのは、ボストンが従来から競争力を有する高等教育、医療、文化・芸術などに加えて、ＩＴ（情報技術）などのハイテク産業、ソフトウエア産業、金融など知的付加価値の高い産業の飛躍的な成長だった。これらの産業が軍需産業や従来型コンピューター産業から流出した労働力を吸収するとともに、産業構造を大きく変え、高い所得水準と失業率の低下をもたらした。

知識集約型産業に必要な人材を集め、定着させるためには、生活や仕事の舞台となる都市の魅力や生活の質の高さが重要な要素になる。ボストンが九〇年代の復活に続いて、今後も米国における教育、研究、芸術などの中心都市として競争力を維持していくためにも、都心部の慢性的な交通渋滞を解消して都市の効率性、機能性を高めるとともに、質の高いアメニティ空間を提供するための都市改造が必要になっていた。

「ビッグ・ディッグ」と呼ばれる中央幹線道路トンネルプロジェクトは、都心部を貫く高速道路を地下化して片側三車線から四―五車線に拡幅することによって、中心部の渋滞解消を図るのが狙いである。高架道路の撤去後に生まれた上部空間は、緑地・公園約一一ヘクタールを整備してグリーンベルトを創出、これまで分断されていた都心部とウォーターフロントを一体化させる。北側のケンブリッジ市との間にまたがるチャールズ川の橋の拡幅（片側七車線）、ローガン国際空港とサウスボストン地区を結ぶテッド・ウィリウムス・トンネルを建設するとともに、高速道路と連結させることによって空港アクセスを改善する事業も合わせて進めており、都心部への自動車流入量の削減、サウスボストン地区の活性化を図る。

5―5―2　事業費の大半が連邦負担

このプロジェクトの建設、所有、管理を行う事業主体はマサチューセッツ高速道路公社（ＭＴＡ）。これにボストン市、マサチューセッツ港湾局などが協力する。一九九一年に本格着工、現在約八割の進捗状況で二〇〇四年末に完成予定である。総事業費は当初二六億ドル程度と見込んでいたが、高架道路を残したまま工事をしたり、既存のライフラインや地下鉄、水路の下に新たなトンネルを造ったりする必要があったため、二〇〇二年時点では一四六億二五〇〇万ドル（約一兆七五〇〇億円）と約五倍に跳ね上がった。

構想自体は一九七〇年代初頭に浮上したが、巨額の資金をどこが負担するかが議論になった結果、連邦政府が建設した州間高速道路の一部であるところから、総事業費の五八％を連邦政府からの補助金、一一％を州政府からの補助金で賄うことで着工にこぎつけた。ＭＴＡは増大する工事費を捻出するため、ボストン市オールストンにある鉄道貨物ヤード跡地約一九ヘクタールをハーバード大学に一億五二〇〇万ドル（約一九七億円）で売却することを決定した。ケンブリッジ市に本校を置く同大学はすでに同地区にビジネススクールやスポーツ施設を持っており、チャールズ川の両岸にまたがる新キャンパス開発計画を検討している。

ボストン市の高速道路地下化を中心とした都市改造は、都心部を知識集約都市にふさわしい空間に再生するとともに、産業構造の変化に取り残された工場跡地や貨物ヤード跡地を頭脳集積拠点に生まれ変わらせる牽引車となっている。

5-5-3　政治的リーダーシップと国民合意

ボストンの場合は、市長やマサチューセッツ州知事の理解と協力の下、同州選出のトーマス・オニール下院議長、エドワード・ケネディ上院議員らの力を借りてレーガン大統領（当時）の反対を押さえて連邦資金獲得に成功した。日本における東京・日本橋の高架橋を撤去するためのボストンと同レベルの巨額の費用と沿道再開発という難しさについて、国民的合意を得て、国や自治体が税金の投入に踏み切るように政策を切り替えるためには、石原慎太郎都知事をはじめとする地元自治体首長の強力なリーダーシップと、政界有力者の理解と支援が欠かせないものになるだろうことを考えたとき、いかに大きな意思決定であったかが理解できよう。

5-5-4　ITSシステムの開発

この道路計画は、空港へのアクセストンネルの追加新設と高速道路沿道の環境改善を目的としている。都心の臨海部と旧市街地の間を分断する高架都市高速道路は、建設時から環境面の議論があったところである。臨海部の再開発が進むに従い、高架道路の存在が旧都市との分断問題、景観問題等から地下化が志向された。

膨大な交通量を有している道路ネットワークの供用下での再整備と、供用後の交通量の大きな変化は、環境への影響を予測するうえで重大な研究課題であった。このプロジェクトの始まる前、カリフォルニア州で環境改善を目的とするバイパス整備が予定通りの環境改善を実現できなかったという理由で、その事業を推進した行政のみならず関与した計画者や研究者までもが市民から訴えられ、大問題になった経緯が存在している。したがって、ボストンの都市高速ネットワークの大改造に当たっては、精度の高い研究調査と確実に環境改善を実現する管制システム、最先端のＩＴＳ技術の導入が必要要件であった。

このプロジェクトの開始時期はＩＴＳに関する研究開発が世界的に進められた時期でもあり、ＭＩＴを中心として膨大な調査費と多くの研究者を擁するプロジェクトが開始され、Moshe Ben-Akiva教授を中心としてＭＩＴＳＩＭの開発が進められてきた。このシステムは、市民の一人ひとりの交通行動と運転時の行動がすべて追跡され、交通状況と環境影響を把握するものである。

都市間の個々の信号制御や交通規制の影響も時々刻々推定され、動的に交通管制がなされるシステムとなっており、二〇〇四年のプロジェクト完成に際して実用化されることを目標として開発が進められている。

（参考文献）

〔日本政策投資銀行駐在員事務所報告〕

（1）サンフランシスコベイエリアに見られるバイオクラスター形成のための新たな取り組み（ミッションベイプロジェクト）―LA38　二〇〇二年

（2）東西ドイツにみる「地域の価値観」と人的ネットワークに基づくサイエンスパークづくり―F78　二〇〇一年

（3）映画の都復活の象徴「ハリウッド＆ハイランド」―LA37　二〇〇二年

（4）都市開発と地球環境―工場倉庫跡地の再利用を図るストックホルム市の都市計画と環境プログラム―L29　一九九九年

（5）ビッグ・ディッグ～知識集約型産業都市ボストンの都市改造―N67　二〇〇二年

6 都市の未来への課題と展望

森地　茂

6－1－1　都市の魅力の意義

都市と産業の関係の変化にいかに対応するかが問われている（第1章参照）。国の競争力、産業の競争力、都市の競争力の三者の関係が変わったのである。かつては、経済面での国の競争力と日本産業の競争力は一体的なものであり、都市の競争力は国内の立地や資源の配分上の意味を持つに過ぎなかった。

国の競争力の強化とは、日本産業の国際競争力をつけ、国際収支や為替レートを高めることを意味した。これに対し、都市の競争力とは、人口規模や商圏の広さ、日本産業の立地や観光等における活性度に代表されてきた。極論すれば、国の競争力、産業競争力で得た富の国内配分を規定する都市の競争力であった。所得水準や、雇用確保のため各都市は企業誘致のための基盤整備を図ってきた。産業が栄える都市が栄える、すなわち産業が都市の競争力を規定してきた。ところが、逆に都市が産業を育てる時代に変わったのである。

都市の競争力とは、企業立地に関する国際的競争、国際観光やコンベンションに関する誘致競争、展開されている諸活動に関する競争、経済活動や文化活動の主体となる人々がどれほど多く居住するかの競争等で測られるようになった。雇用確保のために外国企業誘致が、そのためには外国人の生活環境の魅力が、しかも海外都市に対しての優位性が問われる時代である。また生産、流通の国際分業化により、国内都市と海外の諸都市との近接性、利便性が求められることとなった。さらに、多様な人材の集積が産業を生み出す時代、すなわち産業が都市を発展させる時代から都市が産業を育む時代への転換である。都市の競争力が産業の競争力、ひいては国の競争力を規定するようになったのである。

経済面のみならず、人々の価値観の多様化に対応して、快適で、美しく、個性的文化の集積があり、教育や研究活動にも適した環境を有する都市が、真に競争力のある都市たりうる時代となったのである。国民が経済的にも、文化的にも満足し、誇りを持てる都市が求められている。都市の競争力が一義的意味を持つようになり、国家戦略として都市の魅力を高めることが喫緊の課題となっているのである。

都市の魅力の重要性の再認識こそが、都市再生を政府の中心的課題に押し上げた意味だと考えたい。都市の魅力が、第一に、上記の多様な競争力を生み出すこと、第二に、居住者や来訪者の多くの価値観に耐えうべきこと、第三に、その程度に応じて個性ある活動を顕在化させ、さらに創出、再生産を重ねる基盤となりうることの再確認である。

その魅力とは、交通をはじめとする社会基盤の充実はもちろん、様々な活動を支え活性化させる広範な政策、さらには民間企業や市民の個人的活動に支えられる魅力に大きく依存するものである。商業地の魅力、文化的集積、空間のたたずまいや人々の活動、レクリエーションや経済活動のためのより広域的活動拠点としての利便性や情報等々である。

都市の魅力を向上させる都市再生政策として、財政事情のゆえにインフラ整備を民間資金で（ＰＦＩ：Private Financing Initiative）とか、効率性のために民間活力をとか、魅力的空間とするためにＰＰＰ（Public Private Partnership）とか、住民の反対によるプロジェクトの遅れに対するＰＩ（Public Involevement）とか、あるいは、規制緩和による容積率の上乗せや移転、土地利用の自由化、規制緩和のための特区制度等々、それぞれ大切で大きな意味を持ってはいるが、都市の魅力向上にとっての政策の範囲はそのような限定的なものではないはずである。向上すべき都市の魅力が先に述べたように再認識された時、関係する企業や個人や各種公的機関やＮＰＯが、その魅力向上に努力することを、その努力が、具体的競争力向上に直接役立ち、諸活動を惹起するに至るまで、様々な政策が総動員され、結果が出ることをもって、国家としての都市再生政策体系足りうるのである。

国民の豊かで快適な生活や誇りの持てる文明といった広い意味での「国力」を考えたとき、「都市再生」とは「国力向上」とほとんど同義であることに読者は気付かれるであろう。だからこそ、その政策体系を矮小化《わいしょう》することなく、どこで何を何時までに選択的に行うかの、論理と戦略性が不可欠なはずであった。地方分権だから公募制で、財政危機だから規制緩和中心でといった限定の論理ではなく、政策の体系化や戦略性、成果を出すまでの総合性を追求するべきなのである。

総合性に関しては、ハード政策ではなくソフト政策が重要、機能追求のみならず快適性や景観の重視を、公共事業ではなく文化活動への予算配分へといった議論が多くなされてきた。上記都市の魅力の位置付けから大変重要なことである。漸く文化的活動が、趣味の世界や、個人生活の問題のみならず、都市の経済的活力をも含め広義の都市の競争力に関係する、言い換えると公的に支援するに値するものとして位置付けられたのである。それは、ハード施策や公共事業と対置するものではなく、選択的であったり、一体的であったり場合場合に総合性を求めるべきものであることは言うまでもない。

6-1-2 圏域構造の再編成

近くに同じような豊かさの国々が存在する欧州型の地域になりつつある東アジア地域において、国家間の交流や競争よりも、都市間、地域間の交流・連携がより大きい意味を持つことは、欧州の前例からも明らかである。第3章に述べたように、①人口三〇―五〇万人一時間圏への都市の再編、②人口六〇〇万人から一〇〇〇万人の広域経済圏の自立、③人口七〇〇〇万人の一時間広域都市圏（中央リニア新幹線と第二東名名神高速道路が作り出す新たなベルト地帯）の形成、④アジア地域をも包含する国際広域圏という四種の圏域構造の抜本的再編成が求められている。

現在日本が直面している課題すなわち、アジアの時代に対応する国際競争力確保、国際的分業体制の確立、公共事業依存型経済からの脱却と地域の経済的自立、人口減少期の都市的生活水準の維持、自治体経営と公共事業の抜本的効率性向上、地域の人口定着と国土管理等々への対策として、これらの圏域構造再編成が最も重要でかつ基礎的な政策対応である。

都市の再生を、このような圏域構造の再編と関係付けて推進することが、国内的には財政事情や分権型社会追求のために、国際的には欧州型に移行するアジアのなかでの新たな競争力を創出するために、大変重要である。そのような地域構造を作り、かつ支えるのが交通基盤である。

国際競争と分業にとって、アジア諸都市と日本の都市が効率的に結ばれていることは、物流、人流の両方の面で不可欠である。物流面では、日本の食品、衣料、雑貨をはじめ、ほとんどの消費財が海外からの輸入に依存するようになり、港湾貨物は輸出型から輸入型に転換し、特に地方港湾の輸入コンテナ貨物が増加する傾向にある。また、日本の各地域で生産された競争力のある部品が海外移転した加工組立産業をはじめ世界へ供給される物流ネットワークの拠点として、さらに国際規模での循環型社会における中間加工や生産、保管施設の再配置適地として、港湾の重要性が形を変えて再認識されている。国際拠点港湾のハード・ソフト両面の効率性向上と都市再生にあたっての港湾空間活用、それらと高速道路ネットワークなど内陸交通ネットワークの有機的連携が重要である。

国際空港は、成田、関西、中部の拠点空港の整備が進められつつある。国内航空拠点としての羽田空港の第四滑走路の建設が具体的に動き出し、その余裕分で国際路線の開設が可能となる。ただし、一五年後には、成田、羽田両空港の容量不足が再び顕在化すると見込まれ、そのための首都圏第三空港計画が早期に確定され、手遅れを招かないことが日本の将来にとって、最優先課題である。各ブロック拠点の国際空港で容量不足が懸念されるのは福岡と那覇である。

福岡の板付空港は年間一四万三〇〇〇回の発着回数があり、成田空港より多く、羽田に次ぐ全国二位の便数にもかかわらず、滑走路一本でいよいよ限界に達している。人口一〇〇〇万人の自立圏域を目指す九州の国際化のアキレス腱《けん》となっているのである。しかも、福岡市都心部から至近で、便利さはあるものの、環境と安全上の懸念に加え、都心部の建築制限を受けるという厳しい立地環境にある。新福岡空港が構想されて二〇年になるにもかかわらず、問題の先送りが続いてきた。対応が不必要であるかのごとき無責任な議論も一部にあり、長期的都市再生の意義が多くの市民に十分理解されないことの深刻さに関し、東京の外郭環状道路と並ぶ日本の代表例といえよう。那覇空港に関しては、観光とアジアの国際都市として発展を目指す沖縄の最重要プロジェクトとして位置付けられている。なお、アジアの諸都市との関係から、多くの地方空港がより有効に活用されることとなろう。

国際拠点都市や、拠点空港・港湾と国内ネットワークの一体的な改善が、圏域構造の改編のカギとなることは言うまでもない。特に広域生活圏の形成にとっては、第3章で述べたように各種都市的サービス施設のバラマキではなく、集中的配置による高質化が目指されるべきであり、また既存施設の広域的有効活用が肝要である。そのために必要な道路と公共交通体系の在り方が重要である。

なお、国際社会のなかで外国人にとっての生活環境として住宅、教育、衣料、買い物等と並んで交通分野も多くの課題が残されている。その典型は、交通情報である。例えば、路線番号がなく走行途中で名称が変わる高速道路や、国道県道など利用者にとって意味のない管理者別でかつ脈絡のない路線番号の道路は、外国人観光客のドライブをおよそ困難にしている。ネットワークの最終形がおよそ明らかになった今こそ、路線番号体系の全面的見直しが望まれる。

6-1-3　都市の高齢化

日本の将来を描くとき避けて通れないのが、少子高齢化への対応である。需要動向に応じた各種サービスの改善、例えば、ユニバーサルデザインの拡充、高齢者の居住志向（都心回帰、郊外居住、多自然居住、多世代住宅等）への対応であり、第1章で論じられた。単身赴任人口の多さは日本独特の現象であるが、さらにその単身赴任者の高齢化が進展している。GHQの指示による教育委員会の地方分権化が、生徒や教員の流動性を極端に妨げ、皮肉にも結果的に単身赴任による父親不在という家庭教育環境の阻害現象を生み出した。しかも子供の教育を理由とした家族の分割居住が子供の独立後も慣例化し、単身赴任の高齢化をもたらしたのである。この観点からの教育制度の改善に加え、女性に好まれる都市環境の整備が、単身赴任という日本独特の家庭環境制約を改善するためには避けられない。

高齢社会の都市や生活環境、人口減少期の都市の適正規模、土地利用の改変、人々の価値観の変化による逆都市化現象など、人口構成と都市の在り方については、上記生活圏域の再編のみならず、各地域や都市でそれぞれの方向を選択し、人々が多様な選択をできる状況をつくり出すことがとるべき道であろう。福祉重視、歩きやすい道等々といった一般論にとどまることなく、それぞれの都市がより積極的に特色ある高齢社会型都市像を多様に実現することが求められる。

ところで、居住者の高齢化ではなく、都市自身の高齢化問題が我々の研究会における大きな論点であった。もちろんそれは、居住者の高齢化、社会資本や建築物の老朽化、産業構造の転換に伴う経済の衰退、都市デザインや環境の悪化や改変遅れ、土地利用の空洞化等々である。都市再生の重要な観点がここにもあることに疑問の余地はない。この問題への取り組みが世界各地で行われてきたのである。

例えば、グラスゴーやボルチモアをはじめ、かつての重工業地帯のみならず、自動車産業のデトロイトですら、さらには先端産業の集積する学園都市ボストンですら都市内の衰退からの脱却に、数え切れないほどの戦略を検討し、実行してきた。その結果としての現在の活力があることを忘れてはならない。都心商業地、ウォーターフロント、臨海工業地帯、密集市街地、駅と周辺地域等々の多様な再開発は文字通り都市の高齢化からの再生であった。自動車の利用禁止区域、路面電車の復活、鉄道駅や港湾とその周辺地域の大改造、密集市街地の広域再開発など、日本では合意形成が難しいような規模で展開されてきたのである。日本が世界に例のない活力を維持していた八〇年代、欧米では二回のオイルショックの結果としての不況のなかで一五年から二〇年もの都市再生努力を続けてきたのである。

社会資本や建築物の老朽化も深刻であった。七〇年代後半から老朽化が目立ち、『崩壊するアメリカ（America in Ruin）』という書物が評判になった。ニューヨークとボストン間の高速道路の橋梁が落橋した結果、同年代（一九二〇年代）に築造された全米の橋梁が通行制限を約一〇年間受けたのである。ニューヨークの都市高速道路は床版が落ち、撤去する資金もなく残骸が放置された。ボルチモアでは臨海工業地帯が廃墟《はいきょ》と化し、治安悪化から人口が激減、居住者に補助金を出すまでの努力をして人口流出を止め、コンベンション都市として再生されたのである。

シアトルでは旧市街地のビルが老朽化し、別の地区に新築された高層ビルにテナントが次々移り、治安悪化がさらにその傾向を促進、後に再開発されるまで完全な空洞化を招いたのである。このような状況下での都市再生であり、また同時に社会資本や建築物のライフタイムコスト（建設のみならず維持管理も含めた耐用年数までの総費用）、あるいはアセット・マネジメント（Asset Management：施設の維持管理、更新等のやり方を合理的に行うこと）の研究と実用化が進められてきた。

このような前例から学び、問題が深刻化する前に有効な手を講じておくことがどうしても必要である。都市再生がデベロッパーの事業推進のような問題ではなく、より大きな都市の世代交代問題であることは明らかである。その問題の所在、将来動向、解決の代替案等を、各都市ごとにより鮮明に描く必要があろう。暗い先行きは行政として示しにくい、解決策の成功確率が不明である、リスクを誰が背負うのか、投資は建設業のために必要かといった議論のみが重ねられ、問題を先送りすることは許されない。何もしないという代替案も含めて、都市の戦略はリスクを伴うこと、なおかつ、継続的実行を経てのみ成果が得られることを、認識する必要がある。過去四〇年のように公共事業をすれば、各種産業が活性化し、雇用、所得の拡大が期待できるといった、地域戦略が単純に見えた時代はもう存在しないのである。

都市の高齢化に関し、このほか議論があったのは、都市や施設の設計の考え方であった。物理的、機能的、そしてデザイン的な長寿命化はいかに図れるか？　各種建造物の保存と再生のための、保存型更新や機能転換の方法論、それが可能な初期設計の在り方、時代を経て老朽化するのではなく、歴史性を持ち、エイジングの価値を高める設計の在り方等である。日本が、特に戦後復興期に欧州ほど、都市景観の保存修復に意を用いず、また使い捨て型の更新を繰り返してきたことに対する反省である。

もちろん、時代を経て様々なサービスや生活の質が向上していくなかで、社会資本や建築物が機能的にも、デザイン的にも老朽化することは避けられない。それでもなお、構造物や都市景観が構成への遺物として歴史価値を有するための思考は、積極果敢な都市再生への努力と矛盾するものではない。

以上が都市の高齢化という観点からの、都市再生への問題提起である。

6−1−4 都市計画、土地利用規制と誘導

都市計画の制度は計画制度と事業制度に分かれる。計画制度は、地域区分（都市計画区域、市街化区域、商業地区等の各種地域地区指定）や土地利用の用途（地域地区に応じた土地利用用途の指定で、例えば飲食店の立地規制など施設施設の規制）、容積率・建ぺい率の規定、都市計画街路等公共施設の立地予定地の規定とその場所での土地利用規制等である。

これらは、隣接土地利用相互間や、公共施設と民間土地利用の間の、長期に渡る整合性を、保つための制度である。一方、事業制度は、区画整理事業、再開発事業、街路事業等、具体的に施設を配置したり、土地利用の整理や変換を図るための制度である。すなわち、多様な主体が高密に立地する都市において、その時々の自己都合で土地を利用すると、良好な環境が維持できないため計画制度で土地の使い方に関する約束事を決めておくのが計画制度であり、ある時点で事業を実施するときのルールが事業制度である。

ところがこれらの制度だけでは不十分となり、その変革を迫られてきた。その第一は、規制だけでは高質な環境は実現せず、より積極的誘導策が求められたことである。それが、容積移転制度であり、都市再生特区の規制緩和や提案制度の導入等である。第二は、全国一律の制度では、個別の事情に対応できないことである。そのための自治体への地方分権や、さらに細かい地区ごとの特別な計画を可能とする地区計画制度、建築協定制度等である。これらは、住民が地元で約束事を決定するならば（それが都市計画上望ましいことを確認の後）それを公的権力で守る方式ともいえる。第三は、公共事業や土地利用変更に対する住民の反対である。その調整のため、都市の環境整備が遅れたり、実現不可能な事例が世界各国で続出した。そのため、構想段階からの情報公開制度、意見聴取制度、関係者の計画への参画制度等、ＰＩ（パブリック・インボルブメント）制度の導入等がある。社会実験（自動車抑制などの政策や空間整備を試験的に実施し、試行錯誤のあと最終的に採用する案を決定する仕組み）や、公共事業の評価制度も拡充されてきた。第四は、公共施設用地と民地を別々に使うことが望ましい空間づくりの制約になる事例である。このためＰＰＰ（Public, Private, Partnership：官民協調）制度が拡充されてきた。民地の公開空地としての適用や、歩道上空の民間利用、大深度地下利用制度等である。第五は、政府の財源不足のため民間資本による社会資本整備や環境整備である。この目的で、上記第一から四までの諸制度に加えて、ＰＦＩ（Private Financing Initiative：民間資本による社会資本整備制度）、プロジェクトファイナンスに関する諸制度等が、拡充されてきた。

これらの展開が、第4章にまとめられている。ただし問題は、これらの諸制度が十分機能しているとは言えないことである。それぞれにまだまだ改善の余地は大きいのである。

特に社会資本整備や、民地の各種環境改善事業に関し、日本のほとんどの制度は、補助金をその推進の手段としていることである。開発が社会の強い要請であったときは、その資金不足や、関係主体間の負担に関する合意が最大の制約であった。したがって、公共が補助金を支給することが開発推進の最大の政策であった。しかし、事業推進の需要や、欲求が必ずしも大きくなく、都市の各種環境改善に対する制約が資金ではなく、関係者の事業への参画や、合意形成が主たる制約となる場合には、関係者（自治体や民間主体、住民等）の努力を引き出すインセンティブをいかに制度化するかが重要である。

例えば、街路を拡幅したが違法駐車のため期待通り交通容量が増えなかった事例、駅前広場を整備したが違法駐輪のため期待通り快適な空間とならなかった事例等が多く存在する。また、これらの事業を提案する行政に対し、地元の合意形成は容易ではない。地元のための環境改善事業であるにもかかわらずである。この場合、地元が、道路や広場の空間をより快適に使うための管理への協力や、事業化のための民地提供等の協力に関する合意を形成したら、事業に着手するという方法もありうる。その合意形成に対するインセンティブとして、道路や広場あるいは地下駐車場、駐輪場の整備があり、また道路空間の占有許可に関する特例の認可等も考えるのである。合意形成のための計画づくりへの支援もありうる。

つまり、行政が事業を提案し、住民を説得して推進するのではなく、関係者が新たな空間の使い方まで含めて合意形成したら、事業の手助けをするという発送の逆転である。これは、整備の時代から管理の時代への転換に対応した制度でもある。国、都道府県、市町村の間でも、行政と民間の間でも、より望ましい行動を引き出すインセンティブ制度を、補助金に代わる中心的政策として位置付け、都市整備制度や、社会資本整備制度の全面的見直しを行うのである。もちろん補助金がインセンティブの重要な役割を有することは言うまでもない。

この種の政策の事例として、英国の二事例を挙げよう。第一はＬＴＰ（Local Transportation Plan）制度がある。これは二〇〇〇年に改編導入されたもので、地方自治体が交通計画案を競い、優秀な提案に対し、中央政府が五年間集中的に補助金を提供し、また自治体負担資金の財源として、道路の有料化や、企業の駐車場への課金を許可するのである。自治体の計画づくりや、住民の合意形成へのインセンティブ制度である。第二は、レーンレンタル制度である。道路工事の時間短縮は、工事中の渋滞等の不便を減少するのみでなく、工事費の多額の節減を可能とする。工事の入札に際し、工期に応じたレーンの閉鎖に対する損害額と工事費の合計が少ない提案者に落札する制度である。工期の延長は、罰金を伴うので、建設事業者には、費用を少なくし、かつ工期を短縮するインセンティブが働くのである。日本でも様々な入札方式が試みられるようになったが、自治体等行政に対するインセンティブや、関係民間主体に対するインセンティブのための制度は極めて限られている。

6―1―5　環境、安全、安心

都市の未来を規定するのが環境であり、広い意味での安全、安心であることは言うまでもない。第5章に紹介したストックホルム市の持続可能な都市の追求は、世界にとっての普遍的政策方向である。環境は地球環境、自然環境、生活環境と一体化したシステムであるが、その対応策や対象とする現象連鎖は多岐にわたる。

しかも、都市での多様な活動が環境に与える影響、市民生活が自然から受ける影響に関し、この二〇年様々な新たな発見があり、対応すべき分野は拡大してきた。都市生活から見たその対応は遅々としていることは、京都議定書への国際協議が示すとおりである。それでも例えば第3章2節、3節に述べたように、自動車問題、物流問題、循環型社会への転換は確実に進展している。

定常状態の環境問題ではなく、特殊状況下の環境問題ともいうべき災害問題に関してもその現象解明、安全対策は確実に進展している。地震、火山、台風、洪水、高潮、土砂災害等、日本の都市は厳しい自然環境を宿命づけられている。拙著『社会資本の未来』（日本経済新聞社）で示したように戦後多くの災害を経験して、確実にその安全性は向上されてきたが、兵庫・淡路大震災は多くの教訓を残した。火災や交通事故など各種人為的災害、事故も多様である。

さらに、安全・安心な環境にかかわる問題として、環境物質や人為的要因による食の安全、水資源や砂漠化に伴う食糧供給問題、健康・医療問題、エネルギー・資源の有限性、さらには治安、文明の葛藤《かっとう》等々都市問題というよりは人類の課題というべき課題が山積している。

都市の未来にかかわる環境対応は、いかに環境負荷を少なくするか、自然の物質循環機能をどう健全化するか、大気、水域、土壌の汚染をいかに修復するか、ライフラインをはじめとする都市の装置の機能改善、様々な生産過程と生活資材、食料の見直し、そして生活スタイルの見直しである。各種国際化は環境面でも国際的相互影響を広域化させ、南北問題は経済問題から環境問題に拡大し、環境改善の役割分担など政治問題化している。

これら広範な環境問題への対応は、個別分野の政策対応にとどまっており、都市再生と関連づけた体系化は今後の大きな課題である。危機管理対策としてのハザードマップが各種公表されたことも近年の大きな進歩であるが、周知度はまだ限られている。その一つの原因は、水害、土砂災害、地震、火山、交通事故等担当部局ごとのハザードマップであり、生活者にとっての総括的な情報になっていないことにある。また、学校教育における危機管理教育、ハザードマップ等個別情報、災害記念日等の啓蒙《けいもう》活動、自治体情報等々、あたかもカリキュラムなく教育しているような情報提供にとどまっている。少なくともこの面での整理と、危機管理対応の周知徹底が急がれる。

2　都市の個性と魅力

6－2－1　都市のテーマ

日本の都市にかつて強く存在した個性と独特の風格がなぜ戦後失われたか、その回復のために何が必要かが、本研究会の重要な議論のテーマであった（第2章参照）。ここでいう都市のテーマとは、都市を計画し、デザインするに際して、何を基調とするか、その基調を構成するその都市の特性である。市民や来訪者がその都市の個性を感じる時、最も強く好印象を受ける特性が何かを見極め、それをテーマとして設定し、都市計画とデザインの基調とするのである。

都市の個性として、テーマの設定が最も重要なことは言うまでもない。もちろん、都市の特性は一つではなく、地点、地区、地域、全都市のそれぞれについて開発とテーマ性が求められる。例えば、都市全体が自然のテーマすなわち山、川、湖、海岸線で印象づけられる場合もあれば、歴史、文化や、あるいは民家のデザイン、瓦《かわら》の色でその都市の特徴を感じさせる場合もある。かつて、ランドマークの重要性が論じられ、また都市の形態に関する意味性、例えば幾何学的単純形態が都市の認知性を高めるとの議論や、都市を特徴づける明快なヴィスタの設定やデザインの統一性の評価がなされたりした。混沌《こんとん》こそこの地の特色との主張もあった。もちろん機能、デザイン、シンボリックな自然景観や、建築物、居住し集う人々の特性、そこで過去あるいは現在に展開される物語等々、都市を他と差別化し、かつ魅力的特性として認識されるテーマは多様である。

しかし、新たにテーマを設定し、それがあまねく知られ、評価されるに至ることは容易ではない。だからこそ、多くの都市において歴史的建造物を大切にし、自然的景観を可能な限り全市的に位置付け、かつ地区ごとのシンボルを形成すべく努力してきているのである。当然のことながら、その全体的統一性、美しさや活力、歴史・文化性等人々に普遍的に評価される価値を創出する必要がある。

例えば、ニューヨークは摩天楼と呼ばれるビル群によって、あるいはフランスから寄贈された自由の女神によって、ハドソン川の風景によって、さらにはI Love New Yorkのマークによって印象づけられており、5th Avenueのブランド店、音楽・演劇・絵画等の芸術の集積、あるいはウォール街の金融活動の集積といった多様な個性を有している。この多様性と活力が都市としてのニューヨークを強く印象づけ、かつ郊外の静寂な住宅地の環境と高度集積都市とのコントラスト、意外さで来訪者に好印象を与えている。

この事例からわかるように、小規模都市においては、山や川あるいは独特の歴史的景観など何か一つのテーマを強く印象づける都市設計が可能であるのに対し、大都市ではある一つのテーマがなるべく都市内の広域な地区で感じられ、かつ多様性が互いに矛盾せず、全体の魅力や印象を高めることが望ましい。都市内の各地区のテーマ設定が都市全域の個性喪失を招く矛盾をもたらしたらそれは都市デザインの失敗となるのである。

かつて、ランドマークの重要性、一つのテーマの追求の望ましさが論じられたが、それほど単純ではない。本研究会でも白幡氏から示された、景観や食べ物など以上にその都市の物語性が観光客の記憶に残るのだという見方が、印象的であった。また篠原氏からの日本的というテーマの提言、團氏からのある延長の沿道空間の意識的デザインの重要性の指摘等、都市の個性を演出するうえでの多様な方法論の提示であった。まさに都市デザインの能力が問われる時代と受け止めるべきなのであろう。

一方で、効率性追求の結果として高層ビル、道路、自動車等世界共通のデザインが各都市の風景を類似化させ、またチェーン店やブランド店の世界規模あるいは国単位の展開が、さらには建築のみならず衣服や持ち物の素材の世界共通化が、都市の没個性化を進展させる。

効率性追求の結果としての画一化と、情報の国際化の下での多様な欲求を有する市民の自由な都市の構成作業ゆえの没個性化、すなわち個性が属地性を失うという矛盾、そして自然や歴史、文化の個性を都市の個性化に生かそうとする計画者、設計者の能力とがせめぎ合っていると言えるかもしれない。

しかも、かつて国内の都市の中での個性が問われた時代から、世界の都市の中での個性が問われるているのである。まさに、まちづくりのテーマをめぐる諸状況への対応が求められている。

6-2-2 機能の集積の在り方

都市の個性や魅力を構成する要素は、各種の集積である。霞が関、丸の内、大手町、秋葉原、新宿、赤坂等々に見られるように、行政機能、業務機能、マスコミ、電気器具店、歓楽街などそれぞれの機能の集中的立地が、その地区の個性となり、魅力となる。

同一業種の集積は、第一に、顧客にとって選択の余地を広げ、市場を広域化させ、需要を拡大する。第二に、そのような選択に対する業種内企業の競争を引き出し、また、それら近接立地企業の活動状況をお互いに知ることが多様な工夫を生み出す。第三に、それら企業への原材料や商品の提供企業、輸送、広告をはじめとするサービス提供企業の集積や競争、マスメリットによる効率性向上をもたらす。これら三要因が、相互に好循環をもたらしその効果をさらに高める。

ただし、ある都市に、単一企業や、単一業種のみが立地した場合、企業城下町や、かつての工業団地、臨海工業地帯が産業構造の変革に伴って、地域活力を失ったように、多様性の不足は地域の脆弱《ぜいじゃく》性をも意味している。そこで、もう一つの集積形態、すなわち異業種の集積が同時に重要である。第1章で伊藤氏が強調したように、異業種の近接性や、異なる分野の専門家の集積が、新たな産業を生み出す。欧州の都市では市当局が、定期的にパーティを企画し、異なる分野の専門家の出会いをつくり出しているところすら出てきている。

日本でも、新たな産業の創出を意図して、大学と産業の協働化が各地で推進されている。また、企業誘致のみならず、立地企業が技術者を定住させたら補助金を与える自治体もある。都市の魅力のゆえに、また各種企業の立地に惹かれて、多様な人材が集積するとすれば、それこそ新たな活力の好循環をもたらす。デザイン、コンサルティング、ソフトウエア、文化、情報の創出・分析・加工・伝達、研究開発等の活動の集積の重要性にとどまらず、産業が多様化するなかで、芸術家や、科学者、各種興味を核にするNPO、多様な文化的背景を有する外国人など、従来は産業活動とは遠い存在であった人々の集積もが、大きな意味を持つ時代となった。それら多様な人材が一流であるほど、それぞれにグローバルな情報、交流ネットワークを保有しており、それらのネットワークが、都市の競争力を高めることになる。

ところで、より狭い地区レベルでは、「土地利用の純化」が近代都市計画の基本的考え方であった。産業革命がもたらした環境問題への対応として、工場と住宅との分離、高層建築物と戸建て住宅の空間的分離等に代表される土地利用の純化のために、土地利用の地域指定や容積率・建ぺい率・高度等の制限が導入されてきた。ところが、空間設計の技術革新の結果として、土地利用の混在が環境上の問題を引き起こさず、むしろ混在が魅力的空間をつくり出したり、再開発の促進要因となる事例が近年多く見られるようになった。

例えば、シリコンバレーは工場、物流センター、住宅の混在を美しい空間としてまとめ、テクノポリスブームを引き起こした。ウォーターフロント開発は、港湾地域で市民から隔絶された海岸線を商業や住宅と活用することを可能とした。都心業務地域への住宅付置義務や工業地区の用途転換、密集市街地の高度利用化等々も進展してきた。「土地利用の純化」から「混在」への部分転換である。各種規制緩和や再開発特区、都市計画の提案制度等がこれらをさらに進展させるであろう。もちろん土地利用の純化策が重要度を失ったわけではなく、高質な空間づくりに、混在化というもう一つの手段が出現したと捉えるべきであり、これもまた機能集積の環境変化である。

6-2-3 景観設計の在り方

このテーマについては、第2章で論じられている。歴史的風景、日本的景観の重要性、街並みのデザインに関する諸観点が提起された。多くの地方都市の戦災と、地方ごとに特色を有していた町家デザインの画一化の進行により失われた個性をどう再興するか、新たにどう創出するかが問われている。個別建築物のデザインと都市デザインの関係、私有空間と公共空間のデザインの一体化、インフラ構造物の都市空間への収まりなど、設計者の責務の再認識が求められる。

ここではこれらの指摘に加えてさらに次の諸点を提起しておきたい。第一は、スカイラインや斜面の使い方である。都心部、郊外部ともに、市街化に際しスカイラインや斜面地の使い方に無頓着《むとんちゃく》だった。スカイラインの樹木を残し、斜面の緑に埋まるように建物を配置すれば都市の中距離あるいは遠距離景観の美しさを維持できたであろう。また。低層住宅地で大屋根より高い樹木を残せたら、高層ビルから見下ろした都市の景観ははるかに美しかったであろう。日本の都市と欧米の都市の中距離・遠距離景観との差異はこの点にある。

都市内の坂道の風情も、斜面緑地とスカイラインが失われては、保つことはできなかった。京都のかつての町家がほとんど失われ、ビルが林立してもなおかつ現在の雰囲気を残しているのは、東山をはじめとする斜面緑地の保持のお陰でもある。

第二は、郊外部、地方田園部における土地利用境界の景観処理である。宅地と水田の境界や、工場地と農地の境界は、特に住宅や工場の側面や裏側が見える部分に景観上の配慮はなされておらず、荒廃した印象を与えている。かつての屋敷林や鎮守の森、鉄道沿いの防風林のあった風景との差異は歴然としている。道路についてもフランスや中国で都市間道路に街路樹を配して、道路空間と沿道空間の境界を収めた風景と日本のそれとの差異は大きい。日本と欧米の都市の差として指摘される河川、湖沼、海岸等水面と隣接する空間デザインも、一つの境界部問題である。樹木や緑地の使い方の問題でもある。

第三は、都市再開発の規模の小ささである。中国、シンガポールはもちろん、パリのデファンスやレ・アル地区の再開発、パリやロンドンにおける駅と周辺再開発の規模と比較して日本はその規模の小ささに加え、異なる地権者の土地への再開発の拡張や、公的用地と民間用地の一体的開発の展開の度合いの限定性が見られる。土地所有者の意識、役所の縦割り意識にその原因があろう。一定の広がりの中で統一的デザインがなされないとき、機能上の個性や景観設計の特性を出すことは難しい。

第四は、デザインコンペ制度の未成熟である。建物のデザインに関するコンペ方式は多くあるが、地区全体のコンペにより一人の設計思想が生かされるケースは多くない。また、地域全体のデザイン思想に応じて、域内の各建物のデザインを規定する仕組みも極めて限られている。階層的コンペの仕組みである。

第五に、超高層ビルの出現によるアーバンデザインの新たな展開である。日本においては、従来複数の建築物が街路空間として、あるいはその周辺地区の空間としていかに統一的デザインとなるかがアーバンデザインの対象であった。超高層ビルの出現は、より広域の風景を規定するため、都市の遠距離、中距離景観と建築物の調和へとその対象を広げるのである。もちろん、従来よりパリの旧市街地や京都市における高層ビルの排除や、教会やお城と新しいビルの調和など、広域的配慮はなされてきた。一街路景観と建物との調和さえマネージできなかった日本の多くの建築家、それでいて建築デザインの自由度の主張には固執してきたデザイン規制や色彩規制に反対してこの専門家集団が生み出す新たな都市空間の事前評価や、コンペ方式が必要かも知れない。

3　リーダーと市民

6―3―1　リーダーの役割

健全な都市間競争は、長期の時間軸上でなされる。都市開発や都市政策はそもそもその実現に長期を有するものであり、かつその間の社会的・経済的状況変化、また人々の価値観の変質等を伴う。したがって政策には当然リスクを伴う。知事や、市長をはじめとするリーダーは、短期の利害調整に関する市民の関心と向き合いつつ、リスクの存在にもかかわらず一定の方針を長期にわたって維持する必要がある。しかも第6章1節に述べたように都市間競争は多次元であり、国力の向上に相当する政策体系をマネージする必要がある。組織のすべてを活性化させ、アイデアを総動員し、かつ明快なシナリオと規範を持って全体システムを構成しなければならない。

シンボリックな個別政策の実行や、実行が容易な個別政策の実行は、一種の改革であっても、しょせん部分的問題解決である。全体構造を改変するためには、現状に対する見方、政策選択の規範が必要不可欠である。例えば、現在の構造上の問題を悪循環の存在だと規定すれば、それを断ち切り、好循環に転換するという規範の下に部分政策オプションが選択され、その実行度合いが制御され、結果として構造の変革が可能となる。

多様な政策体系といっても、人類の世界各国における歴史上の経験、研究者の知的創造は、参照すべき情報を膨大に蓄積している。もちろんそのまま引用、適用するには状況も価値判断も異なるが、それらの蓄積を知らずに情緒的議論で判断してはならない。むしろ、それらの蓄積に依拠する判断と、リーダーの世界観を、市民説得の材料とすべきである。

そのためには、それぞれの課題に対する適切な専門家の活用が必要である。この論理性の追求の下では、行政組織の構造改革に対する抵抗などあり得ないはずである。論理性を追求した後の不確実性への配慮や、価値観を伴う判断にリーダーの存在意義がかかるのである。かつて自治体のリーダーの関心事は、近隣の知事や市長に引けを取らない見識と政策であった。今求められていることが、国際的都市間競争である以上、その政策体系構築のために必要な情報と見識は世界規模を前提とすべきであり、従来と全く異なるのである。

6-3-2　国と自治体と市民の関係

地方分権化、国土計画体系と土地利用計画体系の変革（広域ブロック計画の立案プロセスの再構築）、各種長期計画関連法の改正、ＰＩなど、国、自治体、市民の関係はより対等な関係に移行していく。この問題に関しては、第4章に詳しく述べられている。

都市間競争とその結果として、国際的個性と競争力を有する都市を実現するために、従来のような国の主導と公平性を基調とする政策策定と実行方式は変更を迫られ、地方分権が必要となる。第3章の1節で述べたようにその成果を上げるために、自治体の再編成が必要である。現在の自治体のままで財源と権限を移譲した時、自治体の再編は難しくなる。今進行中の市町村合併が、財政的優遇を手段として進行していることは、そのことを表している。現在一人当たり行政コストから人口三〇万人が効率的とされ、平成の大合併が推進されているが、より大きい都市は昼間人口が多く、そのことが活力を生んでいる。人口三〇万から五〇万人一時間圏という問題提起に対し、それぞれの地域にあった規模を追求することも今後の課題である。

一方、人口六〇〇万から一〇〇〇万人の広域ブロック圏の構成は、道州制にも通ずる再編成であり、具体的議論は進んでいない。全国総合開発法の改正に伴う、広域ブロックの計画の在り方がこの議論の端緒となろう。北東北三県の広域行政への試みが進められており、その成果が期待される。一方で、道州制を議論し、制度設計をする主体の欠如のために道州制の実現性はごく小さいとの意見も多い。この実現の道の一つは国の主導による県の合併推進であり、現在の市町村合併と類似の方法である。もう一つは北東北三県のような動きが各地で始まることである。いま一つは、ＥＵ方式である。国ごとの議論から始まり、事務局が構成され、さらに強制力のある議会と法体系の段階的整備である。どちらにしても、合併の必要性の認識と、それを推進するインセンティブ、統一的行政ルールと財源の確保等、道州制実現のための要件を設定し段階的に進めるＥＵ方式が現実的であろう。

国と自治体の関係に関し、6－1－4に述べたように、もはや、単なる補助金提供はより良い都市づくりへのインセンティブになり得ない。しかし、補助制度の終焉《しゅうえん》を主張する意見に筆者は与《くみ》しない。例えば、地方分権の元祖とも言うべき米国の連邦が、市の役割である都市交通に補助制度を有する理由は明快である。所得再配分、技術的支援に加え、デモンストレーション・プログラムとしての外部効果の存在である。すなわちある街で試行錯誤した結果の他都市への経験の移転という外部効果である。また、英国のＬＴＰ（6－1－4参照）は、自治体間の健全な競争の促進を意図している。同時に中央政府が各都市の経験を情報としてまとめ広く提供している。

また第5章2節で述べたドイツのバイオ産業集積のための自治体に対するコンテスト方式もアイデアと活動実績の競争であり、補助金の獲得競争であった。すなわち、国と自治体の関係は、単なる権限委譲、補助金廃止のみではなく健全な自治体間競争の環境整備も中央政府の大きな役割なのである。

欧米で盛んな、都市サービスの比較情報の公表も、健全な競争のためのインフラと言える。経済企画庁が毎年公表していたＰＬＩ（People's Life Indicater）は、批判が多く公表されなくなった。データの信頼性、総合化の方法に対する批判のためであった。本来は、各分野（例えば中央官庁の課）

ごとにサービス水準に関し、国内諸都市のみならず、海外主要都市とも比較評価したデータを公開し、都市のリーダーや市民の判断に供するべきである。マスコミによる都市や県の各種比較情報の公表、国土交通省関連の財団等による都市交通に関する都市間比較データの公表はその始まりとして評価される。また、政策評価制度の定着や、国土交通省による国土のモニタリング制度もデータの蓄積として意義深い。情報公開が既存情報の公表義務から、比較情報の作成公表義務に進むべきであろう。もちろんその情報は行政のみが発信するのではなく、NPOもその主体として期待される。これらのデータ公表を受けて各都市が画一化に向かうのではなく、特色を伸ばす方向に流用すべきは言うまでもない。

6−3−3 市民の意識改革

産業や各種人材の集積をいかに図るかが都市再生の要点の一つではあるが、長期的にはより広い観点が必要である。例えば、小学校から大学に至る学校教育、大学における社会人教育、企業内教育、企業外の交流機会、他地域との情報交流の諸活動や、人間の流動性を通じて、人材や技術、能力が次世代に受け継がれ、また再生産される仕組みを再構築することも都市再生の重要な政策課題である。

さらに、都市再生特区の議論は都市政策としての、企業誘致、企業間・都市間交流活動、人材開発、研究支援等、従来の政策領域や政策オプションを全面的に見直すいい機会であろう。第5章に示した市民ネットワークづくりや外国からの専門家の誘致で新たな産業を興した事例は日本にとって示唆的である。

また、産業の多様化、国際化は、政府の政策や、企業経営者のみならず、市民の意識をもう一度問い直すことを必要としている。現在の不況対策としての構造改革を、財政政策、公共投資、企業経営等に限定し、さらに政治家と、行政官と、大企業の経営者の問題として、舞台上の演劇を評論するかの論議に終始しているこの国の有り様こそが、失われた一〇年の本質である。外国人居住は治安問題からのみ論じられ、そのプラス面を生かす新たな政策に議論が及んでいない。教育委員会の地域独占的仕組みが戦前の全体教育の視点からのみ是認され、国際的人材活用や、教員・生徒の流動性を妨げている。企業の日本国籍が過度に重視され、国内企業でも地域資本と競合する域外資本の進出を抑制する弊害は軽視される。逆に全国チェーン店の飲食店が重宝され、地方都市の没個性化が深刻である。研究開発や芸術が新たな産業の源泉と言いつつ、マスコミ界で科学部や文化部は政治部や経済部と比較して従的に扱われる。民間資本の回収期間が短期化したこの時代、公共投資の迅速性の欠如が日本の弱点と知りつつ、時間管理概念の欠如は是正されない。

観光対象としての魅力向上には市民が生活空間改善に向ける努力が重要と知りつつ、広告物の規制や、建物の色彩規制すら難しい。私権と公共のバランスについても、環境改善についても、総論賛成、各論反対の域を出ない。このように、市民の意識が、高度成長期と変わらないことには、都市再生への新たな段階に社会を挙げて進むことはあり得ない。その方向への動きとしては多くのＮＰＯやボランティア活動、趣味や意見を共有する人々の地域を越えた交流など、市民意識の変化は明らかに進展している。都市の未来の新たな担い手である。

4　おわりに

日本の都市の中でもブロック中心都市は、欧米を含め全世界の主要都市と航空路線で直結された情報拠点であり、複数の国際的機能を有している、小さい都市もその個性と魅力により、アジアの各都市と航空路線、情報ネットワーク、そして人的ネットワークで結ばれ、各都市それぞれ特色ある役割を果たしている。これらの機能により、産業構造の変遷に柔軟に対応でき、経済的にも文化的にも安定的繁栄を続けている、市民は都市に誇りを持ち生き生きとしている、これが日本の都市の未来である。

（参考文献）
（1）日端康雄・北沢猛編著『明日の都市づくり、その実践ビジョン』慶應義塾大学出版会　二〇〇二年
（2）伊藤滋『提言　都市改造』晶文社　一九九六年
（3）大野輝之『現代アメリカ都市計画―土地利用規制の静かな革命』学芸出版社　一九九七年
（4）福川祐一『ゾーニングとマスタープラン』学芸出版社　一九九七年
（5）国土政策機構編『国土を創った土木技術者たち』鹿島出版会　二〇〇〇年
（6）森地茂・屋井鉄雄編著『社会資本の未来』、日本経済新聞社　一九九九年

(7) 佐々淳行編著『自然災害の危機管理』ぎょうせい　二〇〇一年
(8) 山崎一真編著『社会実験、市民協働のまちづくり』東洋経済新報社　一九九九年
(9) 日本経済新聞社編『新・日本産業』日本経済新聞社　一九九七年
(10) 日本開発銀行ＰＦＩ研究会編著『ＰＦＩと事業化手法』金融財政事業研究会　一九九八年
(11) 計量計画研究所『道路サービス水準指標』計量計画研究所　二〇〇一年
(12) 運輸政策研究機構『利用者からみた交通整備水準指標』運輸政策研究機構　二〇〇二年

付録

二一世紀の庭園都市国家を考えるうえでの一、二の視点

渡邉　貴介

1．歴史に学ぶ

庭園都市国家研究会ということですので、庭園都市国家という言葉を使ってみました。「一、二の視点」と言いますのは、一つ目は非常に超長期に見たときに、二一世紀の初頭はどういう時代になるかについてで、私の意見を話したいと思います。二つ目のインバウンドというのは、日本に外国から受け入れる観光やコンベンションの比較の話で、それを推進する政策という視点から、庭園都市国家がどういうふうに位置付けられていくだろうかという意味で、この二つのことのみに絞って、話したいと思います。

ちょっと生意気なのですが、孔子は「温故知新」と言い、ビスマルクは「愚者は経験に学び、賢者は歴史に学ぶ」と言ったそうですが、少しは賢者のまねをして、歴史に学んでみたいと思います。歴史観は大きく三つぐらいに類型化できます。第一の常に良くなっていくという進歩史観の下では、新しい世代は常に旧世代を批判することが善になります。第二の逆に衰えていくという後退史観だと、旧世代は新世代にいろんなことをもっと教え込んで、衰えるのを非常に少なくするようにするのが善になります。第三の循環的な史観の下では、新世代も旧世代も温故知新が善という立場に立つと思います。私はこの三番目の史観の下で話をしたいと思います。

2．人口動向と社会情勢

ここに日本の総人口が過去一五〇〇年から一六〇〇年にわたってどういうふうに変遷してきたかということを示しました。人口が伸び始めた時期から、次第に飽和して、あまり伸びない時代が一〇〇

図付-1　21世紀の日本の戦略

①「緩やかに老い、したたかに生き延びていく」ための戦略
そのための有力な方策の1つとなりうるものが:

「インバウンドの振興」

②「美しく、成熟していく」ための戦略
そのための基本姿勢とすべきことが:

「新・和風の創造と開花」

年、二〇〇〇年続いています。日本列島の中で、過去に四回人口増加の時期があり、またそれに引き続く過去三回の人口停滞期がありました。今われわれが迎えようとしている二〇〇七、八年頃から先の時代は、人口の停滞期にあたるかもしれません。もし人口があまり伸びない時代に共通するような社会相、社会の姿があるならば、この四回目にも引きずるかもしれません。少し極端に対比してみますと、日本の歴史の中では飛鳥から平安前期に人口が増加しており、それに続く中後期は人口が停滞しています。今度は平安末から南北朝にかけて、人口が緩やかに増加してきて、室町時代はあまり増加していません。室町の末から戦国、安土桃山と来て、江戸の前期までは人口が大変急増していて日本全体で人口が三倍くらい伸びています。その後の中後期は三〇〇〇万ぐらいのオーダーで、ここ一五〇年ぐらいにわたって、人口は増えていないという時代になります。幕末から現

図付-2　日本列島の上での過去4回の人口増加期と
過去3回の人口停滞期

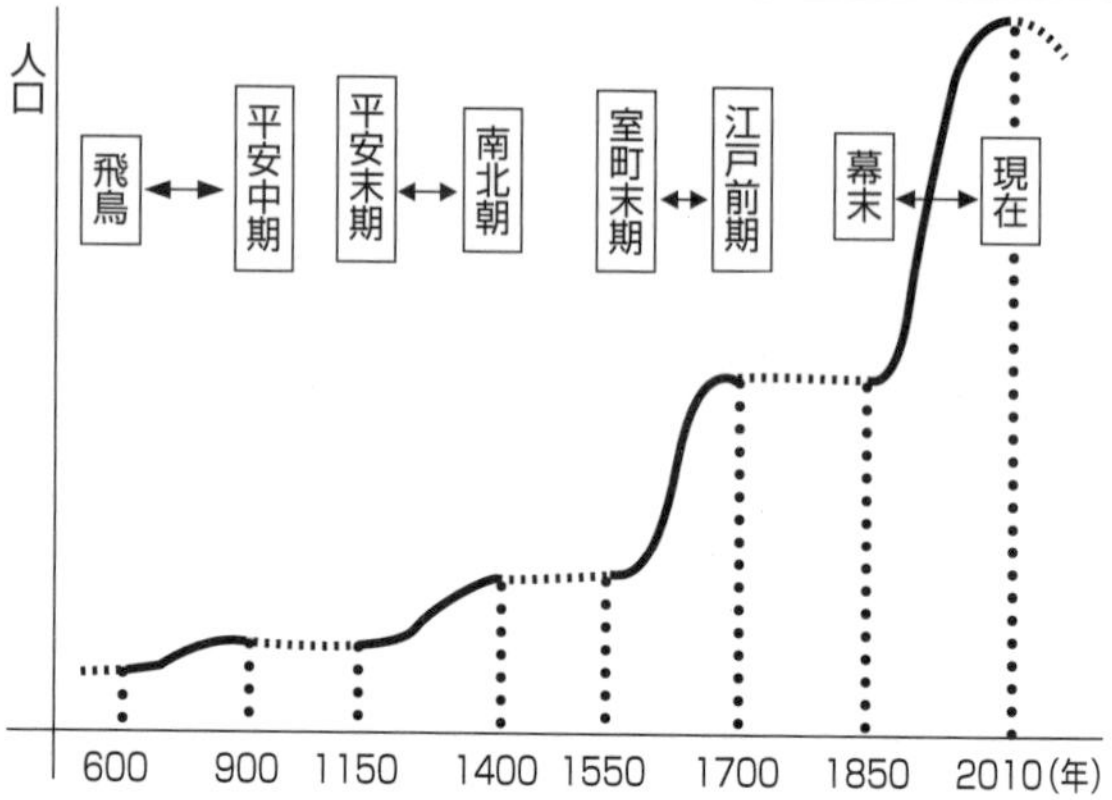

在まで約四倍に人口が増えており、二〇一〇年前後から人口は停滞ないし減少の方向に向かうと思われます。

この二つの時代を対比的に見ると、人口が増加している時期は、戦争も含めて外国との間の交渉が盛んです。飛鳥、平安前期には白村江まで出かけていって戦っていますし、平安末から南北朝には、逆にフビライが攻めてきます。室町末から江戸前期の間では、秀吉が朝鮮半島へ攻め込んでいます。

幕末から二一世紀の間は数々の戦争をしてきたわけです。それに対して、人口が停滞している四つの時代は、少なくとも対外的に激しいことはやっていない時代です。人口が増える時代は、結果的に生産人口も増えるし、消費人口も増えますから、物財を増やしていくことがおもしろく、物財的なフロンティアを追求することに人々が喜びを見いだした時代ではないでしょうか。人口が増えない時代は消費人口も生産人口も増えないので、物財的欲求よりは内なる方向にフロンティアを追求します。これら二つは、開国志向と鎖国的志向という対比ができるのではないかと思います。

人口増大期には経済成長あるいは貿易を相当大きく組み込みながらの開放型の経済をとり、外との交渉から、非常に外の文化を吸収し、自らの文化の胎動がありました。一方、停滞期にはきちんと自給して、何もあえて外と貿易をしなくてもいいという経済政策をとったのではないか。もちろん国内は全部沈滞していたという意味ではなく、国内で自給していくためには、国内の流通は相当激しく発達したはずです。どちらかというと前者は雰囲気的には舶来志向型、後者は和風志向型と言えそうです。中央集権的と地方分権的という対比もできるし、一方が軍拡型、闘争戦乱型であり、もう一方が平穏、泰平和平型と言えるでしょう。また、人口増加期は男が元気で、停滞期には女性が元気です。

私がかかわる分野で言えば、人口増加期は都市をつくる時代です。例えば飛鳥から平安前期には日本中に首都が大変たくさんつくられたし、六六国二島に国府が計画的につくられていきました。二番目の平安末から南北朝にかけては、港町や門前町が日本各地で発達します。三番目のこの時期は、戦国大名から徳川幕藩体制の大名まで、城下町をいろいろつくりますし、また、宿場町も非常に計画的につくられました。あるいは幕末から二一世紀の今日までは、軍都とか工都とか、それまでなかったような研究学園都市などがつくられてきた時代です。当然人口が増えますから、都市をつくっても十分に需要、社会的ニーズが存在しました。それに対して停滞期は、あまり大した都市がつくられてない時代で、どちらかと言うと、この前の時代につくられた都市をうまく使う時代です。江戸の中後期は非常にそれが顕著ではないでしょうか。現在もややその兆候が現れていると思います。

これらの時代のそれぞれの担い手は誰でしょうか。歴史をちゃんと勉強していない私が言うのもお

表付-1　人口増加期

人口増加期	人口停滞期
①飛鳥～平安前期（600～900年） ②平安末～南北朝期（1150～1400年） ③室町末～江戸前期（1550～1700年） ④幕末～21世紀初頭（1850～2010年）	①平安中後期（900～1150年） ②室町期（1400～1550年） ③江戸中後期（1700～1850年） ④21世紀（2010～年）
外向的（開国志向） 物財的フロンティアの追求	内向的（鎖国志向） 精神・情緒的フロンティアの追求
経済成長 開放経済（貿易立国）	経済停滞 封鎖経済（自給立国）
文化の吸収・胎動 舶来文化志向	文化成熟 和風文化志向
中央集権的	地方分権的
抗争・戦乱（軍拡）	平穏・泰平（軍縮）
男性が元気	女性が元気
都市建設の時代 （まちをつくる時代） ①首都・国府 ②港町・門前町 ③城下町・宿場町 ④軍都・工都・研学都市	都市文化の時代 （まちを使う時代）

かしいのですが、最初は貴族層です。二度目は武士で、武士の文化になり、江戸時代のときには庶民の文化をつくり出し、幕末から現在までは官僚、市民が勃興してきました。今後、だれが文化の担い手になるのか、私はよくわかりません。それから、人口が増加する引き金は、共通して全部外国、隣国からの文化あるいは遠国からの文化です。朝鮮半島や中国大陸の動乱で、六〇〇年頃、ちょうど聖徳太子のころから帰化人、渡来人がたくさんやってきて人口が非常に増加し始めます。一一五〇年頃というのは、ちょうど保元・平治の乱の頃で、隣の宋が金に攻められ、やがて金も含めて元にのみ込まれていく中国の動乱期です。そのときに交易も非常に活発化すると同時に、宋

の人たちが随分日本に流れてきます。京都や鎌倉の五山という禅宗の人たちは、全部このとき日本に逃げてきた人たちです。キリシタンや鉄砲が伝来したときのポルトガルとイスパニアの南蛮文化の流入、ペリーの来訪とヨーロッパ文化の流入など、人口が増加し始めたときは、不思議なことに外国からのインパクトが引き金になっているように思われます。

3．人口停滞期と和風文化

逆に、人口が飽和し始める時期は、鎖国的状況の発生や文明の倦怠《けんたい》があるように思われます。九〇〇年頃は、ちょうど菅原道真公が遣唐使の廃止を提案した頃ですが、われわれの歴史の認識では、この頃から唐風文化から国風文化へという時代を迎えます。一四〇〇年頃に人口が増えなくなったのは、決して鎖国的状況が発生したわけではなく、元気のある者はみんな倭寇《わこう》になって出ていって、元気のない人たちが日本列島の中に残ったのかもしれません。一七〇〇年頃は、鎖国の効果がやっと効いてきて、外からもう人を入れない、日本人の帰国も許さないという状況になりました。ただし、情報なり文物は受け入れてきたわけです。

二〇一〇年頃は、もはや鎖国的状況は到来するはずもないんですが、ひょっとすると、元気のある人はみんなアジアに行ってしまい、日本の中は元気のない人が残るという、室町時代と似たようなことが起こるのかもしれません。あるいはわれわれの心の中に何がしかの国際化への拒絶が芽生えるのかもしれません。よくわかりませんが、現象的には少なくとも何か鎖国的状況の発生があるかもしれないと思います。

人口の伸びなかった時代、平安時代、室町時代というのは、総括して一言で言うと、当時の人がどう思ったかはともかく、後世の人がこれぞ日本的、これぞ和風と呼ぶものを創造した時代ではないかと思えます。最初の平安時代には、漢字から万葉仮名を経て、平仮名が創造、発明され、勅撰《ちょくせん》で漢詩文集をつくっていたのが、勅撰和歌集がつくられるようになり、まさに漢の歌から和の歌へ変わります。それから奈良時代には春はあけぼのだと言われていましたが、平安時代になると、対極の秋の夕暮れがいいんだという話になります。奈良時代の花と言えば中国風に梅を指していたのが、花と言えば桜というふうに切り替わっていきます。春夏秋冬の中で最も若々しいのが春ですし、一日の中で最も若々しいのがあけぼの、暁であるわけです。それに対して、秋とか夕とかいうふうに、いわば若々しい美から大人の美へと移りかわったといえるのかもしれません。

室町時代は能や狂言、特に能の幽玄美が発見され、創造された時代です。一四〇〇年頃は、ちょうど世阿弥が『花伝書』をしたためた頃です。鎌倉時代までには薬としてお茶が中国から入ってきていますが、これが娯楽というものとしての喫茶を経て茶道という芸術にまで仕立て上げたのは日本だけだと思います。日本を紹介するのに最も手ごろなものとして、茶道というものがあり、日本の在外の大使館でもよく茶室を造っています。これも室町時代に完成させたものです。

今日われわれが和風建築と言うときに、床の間があり、ふすまがあり、障子があり、畳があり、生け花があり、掛け軸がありというふうにイメージしますが、これは室町時代に完成した書院造り、数奇屋造りという建築様式です。あるいは日本全国に郷土料理があって、それが和食とか日本料理になるわけですが、和食や日本料理の原型になった京料理が定着したのが室町時代です。江戸時代は歌舞伎、俳句、浄瑠璃、浮世絵、滑稽本《こっけいぼん》、といった大衆芸能、大衆芸術が創造された時代で、武士道とか精農の精神、商人《あきんど》等々、こうした日本人がつい最近まで持っていた価値意識が確立された時代です。あるいは世界に先駆けて、庶民が旅をする旅文化が創造されました。トマス・クックに一〇〇年以上先駆けて、庶民の旅文化をつくり出しました。

こういうふうに考えると、結局この平安中後期、それから室町、江戸、この三つは、後世がこれぞ日本的というものをつくり出した時代ではないかと思えます。江戸時代が特に一番直近ですが、ここでいろいろおもしろいことがあるので、少しだけアラカルト的に紹介いたします。江戸時代になって、首都機能が京、大坂から江戸に移りますが、大坂はその後も全国経済の中心地であり続けたわけですし、政治機能が失せた分、かえってせいせいして、商人中心の元禄《げんろく》文化が花開きました。

江戸の元禄文化はやや猥雑《わいざつ》な文化ですが、上方の元禄文化はとても洗練された文化で、近松やら芭蕉も両方で活躍しています。幕末にいろんな外国人たちが来ていますが、ある外国人は三都を見て、江戸と京都、浪速を見て、「このまちはヨーロッパで言えばパリのまちですね」と言ったのは、実は浪速だったということで、政治機能が失せたということがとても幸いしました。この際、首都機能はなくなったほうが、東京にとってはむしろいいのかもしれないとまでは言わなくとも、歴史からはそういう一つの事例があることは留意しておくべきです。

4. 江戸の都市構造

江戸はゼロから出発してつくられていきましたが、明暦の大火後に、大拡張改造をやります。その後、元禄のバブル景気がやってきて、その後出てきた吉宗が江戸緑化政策をやり、小金井や大川端の桜とか桃園など大変熱心に江戸を緑にしていきます。おもしろいのは、大名屋敷というのは大名の土地ではなく、徳川家から借りる土地ですが、徳川家は意地悪で、がけ地とか沼地を貸すのです。

例えば今有栖川公園になっているところは南部の殿様の下屋敷ですが、大変標高差があります。五〇メートル以上あるんじゃないでしょうか。そこに非常に苦労して、土留めをして造園をします。吉良上野介がもらったところは沼地でしたから、一生懸命を掘って埋め立てをやって、土地造成をします。そして、二〇年か三〇年経つと、息子の代、孫の代に変わっており、もっと広い土地をやると将軍家はおっしゃって、もっと広いけれども、やはりがけ地や湿地をやりました。つまり今までつくったものを取り上げるわけです。

土地造成された土地を取り上げておいて、これを自分のところの旗本とか御家人の土地に、細分化してあげました。江戸のＰＦＩではないかと私は思っています。それからもう一つおもしろいのは、参勤交代がもたらしたものです。これが強制的に、地方の文化、文芸、芸能、工芸等を、江戸に集積させることになりました。大名屋敷を隣り合わせた藩同士が、様々な情報交換をして、そこで新たな技術移転が起きたりしました。参勤交代でやってくる地方の大名の家来たちが二〇万ぐらいいたというわけですから、相当な交流人口、一時的滞留人口がいたことになります。しかも、専ら消費の役割をする人口がいたということですから、江戸が発展しないわけはないとも言えるかもしれません。

それから、将軍家に影響されて、最初は強制的にやって、だんだん好きになっていった大名の造園趣味、それから武家も庶民も、これも内職からスタートしたものもいっぱいありますが、非常に園芸趣味、文芸趣味、博物趣味がありました。大名は自分の出身地から持ってきた神様を祀《まつ》りました。例えば虎ノ門のところに金比羅神社がありますが、これは京極家の大名屋敷で、金比羅様を自分の領国で祀っていました。それを分祀して、江戸の屋敷に持ってきました。

金比羅様が京極家の虎ノ門の屋敷には祀ってあるらしいということを聞くと、そこを通りすがる江戸の町民や武士たちが塀越しにお賽銭《さいせん》を投げて、手を合わせました。これだったら、月に一回ご開帳して、もっとちゃんと賽銭を集めようという話になり、定期的に一般公開をするようになります。そうすると、美しくすれば少しでも元が取れるようになるということで、美しくすることに拍車がかかり、より多くの参拝客を集めるようになります。江戸市民から見れば、きょうは金比羅様、きょうは水天宮様、きょうは何とか様、お稲荷様というふうに、いわばテーマパーク的にパビリオンを回るような気持ちで、楽しい都市が出現したのではないかと思います。

それから、江戸を楽しむ情報誌が氾濫《はんらん》します。名所図会や八景画のたぐい、江戸買い物独り案内、これはとてもおもしろいもので、これを見れば一人で歩けるようなガイドブックで、江戸に来た人たちがお土産に買って帰りました。ちょうど現在『東京ウォーカー』や『横浜ウォーカー』などの雑誌が氾濫していますが、都市を楽しむ方向に傾斜していったという点で非常に似ているのではないでしょうか。日本全体が世界に先駆けて大衆観光を打ち立てた、江戸は最大の参勤交代人口プラス旅人の人口の都市であったと言えます。江戸は、省エネ文化とかいう話はいろんな方がいろいろおっしゃっていますが、こういう話はあまり皆さん方ご存じでないかもしれないので、ちょっと紹介しました。

図付-3　観光産業の規模とGDPに対する比率（全世界）

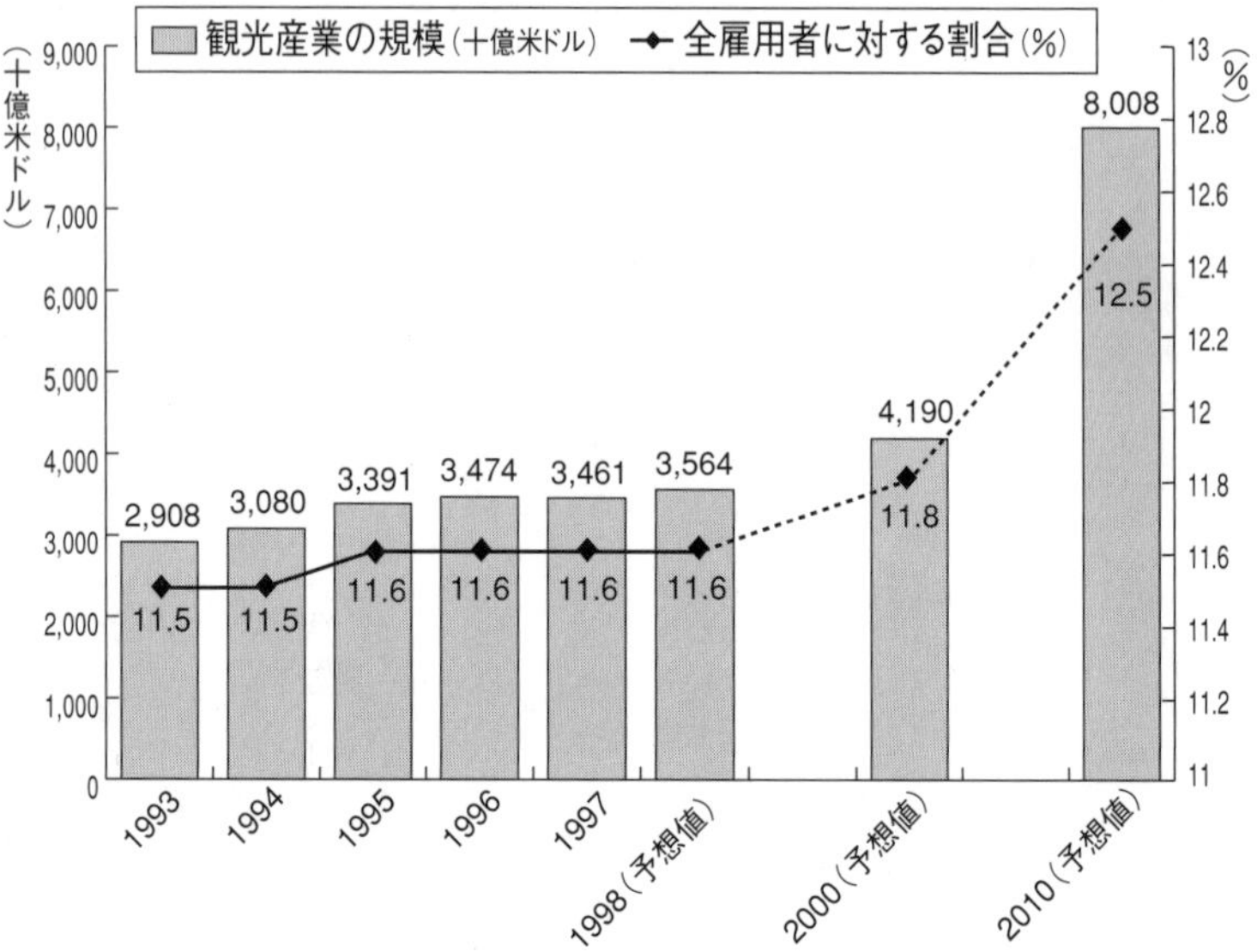

5. 新和風の時代

話は戻りまして、過去三回の人口の停滞期に共通する社会相のうち、現代もその兆候が見られるのは、舶来型からやや和風志向になってきている、あるいは日本オリジナルなものをまたつくり出そうという方向に動き始めていることではないでしょうか。中央集権、地方分権が政治のキーワードとして確実に動こうとしていますし、現象的に見て、明らかに男よりも女のほうが元気な時代になってきていますし、都市をつくるということに対しても、いろいろまだ抵抗がありますが、都市を使う、使いこなしていくということについては、いろいろな人がとても賛同しています。

こんなことを言い切ってしまえるか問題なのですが、物財的フロンティアの追求から精神、情緒的フロンティアの追求へという方向に社会は動いていこうとしているのではないかと思います。

四度目に訪れる二〇〇七年以降も、似たような社会層になる可能性もあると思います。過去の人口が伸びなかった時代は、いずれも和風を創造した時代だとすれば、二一世紀は従来の和風がリバイバルするという意味での和風ではなくて、新和風がまたつくり出されていく時代です。二二世紀の人が、そう言えば前世紀にまた新しい和の風流、和の美を体現した国土や都市あるいはライフスタイルが創造されたね、と振り返ってくれるような時代になると言ってもいいのかもしれないと思います。

6. 観光の意味

ここでいきなり観光のことが出てくるのですが、実は観光という言葉は易経の中にある「象曰、觀國之光。利用賓于王。」に由来します。「象《しょう》にいわく、国の光を見るはもって王に賓《ひん》たるに用いるによろし」と読みます。国がきちんと治まっているさまを見せることが、賓客として訪れた王様をもてなすのに最もいい方法であるという意味です。国が治まっているというのは、そこに生き生きとした国民の営みがあり、その背後にある適切な土地利用、美しい風景があることでしょう。つまり観光という言葉の語源そのものの中に、国をきちんと治まった状態にすることがとても重要なこととしてうたわれています。観光の語源は、易経は八卦《はっけ》という卦がありまして、これが卦、八つの卦です。八つがあって、この八つの組み合わせで字ができていきます。観という字から観光という言葉が生まれ、臨という字から観臨という言葉が生まれました。観臨、感じ入って臨めば、転にして吉なり、志、正を行えばいい、意味は人を感動させながら事に臨んだら、必ずいい結果、ハッピーエンドになる。なぜならば、人が感動するというのは、あなたが志を正しく持って行っているからであるという三段論法です。幕末の江戸幕府は大変偉い人がいたと思います。

このとき、軍艦をオランダから一隻もらい、一隻は買うんですが、洋式軍艦を初めて手に入れるわけです。そのときに、一つには咸臨丸という名前をつけ、もう一つには観光丸という名前をつけます。これはペアです。この卦を見ると、明らかに対なんですね。江戸時代の最後の人たちはみんな腐ったような人たちと思っていたら、とんでもない立派な人がいたということを、改めて思いました。

新たな和の風流とか和の美を体現した独自のスタイル、ライフスタイルができるならば、国民にとって非常に魅力的です。心が豊かになる喜びであると同時に、世界にとってもあこがれになるもので、これをぜひやってほしい。そのあこがれを満たす具体的な方法として考えられることが日本を訪れることです。日本から見れば、インバウンドの観光振興をもたらしてくれます。

日本の場合は、運輸省が一九九四年ころに試算したものでは、国内旅行が一八兆円、海外旅行六・三兆円、合わせて国内発生の旅行の総需要が二五兆円ぐらいあるということになりますが、多くは外国に落ちてしまいます。ただし、国内のエージェントが手に入れる報酬もありますから、それは国内旅行の関連になります。そういうのを足しますと、大体二〇兆円ぐらいありますが、これは日本のGDPの大体五％弱になります。そう考えますと、いわば市場規模で言っても、雇用者数で見ても世界で大体GDPの一〇％前後の観光産業の規模があるのに対して、日本の場合は五％程度しかないということは、まだまだ観光産業の可能性があり、伸びる余地は十分あるということです。

実際、日本のインバウンドは伸びてきておりますが、ビジネスはほぼ順調に、着実に歩んでいるの

図付-4　観光産業の雇用者数と全雇用者数に対する比率（全世界）

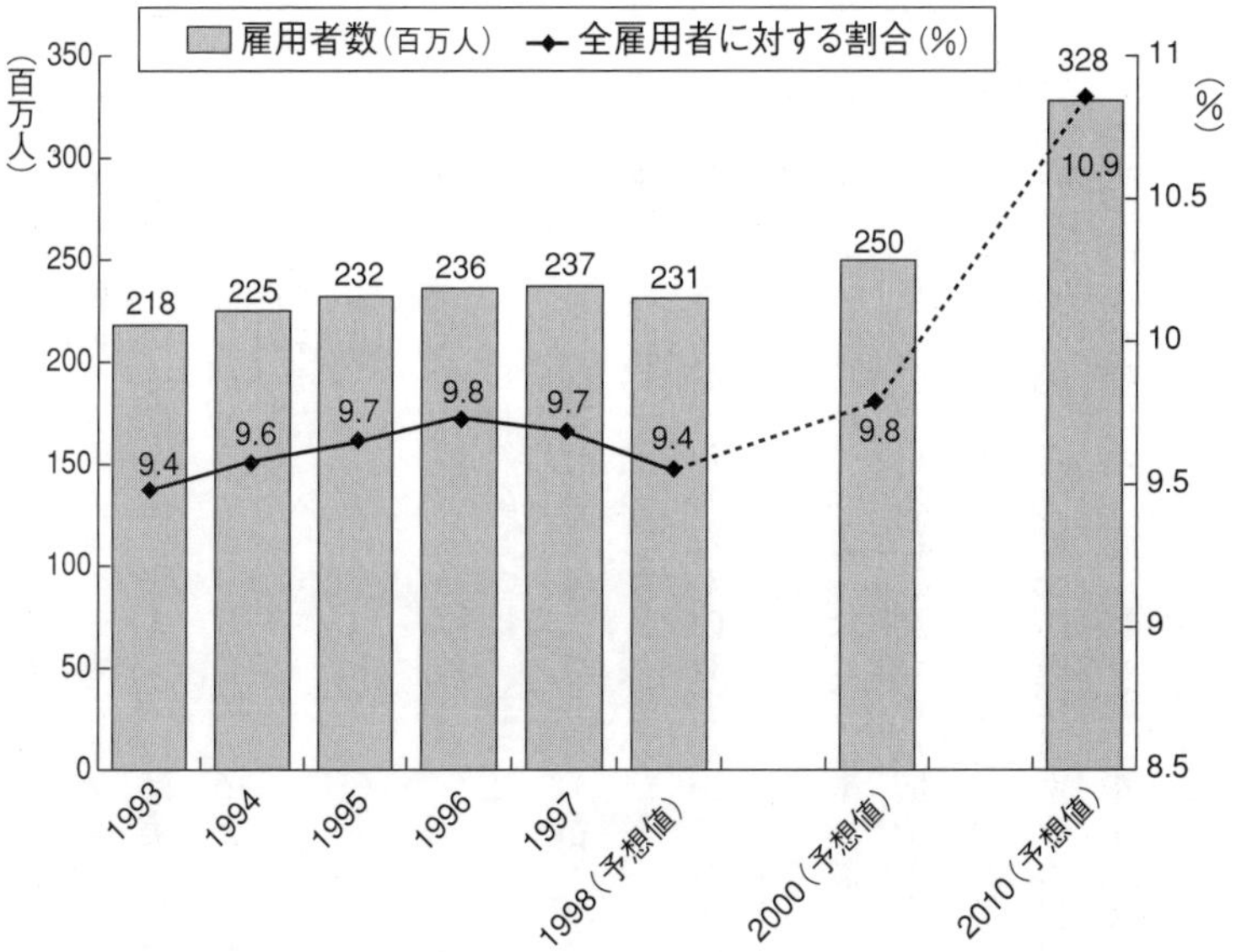

に対し、観光はやや変動が大きい。全体の変動の大きさは大体観光の変動で決まっているようです。韓国、台湾、アメリカは日本にやってくるビッグスリーであるわけですが、アメリカの人たちが日本を選択する、アメリカの総出国者数のうち日本にやってきた人の割合、これを日本選択率という言葉で、計算してみますと、ほぼ一%で、ほとんどずっと変わっていません。ところが、最初は韓国から外国に出る人たちの七割が日本に来ていたんですね。ところが、今やこれが三割まで落ちてしまいました。あるいは台湾も、かつては四割近くあったのが、いまや一割程度、つまり三分の一以下に落ちています。ただし、実数は減っておらず、韓国からも台湾からも実数はむしろ増えています。韓国がＧＤＰを増やすのに合

わせて、韓国の総出国者数は増えてきています。しかし、日本へ行く数はもう頭打ちになっています。台湾についても同じ傾向があります。これは当たり前のことで、GDPが上がっていくことで、より遠くまで行く選択肢がたくさん増えます。例えば実際に今台湾から日本に来るパッケージツアーよりも台湾からハワイに行くパッケージツアーのほうが安い時代になっていますから、日本を素通りされる可能性は高いと思われます。

7．二一世紀の日本

まとめに入ります。二一世紀の日本は、急速に、もろく、醜く、衰退していくのではなく、急速にではなく緩やかに、もろくではなくしたたかに、醜くではなく美しく、衰退ではなくて成熟していくという道をたどってほしいと願います。緩やかに老い、したたかに生き延びていくためにはいろいろな戦略があると思いますが、そのなかの有力な一つはインバウンドの観光振興だと思います。これは国民経済効果があり、したたかに生き延びていくための守りの戦略としても効果があります。もう一つ攻めの戦術として、とにかく仲よくなって、やっぱり日本には刃向かいたくない、日本だけは敵にしたくないという人たちをできるだけたくさん増やすこと、つまり善隣友好、安全保障です。

これはとても大事なことだと思います。実際に例を言いますと、日本が国際的に孤立しかかった、あるいは実際に孤立した昭和ひとけたの時代は、日本の国際観光が最も様々な手を打った黄金時代でした。例えば、その当時横浜のニューグランドや上高地の帝国ホテルなど、全国に一四ぐらいのリゾートホテルを作りますが、これは大蔵省が長期しかも非常に低廉な利子で資金貸し付けをして、民間

図付-5　全世界における国際観光到着者数の実績と予測

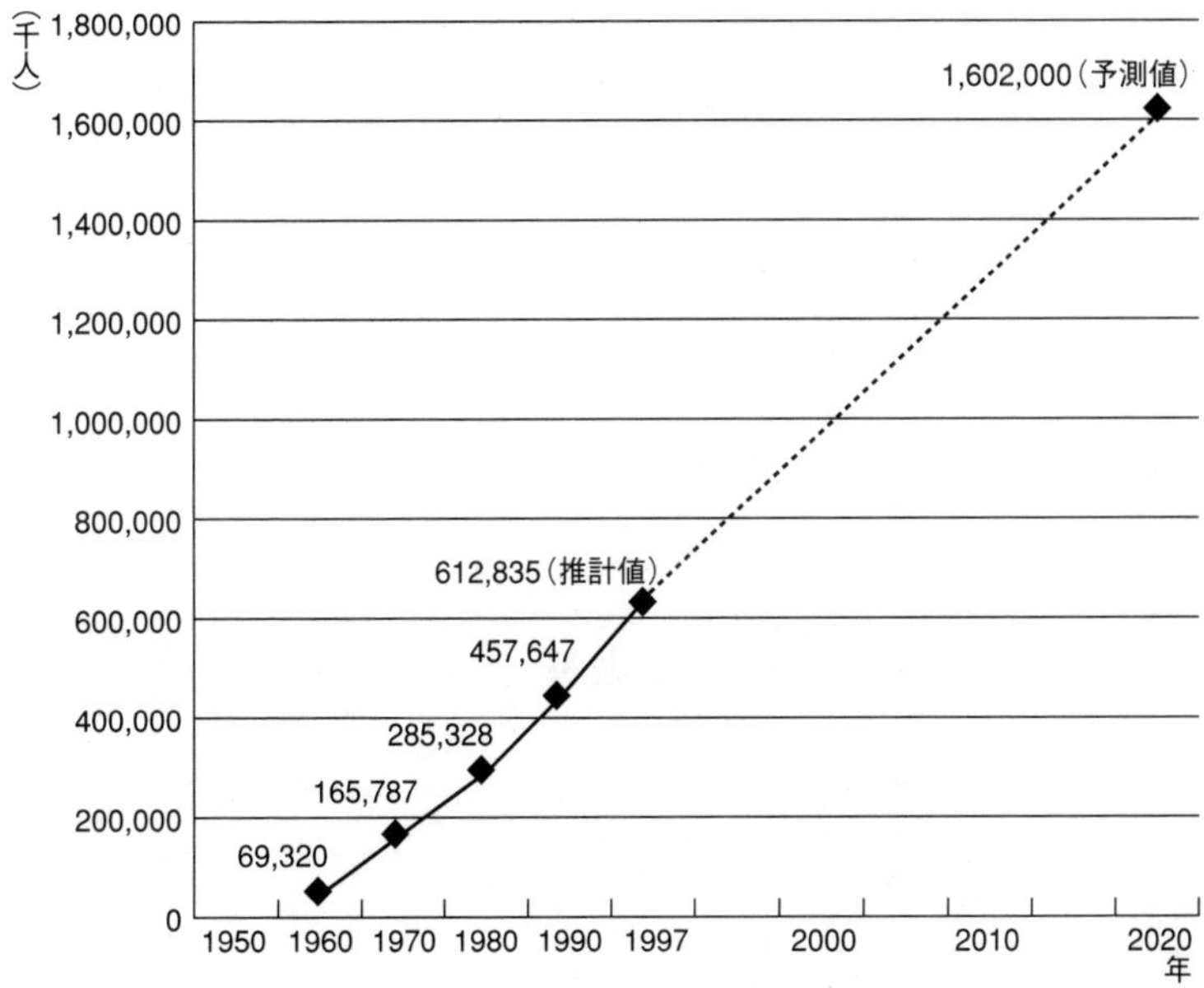

企業にホテルを造らせたためです。これは、国際的孤立を避け、外国の方たちにもっとたくさん来てもらうために、そういう政策をとりました。

もう一つ、美しく成熟していくための戦略、これはいろんな方がいろいろおっしゃっていますが、私はそのうちの一つが、新和風の創造とそれを開花させることだと思います。日本は南北に非常に長い列島で、一つのブロックを取り出すと、例えば北海道なら北海道で五〇〇万人いるわけで、このくらいの、あるいはそれ以下の規模の国も沢山あります。人口及びＧＤＰにおいて、一ブロックで十分それだけの大きさを持っている状況では、全国一律の新和風ではなく、北海道的新和風、東北的新和風というふうに、多様な新和風、つまり駿河の富士山のほかに蝦夷《えぞ》富士や薩摩《さつま》富士など様々な富士があるように、和風も蝦夷和風、薩摩和風というふうにあっていいのではないかと思います。ただし、東京だけはちょっと別で、東京の一部は新和風とは全く別の道を目指すべきかもしれません。

それはグローバルな多国籍型、無国籍と言いたくないわけで、地球の多くのマルチシビライゼーションが融合し、混合した、新しい二一世紀の地球上の拠点都市が、日本の中のどこかになければいけないという気がしますし、それは東京の一部地域以外にはあり得ません。世界のニューヨークやロンドンなどとの共通性のほうが多くて、必ずしも新和風などという言葉に縛られない、そういう地区も必要ではないかと私は思います。

最後になりますが、日本では全国土に対して津々浦々と言っていますが、韓国では津々浦々ではなく、山々谷々と言っているようです。韓国の人たちは海が嫌いで、韓国の風水画の中に海はほとんど登場してきません。海のすぐそばにありながら、海から随分離れたような絵図を画いてしまいます。

日本では沿岸域の使い方とデザインが新和風に向けて大改造するためにとても重要なフロンティアだと思います。日本はこの明治以降の百何十年かで、この沿岸域をめちゃくちゃにし過ぎたのではないか。この土地利用と融合、実際のライフスタイル、具体的なデザインを含めて、ここで新和風の大改造を行うフロンティアがあるのではないかと思います。

第三回庭園都市国家日本構想研究会における講演録より
日時：平成十一年十月十四日
場所：アーク森ビル三六階　アカデミーヒルズ

◇都市に関する年表

日本経済研究所作成

事業制度	住宅	交通
1923 震災復興土地区画整理事業 （耕地整理法準用による）	1927 不良住宅改良法	1891 上野～青森開通 1903 品川～新橋間市街電車開通 1909 山手線で電車運転（電化） 1914 東京駅完成 1920 日本道路整備法制定 1925 山手循環線完成 1927 営団地下鉄銀座線（上野～浅草間）開通 1931 羽田空港開設 1933 市営地下鉄御堂筋線（大阪）開通 1942 市営地下鉄四つ橋線（大阪）開通
1946 戦災復興土地区画整理事業 （新特別都市計画法による） ・ 復興都市計画広場築造事業 （池袋、渋谷など22カ所を決定）	1945 住宅緊急措置令 ・ 簡易住宅転用住宅 1946 住宅営団閉鎖 ・ 勅令「戦災都市に於ける建築物の制限に関する法律」（バラック令）施行 ・ 住宅緊急措置令改定（余裕住宅強制開放） ・ 罹災都市借地借家臨時処理法 ・ 地代家賃統制令 ・ 労務者住宅建設規則施行 1947 都、第1回農地買収（1950年3月まで16回行う） ・ ワシントン・ハイツ竣工（代々木） ・ 東京高輪アパート着工 1948 都住宅分譲条例成立 ・ 米軍放出物資で約1,000戸の都営集団住宅建設決定 1949 住宅対策審議会設置 ・ 都営戸山ハイツ1,053戸完成	1946 都電月島線開通 1947 都営トレーラーバス運転開始（東京～荻窪） ・ 都バス、近郊民営バスと相互乗り入れ ・ 羽田空港拡張工事竣工 ・ 都電かちどき橋上開通 1948 東京急行電鉄株式会社、小田急・京王帝都・京浜急行3社に分離、各社開業 ・ 道路橋梁維持修繕5ヵ年計画

◇都市に関する年表（No.1　戦前～1940年代）

	トピック	計画等	法律
戦前	1873　上野公園開園 1890　三菱が丸の内・神田三崎地区買収 1903　日比谷公園開園 1923　田園調布開発 ・　関東大震災 1924　同潤会設立 1925　震災後の耐火建築への助成 1936　国会議事堂完成 1943　東京都政実施		1888　市制町村制 1899　不動産登記法 1900　下水道法 1905　相続税法 1919　都市計画法 ・　市街地建築物法 1922　郡制廃止法
1945（昭和20年）	1945　東京大空襲 ・　第2次世界大戦終戦 ・　GHQ農地改革指令 ・　DDT強制散布 1946　経済団体連合会（経団連）創立 ・　東京商工会議所設立 ・　女性議員が衆院に進出 1947　ベビーブーム ・　第1回統一地方選挙 ・　トルーマン・ドクトリン演説 ・　マーシャル・プラン発表 ・　「忠犬ハチ公」銅像再建 1948　東京　緑地地域指定告示 ・　都市不燃化促進同盟発足 ・　日本脳炎大流行 ●　鉄のカーテン 1949　地方自治庁発足 ・　能代市大火 ・　ドッジライン ・　シャウプ勧告 ・　東京証券取引所設立	1945　内務省、国土計画基本方針 ・　戦災復興院設置 1946　帝都復興計画概要 ・　復興院　緑地計画標準 1947　国土計画審議会設置 ・　内務省地方計画策定基本要綱 1948　戦災復興院廃止 ・　建設院発足、建設省に昇格	1945　農地調整法改正（第一次農地改革） 1946　復興都市計画決定（東京） 1946　第二次農地改革諸法令 ・　都制・府県制・市制・町村制の改正法施行 ・　日本国憲法（1947.5.3施行） ・　特別都市計画法・施行令 ・　用途地域制を復活し、全面改定 1947　地方自治法施行 ・　労働基準法、独占禁止法 ・　都会地転入抑制法 1948　都会地転入抑制法廃止 ・　臨時建築等制限規則 ・　消防法 1949　土地改良法施行 ・　広島・長崎の特別都市建設法 ・　屋外広告物法の交付 ・　東京　工場公害防止条例

日本経済研究所作成

事業制度	住宅	交通
1956 都市改造区画整理事業 1958 首都圏整備法に基づく市街地開発地域指定 ・ 都市改造事業は全額ガソリン税を財源に	1950 全日本借地借家人組合結成 ・ 都営住宅建設戸数2万6,145戸となる ・ 住宅金融公庫 1951 公営住宅法 ・ 不良住宅改良法改正 1952 住宅緊急措置令廃止法 1953 不良住宅地区調査 ・ 統計局の住宅統計調査 1954 住宅金融公庫法改正（宅地造成等への融資） 1955 住宅融資保険法 ・ 日本住宅公団設立 ・ 住宅建設10ヵ年計画 ・ 市街地住宅建設事業（住都公団） ・ 一般市街地住宅制度 ・ 普通分譲住宅制度 ・ 賃貸用特定分譲住宅制度 ・ 一般賃貸住宅制度 1956 第三種都営住宅（低家賃）建設開始 ・ 首都圏整備による住宅10ヵ年計画 1957 住宅金融公庫法改正（中高層融資等） ・ 住宅公団入居者家賃値上反対運動 ・ 住宅建設5ヵ年計画 1959 公営住宅法改正（収入超過者の明け渡し努力義務）	1950 GHQ、国内航空路開設許可 1951 日本航空会社発足（戦後初の国内民間航空） 1952 首都高速道路計画 ・ 道路法施行 ・ 無軌道電車（トロリーバス）、今井橋～上野公園運転開始 ・ 羽田飛行場米軍より返還、東京国際空港となる 1953 日航機国際線初就航 ・ 自動車駐車場整備計画（東京） 1954 営団地下鉄丸の内線（池袋～御茶ノ水）開通 （戦後初の地下鉄開通） 1956 日本道路公団発足 1957 駐車場法 ・ 駐車場整備事業（東京千代田 ・ 中央・港・台東の4区にまたがる約11.3km^2） ・ 高速自動車国道法 ・ 市営地下鉄東山線(名古屋)開通 ・ 道路整備10ヵ年計画基本構想 1958 関門国道トンネル開通 ・ 道路整備緊急措置法 ・ 上野～宇都宮国鉄電化 ・ 都営地下鉄建設工事起工 ・ 東京～神戸に電車特急こだま運転 （東京～大阪6時間50分） 1959 首都高速道路一部開通 ・ 有料駐車場（東京日比谷、丸の内） ・ 首都高速道路公団法 ・ 日本橋・京橋・銀座にパーキング・メーター設置 ・ 羽田空港拡張5ヵ年計画 ・ 自動車ターミナル法 ・ 都市交通審議会　都内路面電車撤去につき 結論 ・ 都市計画審議会 都内の高速道路8線新設を決定

◇都市に関する年表（No.2　1950年代）

	トピック	計画等	法律
1950 （昭和 25年）	1950　朝鮮戦争始まる　特需景気 ・　全国総人口84,114,574人 ●特需景気 1951　サンフランシスコ平和条約 ・　日米安全保障条約調印 ・　日本開発銀行設立 1952　全国住民登録実施 ・　東京都人口702万人（世界第3位） ・　鳥取市大火 ・　メーデー事件 ・　全国都市問題会議開催（大阪） ・　東京国立近代美術館完成 1953　城西南地区開発趣意書発表（1963　多摩田園都市と命名） ・　朝鮮戦争停戦 ・　NHKテレビ放送開始 ・　熊本県で水俣病第1号患者が発生 ・　東京（青山）に紀伊國屋開店（初のスーパーマーケット） 1955　新潟市大火 ・　上期から神武景気（輸出実績3年連続、前年度より25%増、1957年上期まで） 1956　三種の神器（家庭の電化） ・　第18回オリンピック東京開催IOC決定 ・　能代市大火 ・　日本　国連に加盟 ・　東海村原子力発電所点火 ・　大阪　新世界の通天閣再建完成 ・　石橋湛山内閣「もはや戦後ではない」 1957　都立日比谷図書館落成（再建） ・　都庁第一庁舎竣工（丹下健三設計） ・　夢の島　ゴミ埋め立て始まる 1958　東京タワー完工（333m） ・　大阪、千里ニュータウン着工 ・　東日本に狩野川台風 ・　多摩動物公園開園 ●岩戸景気始まる 1959　マイカー元年 ・　伊勢湾台風 ・　ドル為替の自由化 ・　水俣問題で漁民1,500人工場乱入 ・　国立西洋美術館（上野　ル＝コルビュジェ設計、松方コレクション収蔵）開館 ・　首都圏整備法に基づく市街地開発区域指定（八王子・日野） ●団地族	1951　首都建設委員会発足 ・　北海道総合開発計画 1952　首都建設緊急5ヵ年計画 1955　経済自立5ヵ年計画 1957　新長期経済計画 1958　第一次首都圏基本計画 ・　首都圏既成市街地整備計画 ・　東北開発促進計画	1950　建築基準法、建築士法 ・　固定資産税創設 ・　首都建設法制定に関し住民投票 ・　首都建設法 ・　国土総合開発法 ・　地方公務員法 ・　地方財政平衡交付金法 1951　国土調査法 ・　土地収用法 1952　建築基準法改正（建ぺい率緩和） ・　農地法 ・　電源開発促進法 ・　耐火建築促進法 1953　東京都　騒音防止条例 ・　市町村合併法 ・　離島振興法 1954　地方交付税法 ・　不動産取得税復活 ・　特別都市計画法廃止 ・　土地区画整理法93条（立体換地制度の規定） 1955　日本住宅公団法 1956　都市公園法 ・　海岸法 ・　首都圏整備法（首都建設法廃止） ・　地方自治法改正（特別市制廃止と政令指定都市制度採用等） ・　政令指定都市指定（横浜・名古屋・京都・大阪・神戸） ・　都市計画税創設 1957　建築基準法改正（都心部建ぺい率緩和） ・　自然公園法 ・　水道法 1958　首都圏市街地開発区域整備法 ・　新下水道法 ・　水質保全法 ・　工場排水法 1959　首都圏の既成市街地における工業等制限法 ・　九州地方開発促進法

日本経済研究所作成

事業制度	住宅	交通
1963　13新産業都市、6工業特区指定閣議決定 1967　日本開発銀行　街区整備融資 1969　第一種市街地再開発事業	1960　新住宅建設5ヵ年計画 ・　住宅地区改良法 1961　地区市街地住宅制度 ・　宅地造成等規正法 1962　特別分譲住宅制度 ・　宅地制度審議会発足 ・　建物区分所有法 1963　不動産鑑定評価法 ・　新住宅市街地開発法 1964　公営賃貸用特定分譲住宅制度 ・　住宅地造成事業法 ・　宅地審議会第1回会合 1965　宅地審に土地利用部会 ・　地方住宅供給公社法 ・　面開発市街地住宅制度 ・　多摩・泉北新住宅市街地再開発事業計画 1966　住宅建設計画法 ・　借地法、借家法改正（権利拡大） ・　土地開発資金貸付法 1967　住宅着工数100万戸台 ・　宅地審　都市地域の土地利用合理化対策を答申 1968　地価閣僚協　地価対策について 1969　公営住宅建替事業 ・　公営住宅法改正（高額所得者明け渡し請求）	1960　道路交通法 ・　京葉道路（1期）開通 ・　首都整備局道路白書『都市の交通マヒに関する緊急対策』発表 ・　新道路交通法実施（歩行者優先） ・　都営地下鉄浅草線(東京)開通 1961　オリンピック道路緊急整備のための都の第4特定街路建設事務所開設 ・　警視庁交通情報ｾﾝﾀｰ開設 ・　営団地下鉄日比谷線(東京)開通 ・　市営地下鉄中央線(大阪)開通 1962　東海道新幹線試運転開始 1963　名神高速道初開通 ・　交通違反処理を迅速化するため、10大都市で切符制採用 ・　首都整備局、都心の道路網大改造計画作成 1964　東海道新幹線（東京・新大阪間）開通 ・　阪神高速道路初開通 ・　東京モノレール　浜松町～羽田開業 ・　世界初の地下式3点交差方法三宅坂地下インターチェンジ完成 ・　営団地下鉄東西線（東京）開通 1965　名神高速道全線開通 ・　阪神高速1号線開通 ・　中央自動車道　八王子で起工式 ・　市営地下鉄名城線（名古屋）開通 ・　東名高速道路起工式 ・　新東京国際空港公団法 1966　東急田園都市線開通 1967　中央道初開通 ・　市営地下鉄谷町線（大阪）開通 1968　横羽高速道路開通 ・　都営地下鉄三田線（東京）開通 1969　東名高速道路開通 ・　市営地下鉄千日前線（大阪）開通 ・　営団地下鉄千代田線（東京）開通 ・　市営地下鉄堺筋線（大阪）開通

◇都市に関する年表（No.3　1960年代）

	トピック	計画等	法律
1960 （昭和 35年）	●インスタント食品流行 ●プレハブ住宅 1960　自治省発足 ・　戦後第1回目の地価高騰 ・　全国総人口94,301,623人 1961　ベルリンの壁できる ・　東京商工会議所ビル竣工 1962　東京都常住人口1,000万人突破 1963　第1次マンションブーム（年収の9～12倍） ●ボウリング人気 1964　東京オリンピック開催 ・　新潟地震 ・　OECD加盟 ・　海外旅行自由化 ・　大規模ニュータウン時代（千里、高蔵寺NT事業） ●公害病原因特定 ●核家族 1965　米国　北ベトナム爆撃 ●いざなぎ景気（戦後最長記録） 1966　多摩ニュータウン着工 ・　横浜市が港北ニュータウン計画を地元説明 ・　三沢市大火 ・　土地建物にメートル法適用 ・　赤字国債発行 ・　人口１億人突破 ・　交通事故死者13,904人で史上最悪 1967　東京都知事に革新の美濃部亮吉当選 ・　自動車保有台数1,000万台 突破 ・　ヨーロッパ共同体（EC）発足 ・　代々木公園開園 1968　霞が関ビル完成（初の超高層ビル） ・　第2次マンションブーム（年収の5～6倍） ・　十勝沖地震 ・　GNP世界第2位に ・　大館市大火 ・　東京都の人口戦後初めて減少 ● ジーンズ普及 ● 学生運動 ●工場に対する各種規制 1969　東大安田講堂の封鎖解除に機動隊出動 ・　東京駅八重洲地下街オープン ・　銀座共同溝工事完成	1960　国民所得倍増計画 ・　四国・北陸・中国各地方開発促進計画 1961　自治省「基幹都市構想」、建設省「広域都市構想」 ・　首都圏整備委　学園都市構想 1962　第一次全国総合開発計画 1965　中期経済計画 1967　経済社会発展計画 ・　自治省「地方中堅都市の育成」構想 1968　都市計画中央審議会設置 ・　自民党「都市政策大綱」 ・　第二次首都圏整備基本計画 1969　第二次全国総合開発計画 ・　広域市町村計画（自治省） ・　地方生活圏計画（建設省）	1961　建築基準法改正（特定街区制度） ・　農業基本法 ・　公共用地取得特別措置法 ・　低開発地域工業開発促進法 1962　特定街区計画標準制定 ・　建物区分所有法 ・　工業用地造成法 ・　市の合併の特例に関する法律 ・　新産業都市建設促進法 ・　豪雪地帯対策特別措置法 1963　建築基準法改正（容積地区制度） ・　近畿圏整備法 1964　霞が関ほかの特定街区指定 ・　土地改良法 ・　工業整備特別地域整備促進法 1965　山村振興法 ・　市町村合併の特例に関する法律 1966　研究学園都市計画区域決定 ・　流通業務市街地整備法 ・　鎌倉・奈良・京都歴史的風土保存区域を指定 ・　中部圏開発整備法 ・　古都保存法 1967　下水道法の一部改正（行政一元化） 1968　都市計画法 1969　都市再開発法 ・　地価公示法

日本経済研究所作成

事業制度	住宅	交通
1971　公庫　市街地再開発融資 1972　新都市基盤整備事業 1975　改正第２種再開発事業 ・　住宅街区整備事業 ・　特定土地区画整理事業 1977　市街地整備基本計画に策定費補助 1978　国土庁定住圏モデル地区10地区指定	1973　長期特別分譲住宅制度 1974　過密住宅地区更新事業 ・　再開発住宅建設事業 ・　民営賃貸用特定分譲住宅制度 1975　居住環境整備事業 ・　住宅地区改良事業等計画基礎調査事業 ・　宅地開発公団発足 ・　住宅公団　空家家賃値上げ方針 ・　大都市住宅地供給促進法 ・　大都市地域における住宅地等の供給の促進に関する特別措置法 1976　給与用特定分譲住宅制度 1978　住環境整備モデル事業 ・　住宅宅地関連公共施設整備促進事業 ・　グループ分譲住宅制度 ・　住宅宅地審、今後の宅地政策のあり方について答申 1979　老朽住宅焼却促進事業 ・　特定住宅市街地総合整備促進事業	1970　近畿道、中国道初開通 ・　自転車道整備法 ・　ジャンボ・ジェット機、羽田飛行場に初渡来 1971　関越道　九州道初開通 ・　道路法改正（自転車専用道等） ・　市営地下鉄南北線(札幌)開通 1972　東北道初開通 ・　山陽新幹線（新大阪一岡山間）開業 ・　自動車「初心者マーク」義務化 ・　市営地下鉄1号線(横浜)開通 1973　関門道開通 ・　高速自動車国道供用延長1,000km突破 ・　中央線国電にシルバーシート誕生 1974　営団地下鉄有楽町線（東京）開通 ・　市営地下鉄4号線（名古屋）開通 1975　山陽新幹線　博多まで延伸 1976　首都高速道路湾岸線東京湾トンネル開通 ・　建設省、道路緑化技術基準決定 ・　市営地下鉄東西線(札幌)開通 ・　市営地下鉄3号線(横浜)開通 ・　高速自動車国道供用延長2,000km突破 1977　沿道環境整備事業 ・　市営地下鉄西神線（神戸）開通 ・　市営地下鉄鶴舞線(名古屋)開通 1978　成田空港反対同盟、管制室占拠・破壊、開港延期 ・　新東京国際（成田）空港開港式 ・　特定空港周辺航空機騒音対策法 ・　営団地下鉄半蔵門線（東京）開通 ・　都営地下鉄新宿線(東京)開通 1979　京都市電全廃 ・　世界最長の山岳トンネル・上越新幹線大清水トンネル（22.228㌔）が貫通

◇都市に関する年表（No.4　1970年代）

	トピック	計画等	法律
1970 （昭和 45年）	1970　第1回地価公示 ・　光化学スモッグ発生（東京） ・　田子の浦港のヘドロ公害 ・　日本万国博覧会開催（大阪） ・　東京　歩行者天国実施（銀座・新宿・池袋・浅草） ・　東京　消費者物価世界一となる ・　全国総人口104,665,171人 1971　ニクソン・ショック（円ードル交換一時停止） ・　対ドル変動相場制採用 ・　環境庁が発足 ・　騒音に係る環境基準設定 ・　新宿副都心第1号超高層ビル開業 ・　多摩ニュータウン初期入居開始 ・　イタイイタイ病訴訟で住民側全面勝訴判決 ●マンションブーム 1972　第3次マンションブーム（年収の4～5倍） ・千葉ガーデンタウン起工（民間業者共同の高層団地） ・　千日デパート火災（大阪） ・　オリンピック冬季大会（札幌） ・　沖縄返還 ・　四日市ぜんそく訴訟で住民側全面勝訴判決 ・　世界大都市会議（東京） ・　田中角栄通産相「日本列島改造論」発表 ●コンビニエンスストア増える 1973　円　変動為替制へ移行 ・　第4次中東戦争勃発 ・　第1次オイルショック ・　6大都市地価上昇率が36.1％ ・　水俣病訴訟で患者側全面勝訴判決 1974　戦後初のマイナス成長 ・　マンション立地郊外化 1975　地価公示初のマイナス ・　PCBに係る水質環境基準を設定 ・　沖縄国際海洋博覧会開催 ・　ベトナム戦争終結 ● 自然・健康食品ブーム ●ジョギング・ブーム ●日本人の90％が中流意識 1976　酒田市大火 ・　田中角栄前首相　ロッキード事件で逮捕 ・　マンション立地都心へUターン ・　クロネコヤマトの宅急便始まる 1977　第4次マンションブーム（年収の4～5倍） ・　平均寿命が世界一に ・　米軍立川基地全面返還（東京） 1978　東京・池袋に超高層ビル「サンシャイン60」開館 ・　宮城県沖地震 ●省エネの風潮 1979　第二次オイルショック ・　東京サミット開催 ・　港北ニュータウン第1回宅地分譲開始 ・　千葉ニュータウン初期入居開始 ● アレルギー・花粉症問題化	1970　新経済社会発展計画 ・　自治省「コミュニティ構想」 1972　沖縄振興開発計画 1973　経済社会基本計画 ー活力ある福祉社会のためにー 1976　第3次首都圏基本計画 ・　昭和50年代前期経済計画 ー安定した社会を目指してー 1977　第三次全国総合開発計画 1978　自治省「新広域市町村計画」づくり策定 1979　新経済社会7ヵ年計画 ・　都市計画中央審、長期的視点に立った都市整備の基本方向を答申	1970　過疎地域対策緊急措置法 ・　農地法改正 ・　地方自治法改正（3万人市特例） ・　建築基準法・都市計画法改正（地域地区制度改正、容積率制限、高度利用地区等） ・　公害対策基本法の改正など公害関係の14法が成立 ・　筑波研究学園都市建設法 ・　東京都風致地区条例 1971　宅地並み課税を含む地方税改正 ・　農住利子補給法 ・　農村地域工業導入促進法 ・　悪臭防止法 1972　自然環境保全法 ・　最高裁　日照権・通風権を法的に認める ・　新都市基盤整備法 ・　土地改良法改正（非農用地換地制度） ・　東京　高さ10m以上の建築計画事前公開制 ・　老人福祉法改正（老人医療無料化） ・　公有地拡大法 ・　3万人特例市2年間の期限切れ、合計62市誕生 札幌・川崎・福岡が政令指定都市移行 ・　工業再配置促進法 1973　建築基準法改正（集団規定） ・　特定市街化区域農地の固定資産税の 課税の適正化に伴う宅地化促進臨時措置法（アメ法） ・　公害健康被害補償法 ・　都市緑地保全法 1974　生産緑地法 ・　国土利用計画法 ・　都市計画法、建築基準法改正（開発行為の定義、市街地開発事業予定区域等） 1975　建築基準法改正（日影規制等） ・　都市計画法改正（伝建地区） ・　法改正による容積緩和制度の導入（建ぺい率限度等） ・　文化財保護法改正 ・　都市再開発法改正（第2種市街地再開発事業） ・　雇用保険法 1976　都市公園法改正（国営公園） ・　建築基準法一部改正（日影規制、一人協定等） ・　地方税法改正（宅地なみ課税減額措置） ・　振動規制法を制定 ・　川崎市議会　環境影響評価に関する 条例を可決 1978　大規模地震対策特別措置法

日本経済研究所作成

事業制度	住宅	交通
1980 農住組合による土地区画整理事業 ・ 都市防災不燃化促進事業 1981 地区計画制度施行 ・ 特定再開発事業 1982 段階型土地区画整理事業 ・ 宅地なみ課税強化、ただし長期営農農地徴収猶予制度 ・ 歴史的地区環境整備街路事業（足利、篠山、神戸、那覇） ・ 景観形成モデル事業 1983 都市改造型土地区画整理事業 ・ 市街地住宅等共同整備事業 ・ 沿道区画整理型街路事業 1984 地区再開発促進事業 1985 都市みらい推進機構設立 ・ 緊急地方道路整備事業 ・ 新都市拠点整備事業 1986 まちなみ景観総合整備事業 ・ 小規模連鎖型市街地再開発事業 ・ インテリジェントシティ・ビル整備推進事業 1987 都市活力再生拠点整備事業 ・ 都市再開発関連公共施設整備促進事業 ・ 市街地再開発緊急促進事業 ・ 定住拠点緊急促進事業 ・ 都市拠点開発緊急促進事業 ・ まちなか活性化再開発事業 ・ 優良再開発建築物整備促進事業 1988 再開発地区計画制度（都市計画法、都市再開発法、建築基準法） ・ アーバンリフレッシュ促進事業 ・ 特定民間再開発事業 ・ 都市活性化地区総合整備事業 ・ 地方都市中心市街地活性化事業 1989 歴史的建築物等活用型再開発事業 ・ 立体換地促進事業 ・ 複合空間基盤施設整備事業 ・ 地域創生総合都市開発事業 ・ 地域創生総合都市開発事業 ・ 複合空間基盤施設整備事業 ・ 立体道路制度（道路法、都市計画法、都市再開発法、建築基準法） ・ 地方交付税改正（ふるさと創生一億円交付） ・ アーバンコンプレックスビル整備事業 ・ 水辺空間整備事業	1980 公営住宅総合建替モデル事業 1981 市街地住宅供給促進事業 1982 建設省・自治省 宅地開発指導要綱の緩和を通達 ・ 木造賃貸住宅総合整備事業 ・ 木造賃貸住宅密集地区整備事業 1983 老朽炭鉱住宅除却促進事業 ・ 市街地住宅総合設計制度（マンションの容積率緩和など） ・ 特別借受賃貸住宅制度 ・ 地域住宅（HOPE）計画（建設省） ・ 自治省、宅地開発指導要綱の是正通達 1986 地域住宅計画推進事業 ・ 都市居住更新事業 ・ 地域特別賃貸住宅制度 ・ 地区住環境総合整備事業 1987 シルバーハウジングプロジェクト ・ 特別借地住宅制度 1988 都心ビル群建替促進事業 ・ 民活区画整理緊急促進事業 ・ 街なみ整備促進事業 1989 コミュニティ住環境整備事業 ・ 大都市地域特定公共賃貸住宅供給促進事業 ・ 市街地住宅密集地区再生事業 ・ 水辺居住整備事業 ・ 木造賃貸住宅等密集地区整備事業 ・ 老朽炭鉱住宅地区活性化促進事業	1980 幹線道路沿道整備法 ・ 自転車駐車場整備法 ・ 日本国有鉄道経営再建促進特別措置法 1981 市営地下鉄烏丸線（京都）開通 ・ 市営地下鉄1号線（福岡）開通 1982 市営地下鉄2号線（福岡）開通 ・ 東北新幹線大宮ー盛岡間開業 ・ 上越新幹線大宮ー新潟間開業 ・ 高速自動車国道供用延長3,000km突破 ・ 中央道全線開通 1983 中国自動車道全線開通 ・ 市営地下鉄山手線（神戸）開通 1984 関西国際空港法 1985 都市モノレール小倉線（北九州）開通 ・ 環状7号線全線開通 ・ 東北・上越新幹線上野ー大宮間開通 ・ 広島道開通 ・ 関越自動車道、東京-新潟間が全通 ・ 淡路島ー鳴門門に「大鳴門橋」が開通 1986 国鉄分割民営化（関連8法案可決成立、114年の歴史に幕） ・ 長野道初開通 ・ 1920.8.10の日本道路整備法制定にちなみ8月10日を「道の日」 1987 市営地下鉄南北線（仙台）開通 ・ 首都高速道供用延長200km突破 ・ 高速自動車国道供用延長4,000km突破 1988 青函トンネル開業 ・ 瀬戸大橋開通 ・ 市営地下鉄東豊線（札幌）開通 ・ 多摩新都市モノレール都市計画決定 1989 道路法改正（立体道路制度） ・ 横浜ベイブリッジ開通 ・ 市営地下鉄桜通線（名古屋）開通

◇都市に関する年表（No.5　1980年代）

	トピック	計画等	法律
1980 （昭和 55年）	1980　イランイラク戦争勃発 ・　幕張新都心埋立完了 ・　筑波研究学園都市概成 ・　全国総人口117,060,396人 ●家庭内暴力急増 ●カラス族 1981　神戸ポートアイランド博覧会 ・　マイタウン計画発表（東京） 1982　東京への一極集中問題深刻化 ・　東京ホテルニュージャパンで火災 ●東京　ワンルームリースマンション急増 1983　日本海中部地震及び津波 ・　東京ディズニーランドオープン ・　みなとみらい21着工 ・　田中角栄有罪判決 ・　建設省　都市緑化推進方策を通達 ●カフェバーブーム ●エアロビクスブーム 1984　健康保険法改正公布（本人医療費の1割負担） ・　グリコ社長誘拐（一連の食品会社脅迫事件の発端） ・　東証平均株価1万円台突破 ・　有楽町マリオン完工 ●東京都心の地価高騰 ●いじめ急増 ●財界　自民党などから都市計画・建築規制緩和の提言続く 1985　国際科学技術博覧会開催（筑波） ・　プラザ合意 ・　1ドル200円突破の円高（11月） ・　日本でエイズ第1号確認 ・　「日本電信電話」（NTT）、「日本たばこ産業」（JT）民間巨大企業としてスタート ・　「都市計画における環境影響評価の実施について」（建設省都市局長通達） ・　東京司法研修所払い下げ（847万円/㎡） 1986　オフィスビル不足深刻化 ・　第5次マンションブーム（1985〜1987） ・　土井たか子　社会党委員長に（憲政史上初の女性党首） ・　ソ連チェルノブイリ原発事故 ・　円高1ドル150円台 ・　国土庁　都心地価問題検討委設置 ・　男女雇用機会均等法施行 ・　使い捨てカメラ発売 ・　アークヒルズ完成（東京） 1987　東京地価狂乱過去最高（85.7%の高騰） ・　国鉄分割民営化 ・　世界人口50億人突破 ・　東証世界一市場に ・　ニューヨーク株式市場で株価大暴落 ・　NHKが衛星テレビ放送を開始 1988　東京ドーム落成 1989　昭和天皇崩御、「平成」と改元 ・　バブル絶頂・日経平均株価最高値（12/19、38,915円） ・　ベルリンの壁崩壊 ・　米ソ首脳会談（東西冷戦の終結を宣言） ・　第6次マンションブーム ・　エコロジーマーク商品登場 ●ボディコンブーム ●深夜バス・タクシーの登場	1983　自治省「地域経済活性化対策要綱」（推進地域は広域市町村圏で） ・　建設省、規制の緩和等による都市開発の促進報告 ・　1980年代経済社会の展望と指針 1984　地方都市中心市街地活性化計画 ・　首都圏改造構想発表（国土庁） ・　政府・国有地、国鉄用地の有効活用の基本方針決定 1985　首都改造計画 1986　第4次首都圏基本計画 1987　第四次全国総合開発計画 1988　世界とともに生きる日本一経済運営5ヵ年計画一 1989　経団連、市町村間 ・　都道府県相互間の連携、合併決議 ・　新行革審「国と地方の関係等に関する答申」（都道府県連合制度、地方中核都市制度、市町村連合制度の提唱）	1980　過疎地域振興特別措置法 ・　都市計画法　建築基準法一部改正（地区計画制度） ・　農住組合法 ・　東京　環境アセスメント条例成立 1981　住宅・都市整備公団法 ・　住宅・宅地開発両公団の統合 1982　土地区画整理法改正（土地区画整理士） ・　地域改善対策特別措置法 1983　東京都　総合設計制度許可要綱を緩和 ・　浄化槽法 1984　特定街区制度の改定（街区間の容積移転などの緩和措置） 1985　半島振興法 1986　新住宅市街地開発法改正（特定業務施設の導入） 1987　国土利用計画法改正（監視区域制の導入） ・　総合保養地域整備法（リゾート法） ・　民間都市開発の推進に関する特別措置法制定 1987　建築基準法改正（3階建て高さ制限） ・　「緊急土地対策要綱」投機的土地取引規制、旧国鉄用地・国公有地処分凍結、税制上の借地、借地借家法の見直し ・　集落地域整備法 1988　多極分散型国土形成促進法 ・　都市再開発法、建築基準法一部改正（再開発地区計画制度、準防火地域内3階建て等） 1989　土地基本法

日本経済研究所作成

事業制度	住宅	交通
1990 うるおい・緑・景観モデルまちづくり ・ まちなみデザイン推進事業 ・ アーバンマネジメント推進モデル事業 ・ 多機能交流拠点整備事業（にぎわい交流拠点整備事業） ・ 複合交通拠点整備事業 1991 街区高度利用推進事業 ・ 福祉の街づくりモデル事業 ・ 街区高度利用推進事業 ・ 商業地域振興整備事業 ・ 再開発事業等関連地下調節池設置事業 ・ 商店街居住地域再生プロジェクト ・ リバーサイド再開発 1992 市街地総合再生事業 ・ 共同駐車場整備促進事業 ・ 市街地空間総合整備事業 ・ 都市計画マスタープラン制度 ・ 都市・建築景観整備事業 ・ 都市拠点総合整備事業 1993 沿道整備事業 ・ 複合交通空間整備事業 ・ 地域活性化再開発緊急促進事業 1994 人にやさしいまちづくり事業 ・ まちなみ・まちづくり総合支援事業 ・ 街区高度利用土地区画整理事業 ・ 優良建築物等整備事業 1996 防災関連再開発緊急促進事業 1998 再開発緊急促進事業 1999 都市再構築総合支援事業 ・ 市街地再開発事業資金融資制度	1990 土地政策審答申（土地基本法をふまえた土地政策のあり方について） ・ 誘導型住環境整備制度 ・ 大都市農地活用住宅整備促進事業 ・ 大都市優良住宅供給促進事業 ・ 緊急住宅宅地関連特定施設整備事業 1991 新借地借家法公布 ・ 総合土地政策推進要綱閣議決定 1992 老朽住宅地区活性化促進事業 ・ スーパー堤防区域内中高層耐火建築物融資制度 1993 特定住宅地区活性化事業 ・ 都市住宅整備事業 ・ 特定優良賃貸住宅供給促進事業 1994 密集住宅市街地整備促進事業 ・ 住宅市街地総合整備事業 1995 特定公共施設関連環境整備事業 ・ 被災市街地復興特別措置法 ・ 都心共同住宅供給事業 ・ 拠点開発型都心共同住宅供給事業 1996 国土庁公示地価5年連続下落 1998 21世紀都居住緊急促進事業 ・ 建築基準法一部改正（建築確認・検査の民間開放等）	1990 市営地下鉄長堀鶴見緑地線（大阪）開通 1991 高速道供用延長5,000km突破 ・ 営団地下鉄南北線（東京）開通 ・ 都営地下鉄12号線（大江戸線）開通 ・ 成田エクスプレス開通 1992 東京外環道初開通 ・ 山形新幹線開通 ・ 東海道新幹線に「のぞみ」が登場 1993 レインボーブリッジ開通 1994 関西新国際空港開港 ・ 広島新交通1号線開通 1995 新交通「ゆりかもめ」が開業 1996 阪神高速道路全線復旧 ・ 高速道供用延長6,000km突破 ・ VICS情報提供開始 1997 環状第8号線井荻地区立体化事業井荻トンネル完成 ・ 秋田新幹線　秋田-東京間開業 ・ ETC試験運用開始 ・ 東京湾横断道路開通 ・ 市営地下鉄東西線（京都）開通 1998 明石海峡大橋開通 1999 瀬戸内しまなみ海道開通 ・ 山形新幹線　新庄延伸

◇都市に関する年表（No.6　1990年代）

	トピック	計画等	法律
1990（平成2年）	1990　国土庁　全国基準地価が年間13.7%上昇、過去最高と発表（地価暴騰） ・　東西ドイツ統一 ・　不動産向け融資の総量規制銀行局長通達 ・　全国総人口123,611,167人 ・　天保山ハーバービレッジ完成 ● 環境問題深刻化 ●バリアフリー ●環境共生住宅 1991　湾岸戦争 ・　バブル崩壊、景気減速傾向 ・　ソ連消滅宣言 ・　リサイクル法制定 ・　育児休業法成立 ・　京都駅ビル景観論争 ・　東京都新庁舎落成 1992　天王洲アイルオープン ・　首都機能懇談会中間報告、国会移転を提言 ・　「学校週5日制」スタート ・　貿易黒字史上最高に ・　多摩ニュータウン25周年 ・　ハウステンボスオープン 1993　EC統合市場発足（EU） ・　東京サミット開催 ・　アウトレットモール「リズム」オープン ・　羽田空港新ターミナルビル開業 ・　横浜ランドマークタワー落成 ・　金丸信（元自民党副総裁）脱税容疑で逮捕 ・　第7次マンションブーム ・　港北ニュータウン街づくり協定策定 ● エステブーム ●パソコンブーム 1994　円相場対ドル戦後初めて100円突破 ・　日本人1人当たりGNP世界1 ・　国営飛鳥歴史公園全面概成開園 ・　不況春闘、賃上げ率は史上最低に 1995　オウムサリン事件 ・　介護休業法成立（介護休業制度の施行99年4月から） ・　門司港レトロ　グランドオープン ・　阪神淡路大震災 ・　WTO発足 ・　世界都市博覧会中止 ・　在来鉄道の騒音対策指針が示される ● 心の病クローズアップ 1996　東京国際展示場（ビックサイト）落成 ・　福岡キャナルシティ完成 ・　完全失業率3.4%（1953年以来最悪） ・　東京オペラシティ落成 ・　羊のクローン化に成功 1997　温暖化防止京都会議 ・　三井三池炭鉱閉山 ・　北九州「エコタウンプラン」の策定 ・　消費税の税率を3%から5%に引き上げ ●ガーデニング人気 1998　97年度の国内総生産0.7%減のマイナス成長、23年ぶりで戦後最悪 ・　品川インターシティ完成 ・　冬季オリンピック長野大会開催 1999　東海村民間核燃料施設で臨界事故 ・　欧州連合EUの単一通貨「ユーロ」 ・　日本政策投資銀行設立 ・　都市基盤整備公団設立	1992　生活大国5ヵ年計画ー地球社会との共存をめざしてー 1993　第三次行革審最終答申（「規制緩和」と「地方分権」に重点） 1995　構造改革のための経済社会計画ー活力ある経済・安心できるくらしー 1998　銀座地区機能更新型高度利用地区・街並み誘導型地区計画 ・　21世紀の国土のグランドデザインー地域の自立の促進と美しい国土の創造ー（五全総） 1999　経済社会のあるべき姿と経済新生の政策方針	1990　都市計画法、建築基準法一部改正（住宅地高度利用地区計画、用途別容積型地区計画等） 1991　地価税法 ・　特定商業集積に関する特別措置法 ・　生産緑地法改正 ・　土壌の汚染に係る環境基準を設定 1992　都市計画法、建築基準法改正（用途地域整備、誘導容積制、市町村の都市計画基本方針） ・　国会等の移転に関する法律 ・　地方拠点法 1993　都市計画法施工令・建築基準法施工令改正（研究開発地区追加、市町村都市計画の決定範囲拡大） ・　環境共生モデル都市整備要綱制定 ・　都市公園法施工令改正（公園施設） ・　環境基本法 ・　行政手続法の施行に伴う関係法律の整備に関する法 1994　ハートビル法 ・　建築基準法の一部改正（住宅地下室の容積緩和） ・　都市緑地保全法改正（緑の基本計画制度） ・　特定農山村活性化法 1995　被災市街地復興特別措置法 ・　容器包装に係る分別収集及び再商品化の促進に関する法律（容器包装リサイクル法）の制定 ・　地方分権推進法 ・　都市再開発法一部改正（市街地再開発事業の施工区域要件緩和・地区計画制度拡充） ・　特定街区指定指針改正（容積率最高限度引き上げ） ・　電線共同溝の整備等に関する特別措置法 1996　東京都高度利用地区指定方針及び指定基準制定 ・　幹線道路沿道整備法改正（沿道地区計画、沿道整備権利移転等促進計画） 1997　都市計画法、建築基準法改正（高層住居誘導地区） ・　特定産業集積活性化法 ・　密集市街地法（防災地区整備促進） 1998　中心市街地活性化法 ・　NPO法（特定非営利活動促進法） ・　PFI法 ・　SPC法 ・　新事業創出促進法 ・　都市計画法一部改正（特別用途地区の類型の廃止等） 1999　都市計画法改正（決定手続緩和）

日本経済研究所作成

事業制度	住宅	交通
2000 都市再生推進事業 ・ まちづくり総合支援事業 2001 先導型再開発緊急促進事業		2000 交通バリアフリー法 ・ 仙石線連続立体交差事業新線開業 2001 横浜港南本牧埠頭コンテナターミナルオペレーション業務開始 ・ 市営地下鉄海岸線（神戸）開通 2002 新東京国際空港第二滑走路供用の開始 ・ 全国高速道路総延長7,000km突破 ・ 東北新幹線　盛岡ー八戸間開業 ・ 首都高王子線開通

◇都市に関する年表（No.7　2000年代）

	トピック	計画等	法律
2000（平成12年）	2000　九州・沖縄サミット開催 ・　東海地方で豪雨 ・　名古屋ツインタワー ・　全国総人口126,925,843人 ・　全国高齢化率17.4%　※ 2001　中央省庁再編（1府21省→1府12省） ・　民間金融機関の不良債権問題深刻化 ・　晴海アイランド　トリトンスクエアオープン ・　ニューヨーク・ワシントンD.C.で同時多発テロ 2002　サッカーW杯日本10都市で開催 ・　丸ビル建て替え完了 ・　カレッタ汐留オープン 2006　全国総人口ピーク（128百万人）　※ 2010　全国高齢化率22.5%　※ 2030　全国高齢化率29.6%　※ 2050　全国総人口100百万人　※ 全国高齢化率35.7%　※ ※ 国立社会保障、人口問題研究会「日本の将来人口推計」（2002年1月）より。高齢化率は65歳以上の割合	2001　政府「市町村合併支援本部」設置を閣議決定 2005　市町村合併を支援する特例措置有効期限（3.31.までに合併した市町村対象）	2000　地方分権一括法 ・　都市計画法、建築基準法一部改正（準都市計画区域新設、都市施設の立体都市計画制度新設） ・　過疎地域自立促進特別措置法 ・　建設リサイクル法 2001　家電リサイクル法

都市新基盤整備研究会委員／執筆者一覧（五十音順）

石田　東生

（筑波大学社会工学系教授・社会工学類長）　3章2節

伊藤　元重

（東京大学大学院経済学研究科教授）　1章1節

井堀　利宏

（東京大学大学院経済学研究科教授）　4章3節

稲村　　肇

（東北大学大学院情報科学研究科教授）　3章3節

小幡　純子

（上智大学法学部法律学科教授）　4章2節

楠本　洋二

（エックス都市研究所代表取締役）　1章2節

児玉　桂子

（日本社会事業大学福祉学部福祉援助学科教授）　1章3節

篠原　　修

（東京大学大学院工学系研究科教授）　序章、2章1節、4節

生源寺眞一

（東京大学大学院農学生命科学研究科教授）　3章5節

白幡洋三郎

（国際日本文化研究センター教授）　2章3節

高野　公男

（東北芸術工科大学デザイン工学部教授）　4章1節

團　　紀彦

（建築家）　2章2節

中井　検裕

（東京工業大学大学院社会理工学研究科教授）　4章4節

森地　　茂

（東京大学大学院工学系研究科教授）　3章1節、4節、6章

森野　美徳

（日本経済研究センター主任研究員）　1章3節、4節、5章

渡邉　貴介

（前東京工業大学教授、故人）　付録

編著者紹介

森地　茂（もりち・しげる）

東京大学大学院工学系研究科社会基盤工学専攻教授
1943年生まれ。京都府出身。1966年東京大学工学部土木工学科卒業、工学博士。1975年東京工業大学工学部助教授、1980年マサチューセッツ工科大学客員研究員を経て、1987年東京工業大学工学部土木工学科教授、1996年より現職。その間1992～93年フィリピン大学客員教授、国土審議会、交通審議会等の委員、交通工学研究会会長、土木学会副会長、アジア交通学会副会長などを歴任。
著書：「交通計画」（技報堂）、「交通安全と街づくり」（勁草書房）、「社会資本の未来」（日本経済新聞社）、「ITSとは何か」（岩波書店）など。

篠原　修（しのはら・おさむ）

東京大学大学院工学系研究科社会基盤工学専攻教授
1945年生まれ。栃木県出身。1968年東京大学工学部卒業、工学博士。建設省土木研究所などを経て、1991年東京大学工学部土木工学科教授。都市環境研究会発行の雑誌「シビックデザイン」編集長も務める。
著書：「土木造形家百年の仕事」（新潮社）、「土木景観計画」（技報堂）など多数。

都市の未来

21世紀型都市の条件

2003年3月25日　　1版1刷

編著者　都市新基盤整備研究会
森地　茂
篠原　修

発行者　斎田久夫

発行所　日本経済新聞社
http://www.nikkei.co.jp/
東京都千代田区大手町1-9-5　〒100-8066
電話(03)3270-0251　振替 00130-7-555

印刷／ディグ　製本／積信堂
ISBN4-532-35037-9